国家科学思想库

中国学科发展战略

微纳机电系统
与微纳传感器技术

国家自然科学基金委员会
中国科学院

科学出版社
北 京

内 容 简 介

　　本书对微纳机电系统与微纳传感器领域的主要技术进行了分类阐述，全面总结了技术的发展现状，客观分析了技术的发展态势，从学科的发展规律和研究特点出发，前瞻性地思考了技术的发展思路与发展方向，提出了我国发展该学科的资助机制与政策建议。

　　本书不仅对相关领域科技工作者和高校师生有重要的参考价值，同时也可以为国家相关部门制定科技发展规划提供参考。

图书在版编目（CIP）数据

微纳机电系统与微纳传感器技术／国家自然科学基金委员会，中国科学院编. —北京：科学出版社，2020.8
　（中国学科发展战略）
　ISBN 978-7-03-065240-9

Ⅰ.①微… Ⅱ.①国… ②中… Ⅲ.①微机电系统-研究 ②微电机-传感器-研究 Ⅳ.①TH-39 ②TP212

中国版本图书馆 CIP 数据核字（2020）第088890号

丛书策划：侯俊琳　牛　玲
责任编辑：张　莉　郭学雯／责任校对：韩　杨
责任印制：徐晓晨／封面设计：黄华斌　陈　敬

科学出版社 出版
北京东黄城根北街16号
邮政编码：100717
http://www.sciencep.com

北京虎彩文化传播有限公司 印刷
科学出版社发行　各地新华书店经销
*

2020年8月第 一 版　　开本：720×1000　1/16
2021年7月第三次印刷　　印张：17 1/2　插页：4
字数：305 000

定价：98.00元
（如有印装质量问题，我社负责调换）

中国学科发展战略

联合领导小组

组　　长：侯建国　李静海

副 组 长：秦大河　韩　宇

成　　员：王恩哥　朱道本　陈宜瑜　傅伯杰　李树深

　　　　　杨　卫　高鸿钧　王笃金　苏荣辉　王长锐

　　　　　邹立尧　于　晟　董国轩　陈拥军　冯雪莲

　　　　　姚玉鹏　王岐东　张兆田　杨列勋　孙瑞娟

联合工作组

组　　长：苏荣辉　于　晟

成　　员：龚　旭　孙　粒　高阵雨　李鹏飞　钱莹洁

　　　　　薛　淮　冯　霞　马新勇

中国学科发展战略·微纳机电系统与微纳传感器技术
编 委 会

总 序

白春礼 杨 卫

17 世纪的科学革命使科学从普适的自然哲学走向分科深入，如今已发展成为一幅由众多彼此独立又相互关联的学科汇就的壮丽画卷。在人类不断深化对自然认识的过程中，学科不仅仅是现代社会中科学知识的组成单元，同时也逐渐成为人类认知活动的组织分工，决定了知识生产的社会形态特征，推动和促进了科学技术和各种学术形态的蓬勃发展。从历史上看，学科的发展体现了知识生产及其传播、传承的过程，学科之间的相互交叉、融合与分化成为科学发展的重要特征。只有了解各学科演变的基本规律，完善学科布局，促进学科协调发展，才能推进科学的整体发展，形成促进前沿科学突破的科研布局和创新环境。

我国引入近代科学后几经曲折，及至上世纪初开始逐步同西方科学接轨，建立了以学科教育与学科科研互为支撑的学科体系。新中国建立后，逐步形成完整的学科体系，为国家科学技术进步和经济社会发展提供了大量优秀人才，部分学科已进入世界前列，有的学科取得了令世界瞩目的突出成就。当前，我国正处在从科学大国向科学强国转变的关键时期，经济发展新常态下要求科学技术为国家经济增长提供更强劲的动力，创新成为引领我国经济发展的新引擎。与此同时，改革开放 40 多年来，特别是 21 世纪以来，我国迅猛发展的科学事业蓄积了巨大的内能，不仅重大创新成果源源不断产生，而且一些学科正在孕育新的生长点，有可能引领世界学科发展的新方向。因此，开展学科发展战略研究是提高我国自主创新能力、实现我国科学由"跟跑者"向"并行者"和"领跑者"转变的一项基础工程，对于更好把握世界科技创新发展趋势，发挥科技创新在全面创新中的引领作用，具有重要的现实意义。

学科发展战略研究的核心是结合科学技术和经济社会的发展需求，在分析科学前沿发展趋势的基础上，寻找新的学科生长点和方向。在这个过程中，战略科学家的前瞻引领作用十分重要。科学史上这样的例子比比皆是。在 1900 年 8 月巴黎国际数学家代表大会上，德国数学家戴维·希尔伯特发表了题为"数学问题"的著名讲演，他根据过去特别是 19 世纪数学研究的成果和发展趋势，提出了 23 个最重要的数学问题，即"希尔伯特问题"。这些"问题"后来成为许多数学家力图攻克的难关，对现代数学的研究和发展产生了深刻的影响。1959 年 12 月，美国物理学家、诺贝尔奖获主理查德·费曼在加利福尼亚理工学院举行的美国物理学会年会上发表了题为"物质底层大有空间——一张进入物理新领域的请柬"的经典讲话，对后来出现的纳米技术作出了天才的预见。

学科生长点并不完全等同于科学前沿，其产生和形成不仅取决于科学前沿的成果，还决定于社会生产和科学发展的需要。1841 年，佩利戈特用钾还原四氯化铀，成功地获得了金属铀，可在很长一段时间并未能发展成为学科生长点。直到 1939 年，哈恩和斯特拉斯曼发现了铀的核裂变现象后，人们认识到它有可能成为巨大的能源，这才形成了以铀为主要对象的核燃料科学的学科生长点。而基本粒子物理学作为一门理论性很强的学科，它的新生长点之所以能不断形成，不仅在于它有揭示物质的深层结构秘密的作用，而且在于其成果有助于认识宇宙的起源和演化。上述事实说明，科学在从理论到应用又从应用到理论的转化过程中，会有新的学科生长点不断地产生和形成。

不同学科交叉集成，特别是理论研究与实验科学相结合，往往也是新的学科生长点的重要来源。新的实验方法和实验手段的发明，大科学装置的建立，如离子加速器、中子反应堆、核磁共振仪等技术方法，都促进了相对独立的新学科的形成。自 20 世纪 80 年代以来，具有费曼 1959 年所预见的性能、微观表征和操纵技术的仪器——扫描隧道显微镜和原子力显微镜终于相继问世，为纳米结构的测量和操纵提供了"眼睛"和"手指"，使得人类能更进一步认识纳米世界，极大地推动了纳米技术的发展。

作为国家科学思想库，中国科学院（以下简称中科院）学部的基本职责和优势是为国家科学选择和优化布局重大科学技术发展方向提供科学依据、发挥学术引领作用，国家自然科学基金委员会（以下简称基金委）则承担着协调学科发展、夯实学科基础、促进学科交叉、加强学科建设的重大责任。继基金委和中科院于2012年成功地联合发布"未来10年中国学科发展战略研究"报告之后，双方签署了共同开展学科发展战略研究的长期合作协议，通过联合开展学科发展战略研究的长效机制，共建共享国家科学思想库的研究咨询能力，切实担当起服务国家科学领域决策咨询的核心作用。

基金委和中科院共同组织的学科发展战略研究既分析相关学科领域的发展趋势与应用前景，又提出与学科发展相关的人才队伍布局、环境条件建设、资助机制创新等方面的政策建议，还针对某一类学科发展所面临的共性政策问题，开展专题学科战略与政策研究。自2012年开始，平均每年部署10项左右学科发展战略研究项目，其中既有传统学科中的新生长点或交叉学科，如物理学中的软凝聚态物理、化学中的能源化学、生物学中的生命组学等，也有面向具有重大应用背景的新兴战略研究领域，如再生医学，冰冻圈科学，高功率、高光束质量半导体激光发展战略研究等，还有以具体学科为例开展的关于依托重大科学设施与平台发展的学科政策研究。

学科发展战略研究工作沿袭了由中科院院士牵头的方式，并凝聚相关领域专家学者共同开展研究。他们秉承"知行合一"的理念，将深刻的洞察力和严谨的工作作风结合起来，潜心研究，求真唯实，"知之真切笃实处即是行，行之明觉精察处即是知"。他们精益求精，"止于至善"，"皆当至于至善之地而不迁"，力求尽善尽美，以获取最大的集体智慧。他们在中国基础研究从与发达国家"总量并行"到"贡献并行"再到"源头并行"的升级发展过程中，脚踏实地，拾级而上，纵观全局，极目迥望。他们站在巨人肩上，立于科学前沿，为中国乃至世界的学科发展指出可能的生长点和新方向。

各学科发展战略研究组从学科的科学意义与战略价值、发展规律和研究特点、发展现状与发展态势、未来5～10年学科发展的关键科学问题、发展思路、发展目标和重要研究方向、学科发展的有效资助机制与政策建议等方面进行分析阐述。既强调学科生长点的科学意义，也考虑其重要的社会价值；既着眼于学科生长点的前沿性，也兼顾其可能利用的资源和条件；既立足于国内的现状，又注重基础研究的国际化趋势；既肯定已取得的成绩，又不回避发展中面临的困难和问题。主要研究成果以"国家自然科学基金委员会-中国科学院学科发展战略"丛书的形式，纳入"国家科学思想库-学术引领系列"陆续出版。

基金委和中科院在学科发展战略研究方面的合作是一项长期的任务。在报告付梓之际，我们衷心地感谢为学科发展战略研究付出心血的院士、专家，还要感谢在咨询、审读和支撑方面做出贡献的同志，也要感谢科学出版社在编辑出版工作中付出的辛苦劳动，更要感谢基金委和中科院学科发展战略研究联合工作组各位成员的辛勤工作。我们诚挚希望更多的院士、专家能够加入到学科发展战略研究的行列中来，搭建我国科技规划和科技政策咨询平台，为推动促进我国学科均衡、协调、可持续发展发挥更大的积极作用。

前　言

　　习近平同志在 2018 年两院院士大会上的重要讲话中指出:"世界正在进入以信息产业为主导的经济发展时期。我们要把握数字化、网络化、智能化融合发展的契机,以信息化、智能化为杠杆培育新动能。"这一重要论述准确把握了当今世界信息技术的迅猛发展态势,为大力发展信息技术推动国家创新发展指明了方向。

　　传感器技术是信息源头获取技术中的重要手段,近期受到广泛的高度关注。根据当今各个行业对传感器体积缩小、功耗减少、价格降低和规模制造能力增强的迫切需求,微纳传感器越来越受到应用领域的欢迎。同时,实现微纳传感器批量制造的微纳机电系统(micro/nano-electro-mechanical systems,MEMS/NEMS)技术也逐步成为使用最广泛的先进工艺技术手段之一。

　　本书对微纳机电系统与微纳传感器领域的主要技术进行了分类阐述,凝练了技术发展需要解决的科学问题,梳理了发展现状和趋势,讨论了发展方向和思路,从而有针对性地提出了发展的对策建议。本书将技术进展分析与我国的发展思路结合起来,在迎接科学技术发展挑战的同时,着重考虑我国国情和中长期战略发展规划,目的是让科学技术这个"第一生产力"最终落地到促进我国经济转型提升和社会全面发展的事业中。

　　本书的写作和编撰人员由传感技术联合国家重点实验室的研究人员组成,同时得到了该领域很多著名学者的指导和建议。本书的出版得到了中国科学院和国家自然科学基金委员会等部门的立项支持和悉心指导,也得到了科学出版社的大力支持。在本书即将付梓之际,谨向为本书出版付出心血的全体同志致以诚挚的敬意和衷心的感谢!

 本书可作为国家相关部门制定相关科技发展规划的参考，也适合广大科技工作者及大学生、研究生和教师阅读。当然，微纳传感器种类很多，微纳制造技术也层出不穷，本书在有限篇幅内抓住一些技术关键点和应用较广泛的传感器进行论述，难免挂一漏万，希望广大读者提出宝贵的意见和建议。

王　曦

2020 年 1 月 20 日

摘　　要

　　传感器是能感受到被测量的信息并将其按一定规律转换成可用输出信号的器件或装置。信息技术中主要包含信息获取、信息处理（包括存储）和信息传输这三大重要技术，在作为信息源头技术的信息获取中，传感器技术占据着越来越突出的重要地位。传感器技术近年来获得了海量的应用，这与目前实现传感器微型化和规模化制造的微纳机电系统技术是分不开的，微纳机电系统工艺已成为实现传感器制造的最主要技术手段。微纳机电系统技术是多学科交叉后的融合技术，是继集成电路（IC）技术之后，信息产业中的又一个高新技术领域。该技术既是集成电路技术在器件功能上的扩展和延伸，也是微电子"超越摩尔"之路向前发展的主要技术途径之一。

　　从感知对象的信息获取、转换、输出到信号接口处理，传感器的检测链路是有共性的，总的优化原则是信号获取的信噪比越高越好，传感检测和转换传输链路上的精度损失（包括时间漂移、温度漂移等）越小越好，链路上的时间延迟和能量消耗越小越好。其他共性包括环境应用的可靠性、传感器体积质量等。但是，随着传感探测的目标对象种类不同，其敏感效应会有很大的不同，甚至归属于不同的学科。例如，物理量的检测与生化量的检测，在敏感效应原理上完全归属于不同学科。因此，在传感器和微纳机电系统技术的发展中，除了有共通的规律外，不同种类传感器的发展有其各自的学科特点。

　　一些共通的发展规律和态势如下。

（1）传感器的海量制造与应用

　　严格上讲，虽然传感器都是将现实世界各种被测量转换为电学可检测量的装置，但被测量既可能是力、热、光、磁、电、运动等不同类型的物理量，也可能是化学量和生物量，因此研发不同传感器需要不同学科的知识和手段。换言之，传感器确实是一个跨学科的研究对象。

而微纳机电系统技术在继承了集成电路规模制造的优势模式后，确实结合了多学科中精细加工和微纳制造的特点，成为多学科可以应用的有力技术工具，该领域的发展具有鲜明的跨学科特征，因此也具有源于强烈学科交叉的、丰富的创新竞争力。与传统机电系统相比，微纳机电系统器件具有体积小、质量轻、功耗低、成本低、功能强大、性能优异等优点，这些优点带来了不可限量的新增市场。微纳机电系统技术也不可避免地对相关的传统技术形成了势不可挡的替代冲击。而其优势就在于海量低成本的制造和显著的微型化。例如，工业自动化生产装置中使用的大量传感器，每5年左右就要更换，也就是每年起码有20%左右的更换量。采用微纳机电系统技术制作的集成微纳传感器更换传统的传感器，可以在成本、体积和可靠性等方面有很大的益处。

然而，微纳机电系统技术给传感器带来的好处并不是主要体现在产品更新换代上的，而是借由其微型化和低成本规模制造的优势，去开拓原来没有的应用市场。在低成本微型化过程中，传感器可能丧失了原有的高精度，却可以找到崭新的应用市场。例如，原来传统的庞大加速度计和陀螺仪等惯性器件的精度很高，但也只能少量地用在航天航海等领域。在微纳机电系统惯性器件问世以后，虽然精度可能下降了，但凭借其极为微型和极为廉价的优势，使器件海量地应用到了智能手机上。安卓系统软件开发了平均步长估计法，并结合 Wi-Fi 等通信技术，可以避开精确的导航计算，实现对人员位置和运动轨迹的有效判断，使惯性传感器破天荒地得到广泛的应用。当然，由于微纳微加工精度的提高，也使一部分传感器的性能超过了传统的庞大传感器。例如，最先进的微纳机电系统气压传感器的敏感膜片厚度控制达到了几微米，使廉价而微型的微纳机电系统气压传感器实现了对 $20\sim30\mu m$ 高度变化的精确分辨，用二十几美分这样廉价的高度传感器竟然可以进行手机室内导航和玩具无人机的定高控制，很多传统的昂贵传感器都很难做到。

　　当下正在全球范围内蓬勃发展的可穿戴装备、物联网和智能家居系统等，为传感器的海量应用提供了广阔的天地。大数据和云计算等业务向各行各业不断地渗透，也需要各种传感器实时采集各种数据来支撑。智能化、微型化、高性能化、集成化是未来航空航天和武器装备发展的重要目标，而微纳机电系统技术正是实现这一目标的重要手段。采用微纳机电系统技术不仅可以使武器装备的性能提高，体积和质量进一步缩小，而且可以实现武器装备稳定批量制造和可靠应用。对于机器人、人工智能（AI）系统，乃至仿生和类脑智能系统的向前发展，作为"五官"和"触觉"的传感器是绝对不可或缺的。在上述先进应用领域的驱动下，近年来微纳机电系统传感器的市场容量迅猛扩张。Yole Développement 公司 2018 年在网上发布的市场分析指出，微纳机电系统传感器 2017 年市场规模已达到 120 亿美元，预计到 2021 年将达到 220 亿美元，成为"超越摩尔"产业中发展最快的分支技术之一。《国家集成电路产业发展推进纲要》中已明确提出，以"大力发展模拟及数模混合电路、微纳机电系统、高压电路、射频电路等特色专用工艺生产线"作为加速发展集成电路制造业的主要措施。综上，微纳机电系统技术与微纳传感器已成为全世界都非常关注的热点研究领域。

　　当今传感器的一个重要发展特征是，以往单个传感器作为产品的时代正在被集成的复合传感器（combo sensor）和多传感器融合（sensor fusion）所代替。在安卓等系统软件和算法的定义下，往往需要多个传感器协同工作来完成一个完整的应用功能。这在传感器设计和系统芯片的集成制造方法方面提出了新的挑战。传统形式的分立传感器件在大多数新的应用领域不能直接获得应用，这也直接推动了微纳机电系统传感器在微型化、集成化、低成本等方面迅速发展，未来分立式微纳机电系统传感器的市场增长将放缓，具有多传感器融合的单片集成多功能复合传感器在今后的应用中逐渐成为产品技术的主流。例如，三轴磁强计、三轴加速度传感器、三轴陀螺仪所组成的运动姿态测量 9 轴复合传感器如今已成为智能手机的标配，有些手机中还集成了压力传感器用于测量位置高度的变化，形成了10轴复合传感器。而美国密歇根大学在10轴复合传感器的基础上，为无人机应用研发了包括高精度微纳机电系统时钟振荡器在内的11轴集成复合传感器。

智能手机等应用系统对传感器的微型化和微功耗化提出了前所未有的高要求，对复合传感器芯片的微纳机电系统集成工艺提出了挑战，在单芯片上用标准统一的工艺来集成复合传感器已经成为产品制造的基本诉求。在这方面，博世（Bosch）公司、意法半导体公司、英飞凌（Infineon）公司和飞思卡尔（Freescale）公司纷纷推出各自的单芯片多用途标准制造工艺。在美国加利福尼亚州，斯坦福大学与博世公司常年合作，致力于推进一种称为Epi-Seal的单芯片集成工艺，其不仅能集成复合传感器，还能将高真空封装的微腔体直接用薄膜工艺技术制作在芯片内，实现谐振类传感器的高Q值工作。总之，基于新一代微纳机电系统技术的单芯片集成的复合传感器将成为市场的主流。例如，意法半导体公司已发布了集成磁强计、加速度计、陀螺仪和压力计的10轴复合传感器。有些产品甚至要求将多轴传感器与接口处理电路乃至协处理器芯片以SoC或叠层高密度SiP的形式实现高密度集成，最终打造出高水平的多传感器融合产品。

（2）跨微纳尺度集成和异质异构巨集成技术用于传感器

为使比物理量传感器更为复杂的生化传感器（包括界面分子特异性作用敏感材料）能够与物理传感器具有相同的应用可靠性，进而实现与物理传感器的一体化集成，近期国际传感器研究领域都在重点研究生化分子（物质）敏感效应的本质性规律和异性物质跨微纳尺度的集成方法。复合传感器中已不只包括物理传感器，大量的化学和生物传感器也需要与物理传感器集成一体进行环境等综合信息监测，这其中需要将各种纳米敏感材料和结构与微米传感器主结构进行跨尺度的兼容集成。具体来说，不同的应用需求需要在传感器上按需构筑不同种类的生化敏感材料和功能化纳米材料。例如，针对痕量爆炸物或化学战剂的检测，如何在微纳机电系统传感器的特定区域上按需集成高度灵敏和高度选择性的纳米敏感材料（可以是聚合物或功能化纳米材料），并保证传感器制造的一致性，值得深入研究。对于这个技术难点，国际上已经开展了分子自组装、原子层沉积、喷墨打印等新方法的研究。

　　另一个重要方面是研究集成的柔性基底技术、生物兼容性的可植入 / 可降解传感器材料等相关基础前沿。从目前微纳机电系统传感器的发展趋势来看，硅基传感器仍是其发展的主流。这主要是因为硅基微纳系统可以直接使用批量制造的微电子技术，并可使之与集成电路集成在一起，组成一个可以完成信息获取、处理及执行功能的传感器系统，为未来发展微型化、低成本和高功能密度的系统提供一条有效的途径。此外，可穿戴、先进医疗康复器械及消费电子等领域对传感器提出了新的应用需求，例如，医疗用植入式传感器需要开发与生物体兼容甚至能在体内可控降解的传感器。基于这一原因，国际上已经开展了柔性基底技术、生物兼容性的可植入 / 可降解传感器材料等研究。这类可应用的材料范围广泛，涵盖聚合物、碳纳米管、石墨烯、纤维、蚕丝蛋白等。

　　针对传感器等的发展，国际上出现了超越摩尔定律的发展思路，即希望跳出单一的摩尔定律，实现跨越式发展。微纳机电系统技术来源于微电子技术，尽管其制造是可以在集成电路生产线上进行的，但采用微纳机电系统工艺技术后可以制造传感器、执行器、换能器等多种器件，并可以与集成电路集成在一起，是非常有效的超越摩尔定律的解决方案。这也是目前国际上许多大型集成电路制造商开始进入微纳机电系统领域的重要原因之一。很显然，要通过微纳机电系统技术来实现超越摩尔定律，就必须解决微纳机电系统工艺与集成电路工艺兼容的规模制造技术基础问题。因为包含了微纳机电系统器件后，就需要考虑微纳机电系统器件与纯晶体管在设计、结构、工艺和材料等方面的不同，要进行优化的兼容制造，就需要进行相应的基础研究，发展相应的建模方法，为实现规模化的兼容制造提供技术基础。

　　更进一步，不同类型的晶圆衬底材料可以通过异质集成的方法在硅衬底上构筑异质的衬底材料，由此集成制造各种声、光、热、电传感器件，并与硅基器件实现集成。而为了实现先进的生化传感器和仿生类脑智能传感器，就需要将各种纳米材料、生物大分子结构乃至仿生结构等，以集成电路批量重复制造的方法集成在晶圆的各个单元中，实现异质巨集成技术，来推进未来传感器事业的发展。

（3）基于微纳机电系统芯片集成技术的谱学分析仪器日益传感器化

面对很多应用对传感器种类和数量的日益增长要求，只发展一种复合传感器的技术之路是远远不够的。例如，在环境空气或水质监控电子鼻方面，可能同时需要几十种传感器参与检测工作。再例如，在中医药信息化中，中医对患者口气的闻诊或对中药材成分品质的鉴别，往往需要对超过100种的气体进行检测，即使采用了神经元算法进行训练，仍然需要非常多种的气体传感器同时工作，而实践中集成这么多种传感器是不现实的。

而很多传统的分析方法，如气相色谱法、质谱法、离子迁移谱及红外光谱法等，是原理清晰可靠的检测分析方法。这些方法所用仪器因为价格昂贵和体积庞大，不能作为在现场广泛使用的传感器来推广应用。但微纳机电系统集成技术的发展，为这些庞大仪器的微型化和廉价化提供了很好的技术手段。以气相色谱仪（GC）为例，美国密歇根大学和安捷伦公司等近年来采用微纳机电系统制造手段，将原来十几米到几十米长的色谱分离柱集成制造在硅芯片上，实现了微米尺度管径的微色谱柱，十几米长的管道紧密集成后仅占用数平方厘米面积的硅芯片，对被检测复杂气体实现了相同的色谱分离效果。在微管道中构建三维的扰流微结构，甚至是在管壁修饰对某些气体分子具有特异性作用的纳米结构，使单位长度管道的气体分离达到了传统管道几倍长度的分离效果。而采用微纳机电系统技术制作的高灵敏度检测器、微流量计和微泵等微纳机电系统器件的进一步集成，制备了芯片上集成的完整气相色谱仪。这样的气体成分分析仪器在现场可以更快速地定量分析复杂气体分子成分，其体积、成本、功耗和批产能力等都与标准的传感器基本相仿，完全可以推广应用。

很多种不同检测原理的分析仪器都在走向芯片集成传感器化的进程中，例如，公共安全场合对爆炸物检测的离子迁移谱仪的核心检测元件也通过微纳机电系统集成技术实现了芯片化。这些采用分析仪器原理的系统实现了微纳机电系统芯片化集成后，可以再联合各种传感器来使用，利用不同的检测原理得到正交的检测信息，经过智能算法进一步提升信息的准确性，可以解决很多复杂成分的传感检测问题。

（4）环境中应用的物联网节点传感器在追求高能效比甚至是零供电工作

在野外和很多应用中进行无人值守监控的海量物联网节点传感器，经常受到应用环境的电能源限制，甚至根本没有现场供电条件，因此需要节点监控传感器具有很高的能效比，甚至能够实现现场自供电，成为所谓的零供电传感器。为此，微纳机电系统现场环境衡量采集器的应用和非传统传感器信息链路的新型自供能传感器成为发展的一个重点和亮点。

综上所述，现阶段和未来10年内的微纳传感器发展特点基本上可以用"加、减、乘、除"四个字来概括。所谓"加"，就是需要大力发展具有很强加工覆盖能力的微纳机电系统工艺，用相同的工艺在芯片上集成更多维度和轴数的传感器，通过对集成的传感器种类做加法，来提升多传感器协同工作下的系统功能。所谓"减"，就是要对化学类传感器的敏感材料的种类做减法，通过寻找敏感材料和敏感效应背后化学分子作用的物理化学本质参数，从本质上对目前种类繁多的化学敏感材料进行综合分析和系统优化，淘汰大多数并不实用的敏感材料，选取到综合参数具有优势的、可实用的化学敏感材料和化学传感器。所谓"乘"，就是针对检测成分十分繁多和复杂的水环境或大气环境，力图采用微纳机电系统集成制造技术发展出具有多种独立谱学检测原理的微型化多谱学传感器，获得多谱学传感器采集的正交多维信息，对多维正交信息采用类似乘法的处理，并通过智能算法对信息进一步提升和提纯，最终达到对混杂环境的分析和检测能力。所谓"除"，就是要重视现场物联网节点传感器获得信息除以消耗功耗这个能效比参数，大力发展信息获取能力强且消耗电能少的新型物联网监控节点传感器，实现环境中的方便安置和海量应用。

针对我国微纳机电系统技术与传感器的发展思路和方向有如下建议。

（1）将超越摩尔定律与延续摩尔定律两条路径结合起来发展

微纳机电系统传感器属于"超越摩尔"的发展范畴，因此很多时候我们国家和有关部门的科技发展规划中都把它与集成电路发展战略分离开来，根据其先进制造和自动化检测仪表的传统属性，将其发展战略放到关键基础部件或自动化机器人部分，与微电子产业分隔开来。在信息领域，很多发展战略中将传感器研究主要集中在传感器的应用研究方面，而对传感器本身的研制支持力度较小。

事实上，微纳机电系统传感器技术本身的发展从来都是受微电子技术发展影响最大的。虽然集成电路产业中很多技术是延续摩尔定律的部分，但在模拟器件、功率器件等方面的发展与微纳机电系统传感器有很多相同点，属于"超越摩尔"方向的。即使微纳机电系统传感器的发展具有超越摩尔定律的属性，但与集成电路一样，其海量市场应用的特点使其与集成电路一样追求廉价、高可靠的规模制造，因此也需要在微纳机电系统工艺"百花齐放"的基础上，实现制造工艺的相对标准化，即不总是一个器件一个工艺，而应该面对广泛应用的器件，力求采用相对一致的标准工艺来制造一大类或几大类传感器产品。另外，微纳机电系统传感器与信息处理的集成电路需要进行 SoC 或 SiP 方式的集成，它们之间往往是缺一不可的。事实上，传感信息处理的接口集成电路本身的造价比微纳机电系统传感器芯片部分的造价还要高很多，但是这里微纳机电系统传感器芯片部分是整个产品的主体功能部分，没有微纳机电系统传感器部分，其接口电路部分将不会存在。因此，在制定发展战略时，不能单纯以分别的产值关系来衡量重要性，而要认识到，微纳机电系统传感器部分是产品存在的前提和基础，或者说，微纳机电系统传感器对微电子或信息产业具有提供崭新市场和带动尾部高附加值的作用。

（2）要特别重视产业链中自动化大批量测试技术这个短板效应

微纳机电系统传感器与集成电路之间最大的不同之处在于：集

成电路是电信号输入，电信号输出，传感器是自然界的非电量输入，而执行器是非电量输出。对于集成电路，很多情况下在晶圆级就可以依靠自动测试机软件进行电信号输入和输出间关系的确认，来完成集成电路功能的测试。然而传感器不行，物理传感器需要物理变化量的输入，生化传感器甚至需要生化反应变量的输入，这在探针台上是非常难做到的。另外，将传感器芯片与接口电路芯片连接并封装好后进行测试，在传感被测量输入方面是更容易实现的，但此时判断传感器功能的好坏又显得为时已晚，因为一个传感芯片的不正常将导致整个封装好的传感微系统报废，对成本影响很大。一般就国外企业来讲，其微纳机电系统传感器和执行器的产品测试车间是不能随便参观的。自动测试补偿技术的高产能、高效率和低成本，是该企业产品能够进入市场的关键。这种测试技术，加上定制的测试装备，往往是一个企业的高度机密。我们国家在发展传感器产业时，往往主要关心制造设备和生产线的能力建设，而忽略了传感器在测试这个环节的特殊性和产品化短板效应。制定发展规划时，这一点尤其要引起有关部门的高度关注。

（3）充分发挥我国产学研结合与多学科交叉的优势

由于传感器的种类繁多，因敏感对象的不同而必须涉及很多学科，比如，生物传感器往往需要生物技术、纳米技术、信息技术交叉的融合（BNI fusion）。所以，作为信息获取器件的传感器，其发展离不开与很多相关学科的交叉，特别是先进材料学科中的敏感材料，在传感器中是不可或缺的。此外，对于复杂对象的传感检测，仅仅研究材料和物理层面的科学与技术也是远远不够的，必须充分运用能使传感信息进一步提升和纯化的智能算法等科技手段。

我国拥有独立自主且门类齐全的科技体系。同时，我国有独立自主的国防科技产业，也有十分广阔的需求市场。因此，我国进行传感器的研发和产品化应用，有着十分优越的多学科交叉融合基础，也有着优越的产学研用合作机遇。当今的高科技，所谓前沿科技与实用化技术之间的鸿沟其实并不是那么宽，几年前的一个创意或新发现的一个敏感效应，有可能在短短几年之后就变成真正的实用传感器产品技术。当然，没有一个科技成果是可以单纯在实验室中变成产品的，关键是要通过学科间的合作和产学研用间的反馈与验证，尽快地将新的敏感效应转化成新的传感器产品技术。相关项目实施战略中，要十分关注这一点。

（4）走出我国独特的微纳机电系统与传感器规模制造技术之路

我国改革开放40多年来，用这短短的时间跨越了西方大多数国家100多年走过的工业化进程，并于近期与国际先进国家同步进入信息产业阶段。这其中，我们也在工业化基础方面留下了很多不足和缺憾。在微纳机电系统传感器方面，我们没有建立起像博世公司和意法半导体公司这样强大的IDM企业（即自主设计并自己生产的企业）。我们国家已经在各个部门战略部署的支持下，建立了若干个微纳机电系统生产线，有较大的生产能力。但这些依托于某个研发单位技术基础建立的生产线并没有多少在市场上有足够竞争力的产品，而用一两个产品的产量是很难支撑和维持一个花费巨大的净化制造车间的。在微电子产业方面，我国已经成为一个半导体的"世界制造工厂"，已经建立的诸多半导体代加工厂（foundry）制造产能十分巨大。另外，我国的微纳机电系统传感器研发成果逐年增多，大量的微纳机电系统传感器初创企业纷纷成立。但这些中小企业一般都没有充足的资金马上建立自己的制造厂，而是希望能够利用代加工厂的产能来实现无生产线（fabless）企业产品的生产，力图进入市场带来第一桶金，从而进一步发展和壮大企业的能力。但往往无生产线企业的新产品需要有一个逐步增大批产量进入市场的过程。这与标准半导体代加工厂需要大批量标准加工的要求产生了矛盾，也产生了"先有鸡还是先有蛋"的困惑。政府在这个环节上的作为十分关键。建立公开服务、具有弹性产量和柔性制造能力的制造平台，以实现从样品到规模化产品的转化，是十分需要的。

（5）充分利用好我国的新一代应用平台，并在战略上持之以恒

为了改变我们在传感器研究方面大多是跟踪和追随先进国家的现状，我们要特别关注传感器的应用平台。我国近期在电子商务、"互联网+"应用和高速铁路系统等领域，已经建立了在国际上具有一定业务领导力的平台。我国的传感器研发事业，应特别注重结合这些我国具有发展话语权的平台的应用需求，在传感器的发展中，

逐步建立我们的发展路径。例如，目前中医药信息化和现代化已经上升为国家发展战略，这其中需要很多传感器的应用来支撑。由于我国在中医药发展方面的独特优势，以及使用中医技术追求健康的受众数量巨大，在我国率先实现传感器在中医药事业中的广泛应用，是具有得天独厚的良好基础的。我们完全可以借助我国的中医药大众康养平台和大众健康平台，努力发挥健康大数据加人工智能算法的大数据挖掘和利用能力，建立大众健康的大数据模型，引领中医药大众康养等新的业务模式蓬勃发展，同时推动健康传感器事业获得快速发展。

　　还有一点，传感效应的产品应用相对于其他微电子器件来说，寿命要长得多。运用基本相同的敏感原理和效应，根据应用的创新对传感器产品进行相应的改造，完全可以在很长时间内不断产生新的产品和市场。例如，采用硅压阻效应的硅压力传感器，从20世纪80年代就在工业自动化领域广泛应用。此后，随着工艺技术的不断进步，传感器越来越小，价格越来越低，规模制造能力越来越强，使同样原理的压力传感器先后应用到航空、医疗、汽车电子等领域，近期又应用到智能手机和智能家居消费电子领域。因此，在制定发展战略时，要充分关注产品技术的持续改良和更新，尽量增强每种传感原理在崭新应用领域的适应能力，形成系列的产业化亮点。

Abstract

A sensor is a device that detects changes in the environment (*e.g.*, light, heat, motion, pressure), and responds with an output (*e.g.*, electrical, mechanical or optical) signal. In the stream of information acquisition, processing (including storage) and transmission that compose the information technology, sensors are playing an ever-increasing role in the first stage, interfacing with the information sources. Recent advances in sensor technologies have enabled a multitude of applications, thanks to the miniature Micro/Nano-Electro-Mechanical Systems (MEMS/NEMS) and their scalable fabrication, hence, MEMS/NEMS has become the primary technology for realizing modern sensors. Following the integrated circuits (ICs), MEMS/NEMS is emerging as a new, interdisciplinary high-technology, which is not only an expansion of today's IC technology in terms of device function, but also a leading effort in advancing the microelectronics field towards "more than Moore".

General development trends for sensor technology in the chain of information acquisition, processing and transmission are to achieve optimized the signal-to-noise ratio (S/N) in the acquisition stage, improved stability during processing and transmission (*e.g.*, reduced drift with time and temperature), and minimized overall time-delay and power consumption. Other requirements include volume/mass of the sensors and their reliability in the actual environments. Sensors can be categorized into different domains, *e.g.*, physical, chemical or biological sensors, based on their sensing targets and working principles. Therefore, sensors share some general features while evolve differently in different domains.

The general development trends for sensor technology are detailed as follows:

(1) Large-scale fabrication and applications.

A sensor usually converts a change in the environment (*e.g.*, light, heat, motion, electromagnetic waves) into a measurable (*e.g.*, electrical, optical, mechanical) signal. Since the targets can be either physical, chemical or biological quantities, the sensor development demands knowledge from different fields, making it an interdisciplinary technology.

Meanwhile, MEMS/NEMS, benefiting from the modern IC manufacturing and the micro/nanofabrication across many fields, offer an innovative and powerful tool for their prosperous, interdisciplinary applications. Compared with the conventional electromechanical systems, MEMS/NEMS devices feature smaller volume, lighter weight, lower power consumption, lower cost and better performance, which a disruptive technology with a huge market. In industrial applications, large amount of sensors is replaced every 5 years, *i.e.*, 20% of the sensors are changed every year. Therefore, MEMS/NEMS based sensors have superior advantages over the conventional ones, in terms of their low cost, small size and high reliability, thanks to the miniature MEMS/NEMS device technology and their scalable fabrication.

The miniaturization and large-scale fabrication not only reduce the cost for sensor replacements, but also promote new applications and commercial products, although the sensing precision may be compromised. For example, conventional inertial sensors, such as accelerometers and gyroscopes, are very precise, but bulky and expensive, hence only a small volume have been used for luxury navigation and aerospace applications. On the other hand, MEMS/NEMS inertial sensors, although with compromised precision, are widely applied to smartphones due to their small size and low cost. Combining the average step-length estimation algorithm in the Android software with the latest WIFI communication, MEMS/NEMS inertial sensors become widespread for the first time, as location and motion trajectory can be detected without relying on the complex navigation calculation. Some MEMS/NEMS sensors also surpass the conventional ones in terms of device performance, thanks to the high-precision micro/nanofabrication. For example, the membrane thickness in the MEMS/NEMS pressure sensors can be precisely controlled to a few micrometers, making the membrane sensors capable of accurately determining a change in height up to 20-30 μm. With an extremely low cost of around twenty cents, indoor navigation and altitude control of a quadcopter, which have been very challenging to the conventional, expensive sensors, are now achieved by exploiting MEMS/NEMS pressure sensors.

Recently, the booming technologies around the globe, including wearable electronics, internet of things and smart buildings, bring new opportunities for the wide applications of sensors. Meanwhile, the emerging big data and cloud computing requires enormous sensors for real-time data acquisition. The future aerospace and military applications also demand smart, miniature, high-performance, highly-integrated devices, and MEMS/NEMS technology can meet such needs by providing high-performance, small, mass-produced and reliable equipment. In the fields of robotics, artificial intelligence (AI), bionics and brain-inspired intelligence, sensors are indispensable in mimicking the five senses (taste, sight, touch, smell and hearing), which also drives the rapid market growth of MEMS/NEMS sensors. According to Yole Développement, MEMS/NEMS sensors account for a total of 13 billion dollars by 2014, and 24 billion dollars by 2019, which is one of the fastest-growing technologies in the "more than Moore" era. It is also emphasized in the "Outline of National Integrated Circuit Industry Development" that, establishing process lines for digital-analog hybrid electronics and MEMS/NEMS is critical to accelerate the IC manufacturing. Therefore, MEMS/NEMS and related sensor technology are gaining increasing interest globally.

Another development trend is towards combo sensor and sensor fusion, which can replace traditional products based on single sensors. Under Android software and algorithms, it is often necessary to integrate multiple sensors for complete functions, which bring new challenges in sensor design methodology and integrated system manufacturing. Therefore, the conventional, discrete sensors cannot be directly applied in most of these new applications, which in turn promotes the miniaturization, integration and low cost of the MEMS/NEMS sensors. It can be foreseen that the market growth of discrete MEMS/NEMS sensors will slow down, while sensor fusion and combo sensors are becoming the mainstream technologies. For example, the 9-axis combo sensor, which is composed of a three-axis magnetometer, a three-axis accelerometer, and a three-axis gyroscope, has become the standard configuration inside the smartphones. Moreover, pressure sensors are integrated into some mobile phones to measure the change of position and height, forming a 10-axis combo sensor. The University of Michigan has even developed an 11-axis combo sensor by adding a high-precision MEMS/NEMS oscillator to the quadcopter.

The unprecedented high demand in smartphones and other application systems for miniature and micro-power sensors impose great challenges in MEMS/NEMS integration process for sensor combo. Integrating combo sensors with standard and unified process on a single chip has become the basic requirement for product manufacturing. In this regard, Robert Bosch, Italian-French Semiconductor, Infineon and Freescale have launched their own standard single-chip multi-purpose manufacturing processes. In California, Stanford University has been collaborating with Bosch Company to develop a single-chip integration process called Epi-Seal, which not only allows combo sensor integration, but also provides high-vacuum packaged microcavities in the chip based on thin-film technology, hence improving the quality factors of the resonant sensors. In all, single-chip integrated combo sensors based on new generation MEMS/NEMS technology are turning into the mainstream of the market. For example, Italian-French Semiconductor has released a 10-axis combo sensor that integrates magnetometer, accelerometer, gyroscope, and pressure gauge. Some products even require high-density integration of multi-axis sensors, interfacing ICs and even coprocessor chips in the form of SoC or stacked high-density SiP, to create ultimately high-level sensor fusion products.

(2) Micro-to-nanoscale, heterogeneous integration technology for sensor applications.

To achieve reliability of complex biochemical sensors (including interfacial materials that are sensitive to molecule-specific interaction) similar to that of physical sensors, so that biochemical sensors can be integrated with physical sensors, recent international research activities have been focused on fundamental study of sensitive interactions of biochemical molecules (substances) and their heterogeneous integration across micro and nanoscales. Combo sensors consist of not only physical sensors, but also a large number of chemical and biological sensors, which need to be integrated with physical sensors for comprehensive monitoring of the environment. Therefore, a variety of sensitive nanomaterials and structures need to be integrated with the main structure of microsensors. Specifically, different applications require different kinds of biochemical sensitive materials and functionalized nanomaterials to be constructed on different sensors. For example, to detect trace explosives or chemical warfare agents, integrating highly sensitive and highly selective nanomaterials (polymer or functional nanomaterials) to specific areas on the MEMS/NEMS sensors, with unified sensor manufacturing, deserves further investigations. To tackle these challenges, new methods such as molecular self-assembly, atomic layer deposition, and inkjet printing have been developed internationally.

Another important aspect involves integrated flexible substrate, biocompatible implantable/degradable sensor materials, and relevant cutting-edge technologies. In view of the current development trend of MEMS/NEMS sensors, silicon-based sensors still dominate, which is mainly because silicon-based micro/nanosystems can be batch fabricated by using microelectronics technology. They can also be integrated with ICs to achieve a sensor system with complete information acquisition, processing and execution, offering an effective approach for the future development of miniature, low-cost and high-density systems. In addition, wearable, advanced rehabilitation devices, consumer electronics have raised new questions for sensors. For example, implantable devices require biocompatible and even biodegradable sensors *in vivo*. In this regard, research on flexible substrates and biocompatible implantable/ degradable sensor materials has been carried out internationally. Such materials, including polymers, carbon nanotubes, graphene, fibers, silk, can be widely used in various fields.

As to the sensor development, there has also been an idea of "more than Moore", *i.e.*, to achieve a great leap beyond Moore's law. Building upon microelectronics, *i.e.* MEMS/NEMS can be fabricated using CMOS technology, as sensors, actuators, transducers, and other devices. They can also interface with ICs, which offers a very effective way beyond Moore's law. This is also one of the important reasons that many VLSI manufacturers in the world are entering MEMS/NEMS field. To achieve this goal, it is obvious that challenges in scalable fabrication of MEMS/ NEMS that are compatible with IC manufacturing and integration must be tackled. MEMS/NEMS devices are different from transistors in terms of design, structure, technology, and material. Therefore, fundamental research and relevant modeling methods are critical to promote scalable, CMOS compatible manufacturing.

Furthermore, heterogeneous integration of different types of wafer substrates can be used to make various acoustic, optical, thermal and electrical sensors that are compatible with silicon-based devices. To achieve advanced biochemical sensors and brain-inspired smart sensors, it is necessary to integrate various nanomaterials, biological macromolecular structures and even bionic structures into each die of wafer using IC manufacturing, hence large-scale, heterogeneous integration technology can be developed to promote the sensor development in the future.

(3) MEMS/NEMS sensor-based spectrometer.

Because of the increasing needs of different types and quantities of sensors for various applications, it is insufficient to develop only one kind of combo sensor technology. For example, dozens of sensors may be required for air or water quality monitoring using "electronic noses". Another example in the informationization of traditional Chinese medicine is that the doctors smell and analyze gases in patient's breath or to identify the quality of traditional Chinese herbs. More than 100 kinds of gases need to be detected, and even if the neuron network algorithm is used for training, many gas sensors are required to work at the same time, which in turn bring challenges to the sensor integration.

Many conventional analytical approaches, such as gas chromatography, mass spectrometry, ion mobility spectrometry and infrared spectroscopy, have been matured and reliable. However, those instruments are expensive and bulky, which limit their wide applications *in situ*. MEMS/NEMS technology provides a miniature and economic alternative. Taking gas chromatograph (GC) as an example, in recent years, the University of Michigan and Agilent Company in the US have made micro-chromatographic columns with micrometer diameter by using MEMS/NEMS technology, allowing conventional tens of meter-long chromatographic separation columns to be fabricated on a single silicon chip. The new columns are highly compact, which takes only a few square centimeters in area, while maintaining the same chromatographic separation effect when analyzing complex gases. Moreover, by constructing three-dimensional turbulent flows in the microfluidics or even modifying the channel walls with nanostructures that are selective to the gas molecules, the gas separation in 1-meter-long microcolumns, is comparable to that using several-meter-long conventional columns. The MEMS/NEMS technology further allows integration of sensor, micro-flowmeter and micro-pump on a single chip, forming a complete micro-GC. Such kind of micro gas analyzer can quantify the complex gas components much faster *in situ*, and its volume, cost, power consumption and mass production capacity are essentially the same as the standard sensors, making it very attractive for commercialization.

Many kinds of analytical instruments are transforming to chip-scale with integrated sensors. For example, the ion mobility spectrometers for explosive detection in public is miniaturized to MEMS/NEMS chips. Through working with other sensors to obtain orthogonal information, and intelligent algorithms to improve information accuracy, such chip-scale instruments can detect many complex components.

(4) Sensor nodes of the internet of things (IoT) for environmental applications with high energy efficiency and even zero power consumption.

In the field and many other applications, where a large number of sensor nodes are deployed and unsupervised, power supply is often a constraint (sometimes no power supply is available). In these cases, the sensors are required to operate with high energy efficiency or be self-powered, *i.e.*, zero power sensors. Therefore, MEMS/NEMS sensors in environment monitoring and new self-powered sensor nodes in non-traditional sensor information chain are becoming of great importance.

In summary, the development trend of micro and nanosensors at present and in the next ten years can be summarized as "to add, subtract, multiply and divide". "To add" means to promote scalable and compatible MEMS/NEMS fabrication techniques, such that multidimensional and axis sensors can be integrated on a single chip with the same processes. Through integrating different types of sensors, the system function can be greatly improved. "To substrate" means to reduce the types of sensitive materials for chemical sensors, and investigate fundamental chemical molecule interactions underlying sensitive materials and the sensitive effects. Through comprehensive analysis and systematical optimization of the numerous chemical sensitive materials, chemical sensitive materials with superior parameters and practical in use can be selected, while others are eliminated. "To multiply" means to develop the on-chip spectrometers integrating multiple spectroscopic techniques for complex water or atmospheric environmental monitoring, such that the orthogonal, multi-dimensional information can be collected. Through further convolution using intelligent algorithm, the target information can be improved and purified, hence the detectability under complex conditions is enhanced. "To divide" means to pay attention to the information acquired divided by the corresponding power consumption of the IoT sensor nodes, such that new types of sensor modes with stronger information acquisition capability while consuming less power can be developed, and widely adopted for environmental monitoring.

The following suggestions are made for the future development of MEMS/NEMS technology and sensors in China.

(1) Combining the two paths of transcending and continuing Moore's law.

MEMS/NEMS sensors are categorized as "more than Moore", which is often developed independently from IC technology by the Chinese government and relevant departments. According to their traditional attributes in advanced manufacturing and automated test instruments, MEMS/NEMS sensors are considered as key components or automated robots, which are isolated from the microelectronics industry. In the information field, many development strategies have been focused on the application of sensors, while little support has been made to the sensors themselves.

In fact, MEMS/NEMS sensor technology is deeply rooted in the microelectronics technology. Although many technologies in the IC industry are "continuing Moore's law", the development of analog and power electronic devices somehow are similar to the development of MEMS/NEMS sensors, which belongs to "more than Moore". Even though MEMS/NEMS sensor develop is towards "more than Moore", their massive market applications demand cheap, high-reliable and large-scale manufacturing techniques, similar to the ICs. Therefore, it is necessary to standardize the manufacturing processes while welcoming different ones, *i.e.*, not one process for one device, so that a large or several categories of sensor products are made using the unified fabrication techniques. In addition, the SoC or SiP are desired for integrating sensors with data processing ICs. In fact, the fabrication cost for interfacing ICs is even higher than the MEMS/NEMS sensor, while the MEMS/NEMS sensor is the functional part of the whole chip, without which the interfacing ICs will not exist. Therefore, the strategic development plan should not be made by simply referring to production values. It should be noted that the MEMS/NEMS sensors are the basic and prerequisite of the products, in other words, the MEMS/NEMS sensors can bring a brand-new market to the microelectronics industry and add high value to end products.

(2) Paying special attention to the buckets effect of automated, mass testing technology in the industrial chain.

The biggest difference between the MEMS/NEMS sensors and ICs is that both input and output of the ICs are electrical signals, whereas the input of the MEMS/NEMS sensors and output of the MEMS/NEMS actuators are non-electrical. In many cases, the ICs can be tested at the wafer level by simply measuring the input and output relationship using automated testing software. The same approach doesn't work for the MEMS/NEMS sensors. Physical sensors need input of physical quantities, and biochemical sensors even need input of biochemical reaction-based quantities, therefore, sensor test are challenging by simply using a probe station. On the other hand, it is easier to perform tests with input after a MEMS/NEMS sensor is integrated with interfacing IC and the chip is packaged. However, it seems already very late at this stage, because once a sensor is not working, the whole packed chip will fail, increasing the cost. In general, the product test for MEMS/NEMS sensors and actuators in the foreign enterprises are not open for visits. The high productivity, high efficiency and low cost of automatic test compensation technology is the key for those enterprises to commercializing their products. This kind of testing technology, together with customized testing equipment, is also highly confidential. In our country, most attention has been paid on the capacity of manufacturing equipment and production lines, while little on the sensor testing and the relevant buckets effect, which should be emphasized by the departments when developing strategic plan for sensor industry.

(3) Taking full advantages of the collaborations among industries, universities and institutes and cross disciplines in China.

Different types of sensors require knowledge from different fields. For example, biosensors are often developed under BNI, biotechnology, nanotechnology, information technology. Therefore, sensors, as the information acquisition devices, must be developed together with many related disciplines, especially advanced functional materials. As to detect the complex objects, it is insufficient to study only the fundamental science and technology at material and physics level. Intelligent algorithms, that can further enhance and purify the information, must also be developed.

China is a big country with independent and comprehensive science and technology systems. Meanwhile, China has its independent defense-related science and technology industry, as well as a huge domestic market. Therefore, the R&D and application of sensor products in our country can take the advantages of interdisciplinary collaborations among industries, universities, and institutes. Nowadays, the gap between cutting-edge technologies and their practical use in daily life is not large. An idea or a new sensitive effect years ago become commercial sensor products nowadays. Of course, transformation of scientific and technological achievements into products cannot simply happen in the laboratories. The key to transforming new sensitive effects into new sensor products is through interdisciplinary collaborations, feedback and cross-validation from industries, universities, and institutes. Attention should be made to this point when implementation strategic development of sensors.

(4) Developing a unique technology roadmap for large-scale fabrication of MEMS/NEMS and sensors in China.

In the past 40 years of reform and opening-up, China has gone through its industrialization stage that took more than 100 years in most western countries, and has recently entered the information industry era together with the developed countries around the globe. However, there are also many deficiencies and flaws in the industrial basis. As to the MEMS/NEMS sensors, we are still lacking IDM companies, like Robert Bosch and STMicroelectronics (*i.e.*, with independent R&D and products). Under the strategic deployment from various departments in our country, several MEMS/NEMS process lines have been established, which have large production capacities. However, technologies and products from such production lines in certain institutes, show insufficient competitiveness in the market. Meanwhile, it is difficult to maintain a costly cleanroom with the profit from one or two products. In the microelectronics industry, China has become a "world factory" and many foundries have been established with large manufacturing capacity. On the other hand, the R&D achievements of our MEMS/NEMS sensors is increasing every year. A large number of start-ups of MEMS/NEMS sensors have been established. However, these small and medium-sized enterprises seldom have instant funding to build their own manufacturing facilities, hence they turn to the foundries to commercialize their products and earn the first barrel of gold as "fabless" enterprises. Since it takes time for the fabless enterprises to increase the yield into the market, it contradicts the expectations of large-scale standard processing from the standard semiconductor foundry, causing the "chicken-and-egg" paradox. Therefore, the role of the government, in this case, is crucial in terms of establishing manufacturing platforms with open service, flexible output and manufacturing capability, hence the transformation from sample to large-scale products can be realized.

(5) Making full use of our new generation application platforms and developing persistent strategic plan.

To avert following the developed countries in sensor research, special attention should be paid to the sensor application platforms. China has recently established certain leading platforms for e-commerce, Internet+ and high-speed railway systems. Therefore, our sensor research and development should be consistent with the needs of these applications platforms that holding the power of discourse in the world. In this way, we can gradually grow our own technology roadmap. For example, nowadays, the informatization and modernization of traditional Chinese medicine has become a national development strategy, which must be supported by many sensor technologies. Thanks to our unique advantage in developing traditional Chinese medicine and the huge number of supporters that keep healthy by means of traditional Chinese medicine, it is a great opportunity to promote wide applications of MEMS/NEMS sensors in traditional Chinese medicine. By making full use of the Chinese medicine platform for public healthcare, big data and artificial intelligence algorithms, big data model of public health can be built, which should lead the new business model of healthcare based on Chinese medicine, and promote the healthcare sensor industry.

Finally, compared with other microelectronic devices, MEMS/ NEMS sensors have a much longer lifetime. Using the same sensing principle and effect, new products can be developed continuously based on the application needs. For example, silicon pressure sensors based on piezoresistive effect have been widely used in industrial automation since the 1980s. With the continuous development of scalable micro/ nanofabrication, sensors have become smaller, cheaper and more powerful. Same pressure sensors have been applied to aviation, medical and automotive electronics, and recently to the consumer electronics, such as smartphones and smart buildings. Therefore, much attention should also be made, when making strategic plan, to continuously improving and updating of products and techniques, and adapting each sensing principle to new applications to achieve product series.

目　录

彩图

第一章
微纳机电系统与微纳传感器的战略地位

　　传感器是能感受到被测量的信息并将其按一定规律转换成可用输出信号的器件或装置。信息技术中主要包含信息获取、信息处理（包括存储）和信息传输这三大重要技术，在作为信息源头技术的信息获取中，传感器技术占据着越来越突出的重要作用。随着传感器集成化与微小化制造技术的发展，传感器也已经使用了雷达中使用的多普勒效应及光电遥感中使用的各种效应来进行信息获取。并且，随着将以往庞大力学及谱学分析仪器（如色谱仪、质谱仪、离子迁移谱仪、拉曼光谱仪等）实现了 MEMS 微小化和集成芯片化后，很多原来的仪器也被变成了现场大量廉价应用的传感器。因此，传感器的内涵与外延也随技术和应用的发展不断丰富和扩大。总之，在信息获取、处理和传输中，传感是信息技术的源头技术。当今世界进入了智能和智慧时代，无论如何是不能没有传感器技术的。

　　从应用的角度看，传感技术是基础性、关键性和战略性高新技术，在先进制造、航天国防、环境资源、健康医药、物联网乃至智慧地球等众多领域，都有着广泛的重大需求。在《国家中长期科学和技术发展规划纲要（2006—2020 年）》等国家重要战略规划报告中，都在多处对传感技术发展做出了重点部署。同样，国际上对传感器技术的发展也都十分重视，美、欧、日等发达国家和地区都纷纷把传感器作为"21 世纪优先发展的十大顶尖技术之一"。

　　近期，随着"互联网＋"、大数据/云计算、智慧城市、智慧农业、物联网、智能手机与可穿戴装备等的快速发展，作为信息获取源头的传感技术，就像对应于大脑的五官一样，受到了前所未有的高度重视。有人预测，未来全球每人将平均拥有数千只传感器，这些传感器存在于手机等个人终端中、智能化的家居内、自动驾驶的汽车上、办公和工作环境中、社会公共场所里，等等。因此，传感器产业的规模也在不断地迅猛增长。据国际专业咨询机构法国 Yole Développement 公司的调研和预测，目前微型传感器和执行器的产业规模已经超过了整个半导体产业的 10%，据不完全统计已经达到了数百亿美元的年产值，并且还在以接近 15% 的年增长率快速增长。

传感器的应用，体现了其巨大的市场带动能力和社会效益。对于一些国防和航天等应用的重要传感器，其国产化具有重要的战略意义和社会效益。即使是民用传感器，其作为信息获取源头，也具有很大的产品价值链带动能力，往往尾端的价值要被放大很多倍。例如，近期放在某品牌智能手机内部的一个用于高度测量的气压传感器，其传感芯片的市场价格仅为几美分，但是为了让该传感器具备根据气压大小测量高度的功能，需要将该芯片与价格更高的接口 IC 芯片封装于一体；而为了将该传感器放置于手机内，其采用的超小型器件封装技术的成本则超过了芯片本身的价格；最后还要利用自动化方法对高度传感器信号的非线性和全温区温漂进行补偿和批量数据烧录校准，这一步则要付出更高的成本。该传感器在手机内与协处理器联系后被注入智能导航等功能软件，就可以与其他运动量传感器一起协同进行基于位置的服务等，在业务平台支撑下实现新的业务模式。从该事例可见，传感芯片价格在整个传感微系统中只占了很小一部分，其后续的微系统和应用服务功能会带来价值的巨大放大。但是，该传感器芯片的测量性能直接决定了整个功能是否能够达到应用高要求，没有这个价格很低的传感芯片，其后续连续放大的价值链便无法实现。因此，传感器作为传感系统和功能模块的源头，应受到足够重视。

在未来 10 年，传感器的应用将获得爆炸式的增长，其主要的应用新兴市场包括：①智能手机、无人机、可穿戴等智能消费类电子产品；②汽车电子、自动驾驶乃至新能源汽车；③5G 乃至 6G 通信模式下的物联网万物互联，包括环境和安全监控；④智能机器人乃至"互联网+"支持下的智能工业控制；⑤医药设备乃至"互联网+"大数据云计算支撑的大众健康事业；⑥真正自主地满足国家重要装备需求；等等。

传感器之所以能在近期获得海量的应用，与目前实现传感器微型化和规模化制造的微纳机电系统技术是分不开的，MEMS 工艺已成为实现传感器制造的最主要技术手段。MEMS 一词的来源，可追溯到 20 世纪 80～90 年代美国国家科学基金会（NSF）与美国国防部高级研究计划局（DARPA）联合召开的战略新技术研讨会，会后发布的联合报告题目为 *An Emerging Technology — Micro-Electro-Mechanical Systems*，此后 MEMS 一词就与传感器密不可分了。传感器的英文为 transducer（又译：换能器），其包括了 sensor 和 actuator 两部分，而 MEMS 是制造当代主流 sensor 和 actuator 的主要技术方法。换言之，MEMS 和当代传感器之间的关系已达到密不可分的程度。图 1-1 是 Yole Développement 公司给出的近期 MEMS 市场图。

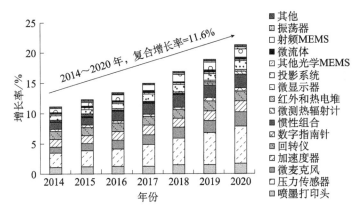

图 1-1　Yole Développement 公司给出的近期 MEMS 市场图（文后附彩图）

　　MEMS 是一种多学科交叉后的融合技术，是继集成电路技术之后，信息产业中又一个高新技术领域。该技术既是集成电路技术在器件功能上的扩展和延伸，也是微电子"超越摩尔"之路向前发展的主要技术途径之一。微纳机电系统技术首先是一种先进的微纳制造技术，其与很多微纳制造技术的区别在于它延续了晶圆级高可靠性重复制造的模式，目前成为微纳传感器、微纳机电系统器件和集成模块制造的主要手段。该技术所拥有的低成本规模制造优势，为传感器带来了应用领域的大幅扩展，在保留传感器于航空航天、工业自动化、汽车电子和医疗设备等领域的应用前提下，带来了传感器在物联网、智能装备、智能移动终端和智能消费类电子等新一代事业中官方应用的新的革命，成为诸多高科技产业中的核心器件之一。而采用该技术集成制造的复合传感器提供了多传感信息获取和融合的发展动力，使传感器成为云计算和大数据挖掘实时动态信息数据的一个主要来源。而所谓的 NEMS 技术，是 MEMS 技术的跨尺度延伸，即当微系统结构中工作的特征尺度达到了纳米尺度，MEMS 就变成了 NEMS。可以说，传感器技术正是在微纳机电系统技术发展的支撑下，在当前获得了最好的历史发展机遇。

微纳机电系统技术和微纳传感器已在国民经济和国防建设中发挥了不可或缺的支撑作用，并将进一步引领未来信息技术和人工智能的发展。

李昕欣（中国科学院上海微系统与信息技术研究所）

第二章

基于微纳机电系统的光学传感器及光电子芯片技术

第一节 光学 MEMS 技术

一、概述

（一）光学 MEMS 技术的定义

光学 MEMS 技术是微光学与微机械、微电子相互融合、交叉产生的 MEMS 技术的一个重要分支（图2-1），也称为微光机电系统（MOEMS）技术。

这一技术融合源自光学技术与精密机械"密不可分"的内在联系。由于光学非线性效应、电光效应非常微弱（液晶除外），机械控制一直是操控光束的最有效手段。与此同时，光子的静止质量为零，几乎不需要力，微米级的运动就能实现对光束显著的操控，因此，MEMS 驱动器非常适合实现对光束的操控。

光学 MEMS 技术将 MEMS 批量化制造技术引入光学领域，把传统的光学元器件制造技术提升至微型化、阵列化、批量化的新高度，打开了光学技术新的发展空间。

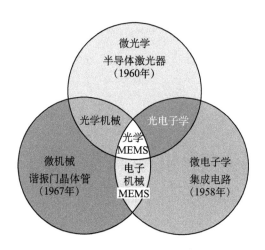

图 2-1　光学 MEMS 的定义

（二）光学 MEMS 技术的内涵与外延

光学 MEMS 技术的内涵是：采用 MEMS 工艺技术，批量化、集成化制造微型光学元件与 MEMS 驱动器，或批量化制造微型光学元件，构成光学 MEMS 器件。其中，集成制造的微型光学元件，不仅包括微反射镜、微反射镜阵列，还可以包括微透镜、微棱镜、光栅、衍射光学元件、法布里-珀罗（FP）干涉仪及其阵列等光学元件。MEMS 驱动器有四种驱动方式，包括静电驱动（平板驱动器 / 平面梳齿驱动器 / 垂直梳齿驱动器）、电磁驱动、压电驱动和电热驱动等，其运动方式包括离面垂直运动、面内平动、扭转运动、谐振，以及这些运动的组合等。

光学 MEMS 技术与现代光学技术的深度交叉与融合，产生广泛的应用，构成了光学 MEMS 技术广阔的外延。

（1）与光通信技术融合，产生了 MEMS 光通信技术，包括 MEMS 光开关及其阵列、MEMS 光衰减器、MEMS 可调谐滤波器、MEMS 可调谐激光器、MEMS 可调色散补偿器等。

（2）与显示技术融合，产生了 MEMS 显示技术，包括 MEMS 投影显示和 MEMS 平板显示两种。

（3）与手机摄像头技术融合，产生了 MEMS 摄像头，包括自动对焦（AF）、光学防抖（OIS）、自动变焦和 3D 成像技术。

（4）与光学器件技术融合，产生了 MEMS 激光和光学元件，包括：MEMS 激光元器件（如激光扫描镜、激光功率控制器、激光相位调制器、激光波前控制器等），MEMS 光学元件（如晶圆级光学元件、微透镜阵列、微棱镜阵列、衍射光学元件、光栅等）。

（5）与光学传感器技术融合，产生了 MEMS 光传感技术，是基于 MEMS 敏感器 / 驱动器、以光作为信息载体的一类传感器，其结合了 MEMS 传感技术与光电传感技术的技术优势，形成了一类新颖的光传感器，如 MEMS 激光雷达（LiDAR）、MEMS 微型光谱仪、红外图像传感器（热像仪），MEMS 传感技术与光纤传感技术的结合还诞生了 MEMS 光纤传感器。

（三）光学 MEMS 驱动器技术

MEMS 驱动器是 MEMS 技术的两个重要应用方向之一，其与 MEMS 传感器均源自共同的 MEMS 工艺技术。与微传感器"敏感、获取外界的信息、数据"的功能不同，微驱动器的功能则是"根据系统的指令，作用或反作用于外部世界"，微传感器与微驱动器构成一对功能互补的 MEMS 器件。特殊情况下，微驱动器与微传感器整合在同一个 MEMS 器件之中。

由于物联网、智能终端的迅猛发展，微传感器受到人们极大的关注，已形成了一个百亿美元级别的巨大市场。而微驱动器发展相对缓慢，也不太受人关注。但是，微驱动器作为 MEMS 技术的核心应用领域，如数字微镜器件（DMD）、喷墨打印头、光扫描镜、光开关、射频（RF）开关、可调谐滤波器、微继电器、微泵 / 微阀、微电机、微扬声器、微燃料电池等，在 MEMS 应用市场中将占有接近一半的市场份额，而且增长潜力巨大，是 MEMS 技术发展的"蓝海"。

光学 MEMS 驱动器，驱动集成制造的微光学元件完成波长量级的机械运动，对入射光束进行光强、光相位、光偏振、方向角度、光波长、光色散等光学特性的调制，实现对光束的有效操控。

由于光子无静止质量，对光子的操作几乎不需要力，因此对光束的操控最适合于采用 MEMS 驱动器。光学元件基于"机械运动"操控光束，对光束的偏振、波长、光相干性、光学元件温度等均不敏感，实现了"高质量"的光束操控，可以达到很高的光学性能。光学元件波长尺度的"小运动"可以有效操控光束（光强、相位、角度、波长、色散），产生光束特性的"大效应"，调制动态范围大，可实现对光束最有效的操控。

应用于光学 MEMS 技术的 MEMS 驱动器主要有四种。

（1）静电驱动器。属于电压驱动方式，包括平板驱动器、平面梳齿驱动器、垂直梳齿驱动器等，是使用最广泛的 MEMS 驱动器。其优势是易于集成制造、工艺简单、尺寸小、填充因子高、功耗低、速度快、驱动重复性好、无迟滞；其不足是驱动电压较高（数十至数百伏）、可能存在吸合问题，以及对静电放电（ESD）、灰尘和湿气较敏感。

（2）电磁驱动器。属于电流驱动方式，包括转线圈和转磁体两种驱动结构，是应用非常广泛的 MEMS 驱动器。其优势是驱动力大、速度快、驱动电压低、重复性好、可以双稳态锁定；其不足是驱动功耗高、工艺集成困难、体积偏大。

（3）压电驱动器。属于电压驱动方式，包括体压电材料和薄膜压电材料两种，主要的压电材料为锆钛酸铅（PZT）、氮化铝（AlN）等。其优势是驱动力大、驱动效率高、驱动电压低、驱动功耗很低、响应速度很快、填充因子高，是一种非常有前景的驱动方式；其不足是压电材料生长和加工工艺比较困难、不太成熟、驱动存在迟滞效应。

（4）电热驱动器。属于电流驱动方式。其优势是驱动力大、行程较大、可靠性高、易于集成、制造工艺简单；其不足是驱动功耗高、响应速度慢、尺寸大，但在恰当的应用场景下，电热驱动仍然是一种很好的驱动方式。

（四）光学 MEMS 技术的科学价值

传统光学属于"静态"光学技术，要实现光学元件的运动、可调谐，需要采用笨重、高能耗、低速且昂贵的精密机械装置。光学 MEMS 将 MEMS 驱动器与微光学元件集成制造，产生了革命性的"动态"光学，开启了"可重构""参数可调谐"的智能光学系统的技术新方向，产生了一系列高价值的应用与市场，如可调谐智能光通信器件、激光扫描、激光微投影、激光相控阵、可编程光束整形、自适应光学等。光学 MEMS 为光学技术注入"运动"元素，将导致光学技术的"质变"，进入"动态"、智能光学的新境界。

MEMS 技术与光学技术相互融合、交叉诞生的光学 MEMS 技术，将传统光学元器件的制造技术提升到微型化、阵列化、批量化的新高度，带来了光电器件制造技术的"革命性"变革，实现了"高通量、批量化、低成本"光学制造。光学 MEMS 技术采用微电子工艺、晶圆级生产与封装光电器件，其生产能力可提升数百至数万倍，生产成本降低数十至数百倍，器件体积缩小数十至数千倍。

光学 MEMS 还创造出了全新的光电器件与系统，如阵列化、可驱动微光学元件、数字微镜、光开关矩阵、MEMS 激光相控阵、光学变形镜等面阵光学器件。其微光学元件具有高密度、高精度、高光学占空比，可以产生复杂、与单一光学元件本质不同的光束操控功能。

（五）光学 MEMS 技术的应用前景

光学 MEMS 技术的特点和技术优势，带来了多种具有技术优势的应用。

1.智能光通信器件

光纤通信网络正在向基于波长路由的智能光网络方向演进，光纤传感系统也在向光纤传感网络方向发展，需要大量可调谐、动态的智能光通信器件，而光学 MEMS 是实现智能光通信器件的主流技术。

光学 MEMS 中具有技术、性价比优势的智能光通信器件包括[1]：可调谐光衰减器（VOA）及其阵列、光开关（OSW）及其阵列、可重构光上/下路复用器（ROAD）、光交叉连接器（OXC）、动态增益均衡器（DGE）、光性能监测器（OPM）、可调谐光滤波器（TOF）、可调谐外腔激光器（ECL）、可调谐接收机（tunable receiver）、可调谐色散补偿器（TDC）、可调谐光延迟线（TDL）、高密度连接器（MPO）、激光波长锁定器（etalon）、MEMS 闪耀光栅（MEMS blazed grating）、硅微光学封装平台（silicon optical bench）、自动光纤配线系统（AODF）等，以及 MEMS 光器件与其他光器件组合而构成的复合器件或子系统，如 V-Mux（光功率可调的波分复用器）。智能光通信器件是光通信器件行业转型升级的主要方向。

2.MEMS 光显示

光学 MEMS 对光束灵活、高速、阵列化的"操控"能力，使其在显示技术领域具有巨大的优势，具有体积小、质量轻、功耗低、性能优异等优点。DMD 就是 MEMS 光显示的杰出代表，是当前光学性能最好的投影芯片之一。

MEMS 光显示分为投影显示和平板显示两种。德州仪器（TI）公司 DMD 投影显示是光学 MEMS 最成功的商业应用之一，除图像投影市场外，TI 公司近年来还积极开拓 DMD 在 3D 扫描仪、微小型光谱仪、无掩模光刻等领域的应用市场。随着 4K/8K 激光电视的兴起，80 英寸①及以上尺寸的大屏幕电视具有无可比拟的竞争优势，基于 MEMS 技术的 4K/8K 激光投影芯片是核心关键技术，具有广阔的市场前景。美国 Micro Vision 公司推出的激光微投影（pico projector）是基于单扫描镜的激光投影技术，具有高清、小

---

① 1 英寸（in）=2.54cm。

体积、低成本的巨大优势，将在汽车激光抬头显示（HUD）、智能激光车头灯、增强现实／混合现实（AR/MR）智能眼镜等应用中具有良好的市场前景。MEMS 在平板显示领域也取得了很大的技术发展，夏普公司与高通公司子公司合作开发的 MEMS 快门型平板显示器具有很高的光效率，是液晶平板显示的有力竞争技术。高通公司收购的 Iridigm Display 公司研发的光干涉调制（IMoD）平板显示器无需背光源，可利用环境光，具有极低功耗、双稳态、响应速度快等优点，具有良好的市场前景。

3. MEMS 摄像头

摄像头是智能手机的标准配置，目前已出现流行三四个后置摄像头的趋势。随着摄像头像素高达千万级，自动对焦、光学防抖的摄像头也成为必不可少的配置，目前主要采用音圈电动机（VCM）作为驱动器，不仅驱动功耗高、运动速度慢、体积大，还存在严重的迟滞，导致控制非常复杂，而且多摄像头的 VCM 驱动器之间存在严重的相互干扰问题，发展基于 MEMS 技术的自动对焦、光学防抖驱动器，克服 VCM 的不足，具有巨大的市场需求。然而，自动对焦、光学防抖在技术上的确存在巨大的挑战，MEMS 驱动器期待出现高力密度、大行程、低驱动电压的驱动器技术。MEMS 光学变焦也是智能手机渴求的驱动器，其在技术上挑战更大，但一旦实现技术突破，市场前景巨大。MEMS 摄像头产品还可以应用于平板电脑、安全监控、可穿戴设备、汽车、虚拟现实／增强现实（VR/AR）等应用中，具有广阔的市场前景。

基于 3D 结构光技术，采用 MEMS 扫描镜可以实现距离测量精度达到亚毫米的 3D 摄像头，可以实现人脸的高精度识别，在技术性能方面优于基于散斑的 3D 摄像头、TOF（飞行时间）3D 摄像头，是手机 3D 摄像头最有力的竞争技术，具有巨大的市场前景。

4. MEMS 激光和光学元件

光学 MEMS 可以通过集成制造的微光学元件"运动"实现对激光束的灵活、高速"操控"，实现激光扫描、激光功率控制、激光相位调制、激光波前控制等。光学 MEMS 可以制造具有技术与性价比优势的 MEMS 激光元器件，包括：激光扫描镜（单轴、双轴）、激光变焦镜、激光相控阵、激光功率控制器、激光高速 Q 开关、激光相位调制器、激光斩波器、激光光闸（shutter）、光学变形镜。这些基于 MEMS 技术的新型激光元器件对 MEMS 制造构成了较大的技术挑战，如大光束尺寸、大扫描角度、高激光耐受功率，需要采用特殊设计来解决，可以相信，这些技术挑战将得到有效解决，为激光技术提供微小型、高性能、高性价比的 MEMS 激光元器件。

光学 MEMS 基于批量化的 MEMS 制造工艺技术，可以批量化制造光学元件，如晶圆级光学元件、微透镜阵列、微棱镜阵列、衍射光学元件（DOE）、光栅、空间光调制器等，在现代光学技术中应用广泛，具有巨大的市场潜力。

5. MEMS 光传感

基于 MEMS 敏感器 / 驱动器，以光作为信息载体，产生了一类新颖的 MEMS 光传感器，其典型传感器包括 MEMS 激光雷达（LiDAR）、条码扫描、3D 传感器、3D 扫描仪、激光扫描共焦显微镜、微型傅里叶变换光谱仪、MEMS 红外光源、红外辐射（IR）传感器、红外图像传感器（热像仪）、MEMS 光声气体传感器。

MEMS 传感技术与光纤传感技术的结合还诞生了 MEMS 光纤传感器，可以实现加速度、压力、位移、温度、挠度、声 / 超声、水声、磁场强度、电场强度等多种物理量的测量，具有光纤传感技术的主要特点与优势，在土木工程、电力、石油、高铁、港口等工程监测领域具有广阔的应用前景。

二、发展现状与发展态势

（一）光学 MEMS 技术的发展现状

拉里·霍恩贝克（Larry Hornbeck）博士于 1987 年发明第一块 DMD（图 2-2），成为 MEMS 技术的奠基之作，DMD 的发明本身彻底改变了电影业，截至目前，DMD 芯片一直是光学性能最佳的投影技术。近 40 年来，TI 公司一直垄断着 DMD 芯片的生产与市场，DMD 芯片也成为迄今技术、商业上最成功的 MEMS 产品。

20 世纪 90 年代后期，受"互联网泡沫"的巨大影响，"全光交换"需求推动了微光学和 MEMS 技术的融合，诞生了光学 MEMS 技术。光学 MEMS 的早期发展，主要就是 MEMS 光通信技术的发展。在光通信市场的强力驱动下，开展了以 MEMS 全光交换机为主、内容广泛的 MEMS 光通信器件的研究与开发，图 2-3 是当时提出的基于光学 MEMS 器件的全光通信网络，包括可调谐激光器、光调制器、波长分插复用器、光交叉连接器、光增益均衡器、光色散补偿器、可调谐接收机。

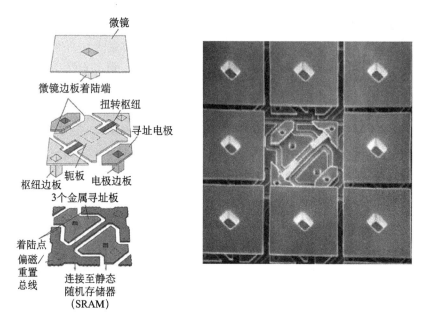

图 2-2　DMD 的像素微镜结构及阵列

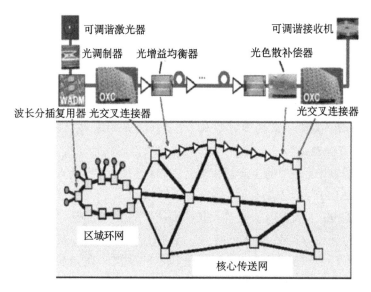

图 2-3　基于光学 MEMS 器件的全光通信网络 [2]

在全光交换机的开发竞赛中，美国朗讯（Lucent）科技公司在 2000 年推出了全球首个全光交换机 WaveStar™ LambdaRouter，这一全光交换机共使用 256 只微镜 [2]。发布的全光交换矩阵 MEMS 芯片如图 2-4 所示，是基于

MEMS 表面工艺的静电驱动双轴扭转微镜阵列。AGERE SYSTEMS（原朗讯科技公司微电子部）也在 2000 年发布了由 64×64 MEMS 光交换模块组成的全光交换系统 MEMS-5200 系列产品[3]。全光交换机的发布，标志着光学 MEMS 技术取得了重大进展。2013 年，美国 CALIENT 公司成功研制出了基于 MEMS 微镜阵列（图 2-5）的 3D 光交换机，其交换通道达到 320 路，实现了 MEMS 光交换机的商用。该公司的 MEMS 微镜阵列芯片的驱动器未见公开报道，据分析 CALIENT 公司采用了垂直梳齿驱动器。320×320 MEMS 全光交换机的商用，标志着光学 MEMS 的光通信应用进入商用阶段。

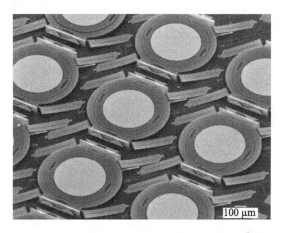

图 2-4　朗讯公司的全光交换矩阵 MEMS 芯片[2]

　　在 MEMS 光通信芯片进入商业化应用的过程中，MEMS 芯片的可靠性是关注的焦点。通过 MEMS 设计与制造工艺的优化和封装工艺的改进，解决了 MEMS 光通信器件的可靠性问题，得到了光通信系统设备厂商的认可。MEMS 光通信器件的商业化经历了"从 MEMS 芯片的光器件厂商自产自用，到专业化的 MEMS 芯片供应商"的两个发展阶段。专业化 MEMS 芯片供应商的出现，标志着 MEMS 光通信芯片商业化的开始。目前，国际上已有 4 家 MEMS 光通信芯片供应商，2018 年，我国出现首家专业的 MEMS 光通信芯片供应商，其技术源自中国科学院上海微系统与信息技术研究所。从驱动方式看，目前 MEMS 光通信芯片主要采用静电驱动，其技术已经历了第一代的平板电容驱动器，正处于第二代的垂直梳齿驱动器阶段。现有的 MEMS 光通信芯片产品包括 MEMS 光衰减器芯片、MEMS 光开关芯片、MEMS 可调滤波器芯片三类。

　　除 MEMS 光通信芯片外，光学 MEMS 技术其他技术方向的发展现状如下所述。

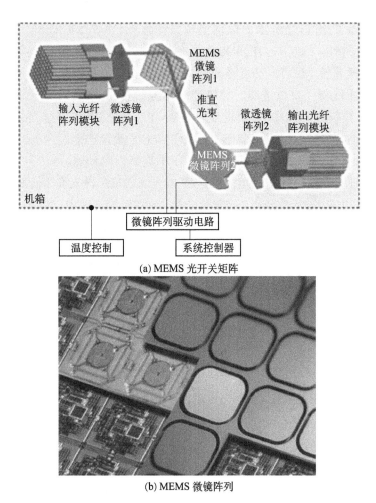

图 2-5　3D MEMS 光开关矩阵及其 MEMS 微镜阵列 [4-6]

1. MEMS 光显示

TI 公司已生产 1920×1080 像素高清的 DMD 芯片，可以满足 1080P 投影显示的要求，像素微镜尺寸从 12 μm×12 μm，逐步缩小为 5 μm×5 μm，以适应高清、超高清显示的分辨率要求。TI 目前正在研发 4096×2160 像素的 4K 分辨率的 DMD 芯片。MEMS 平板显示技术由于有机发光二极管（OLED）主动发光显示技术的出现，失去了发展的动力，目前尚未获得进一步发展的报告。

激光扫描微投影是一种无透镜的投影技术，是目前唯一可以把投影嵌入手机的投影技术。其技术思想最早来自美国微视（Micro Vision）公司，但由于未找到"杀手级"应用，一直未获得规模化的应用。从 2017 年开始，意法半导体公司与美国微视公司合作生产 MEMS 扫描镜。此外，德国博世、日本滨松等公司也在研发、生产 MEMS 扫描镜技术。MEMS 扫描镜主要采用电磁驱动技术，静电驱动的 MEMS 扫描镜也在技术上进行了深入的研究。

2. MEMS 摄像头

MEMS 摄像头目前的主要技术是手机摄像头的自动对焦（AF）和光学防抖（OIS）。MEMS AF 技术方案出自纳斯达克上市公司特瑟拉科技（Tessera Technologies, Inc.）的全资子公司数字光学（DigitalOptics）公司，采用垂直运动的静电驱动的垂直梳齿驱动器。虽然 MEMS AF 的各项技术性能已能满足应用的要求，并已应用于商业手机上，但没有很好地解决"抗跌落"问题，至今还没有获得规模化市场应用。

MEMS OIS 的技术方案来自创业公司微机电驱动器（MEMSDrive），该公司于 2016 年开发出了基于 MEMS 静电驱动的 5 轴防抖的 MEMS OIS 驱动器，并应用在 OPPO 手机上，但时至今日并未获得规模化市场应用。据分析，MEMS OIS 未能规模化应用的主要原因是"抗跌落"性能不够理想，成本太高也是重要原因。

MEMS 光学变焦的技术难度非常高，智能手机行业采用配置多摄像头（长焦＋普通＋短焦），再辅以计算成像技术，规避了真正意义上的光学变焦。在出现高光学性能、高性价比 MEMS 光学变焦技术之前，MEMS 光学变焦难以获得市场应用，其研究工作比较少。

MEMS 3D 摄像头与目前市场上基于散斑技术的 3D 摄像头和 TOF 3D 摄像头相比，具有距离分辨率 0.1 mm 的技术能力，技术优势明显。目前的态势是 MEMS 3D 摄像头技术成熟度、性价比有待提升，以满足智能手机的技术与成本要求。

3. MEMS 激光和光学元件

激光元件一般要求光学元件具有一定激光耐受功率，如数瓦至数百瓦，乃至上千瓦，同时还要求光学元件的口径达到数毫米至数十毫米，扫描光学角达 ±15° 以上，这均极大超出了现在 MEMS 微镜的耐受光功率、口径尺寸和扫描角度，因此，目前仅有少量的研究工作，尚无商业化产品。如能突破 MEMS 光学元件的不足，利用 MEMS 工艺的批量化生产能力，将可以形成 MEMS 激光元器件产业。

MEMS 光学元件是采用 MEMS 工艺技术，如刻蚀、压印、模压、回流等，批量制造光学元件，如微透镜阵列、微棱镜阵列、衍射光学元件、光栅，已有几家欧洲公司提供微透镜阵列、衍射光学元件、光栅等产品，但目前尚价格昂贵，品种有限。

随着手机摄像头需求量的剧增，近几年来，产生了晶圆级光学元件（wafer level optics，WLO），如图 2-6 所示，这是一种晶圆级、采用 MEMS 工艺的光学镜头制造技术和工艺。WLO 工艺在整片玻璃（或塑料、硅）晶圆上，用半导体工艺批量复制、模压（或压印）、刻蚀加工镜头，多个镜头晶元压合在一起，然后切割成单个镜头，具有尺寸小、高度低、一致性好、光束质量高等特点，采用半导体工艺在大规模量产之后具有巨大的成本优势。光学透镜间的位置精度达到纳米级，是未来标准化的光学透镜组合的最佳选择。WLO 工艺更加适合移动端消费类电子设备，特别是在 3D 摄像头方面，WLO 工艺可以有效缩减体积空间。目前，多家上市公司实现了 WLO 的量产，如我国的瑞声科技控股有限公司、奇景光电股份有限公司。

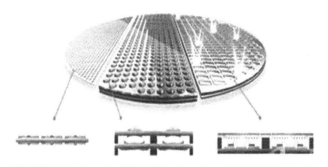

晶圆光学元件（WLO）晶圆级堆叠（WLS）　晶圆级集成（WLI）

图 2-6　晶圆级光学元件 [7]

4. MEMS 光传感

MEMS 激光雷达（LiDAR）是采用 MEMS 扫描镜实现激光扫描的激光雷达，其应用场景主要瞄准汽车自动驾驶、无人机、机器人等。MEMS 激光雷达是目前可以最快实现批量生产、成本在数百美元以内的激光雷达，目前已有数家公司声称可以量产 MEMS 激光雷达。MEMS 扫描镜主要有电磁驱动和静电驱动两种技术路线，目前均有产品销售，但技术上有待提高。

红外图像传感器（热像仪）是一种非制冷的热红外图像传感器，多种技术方案相互竞争，自 2014 年以来，国内基于氧化钒薄膜的非制冷热红外图像传感器的 MEMS 工艺和真空封装，在技术取得了突破，多家公司，如武汉高德红外股份有限公司、烟台睿创微纳技术股份有限公司已实现芯片的量产。

MEMS 光纤传感器已在加速度、振动、位移、压力、声/超声、磁场等物理检测中获得了技术突破，并已有专业公司研发、生产 MEMS 光纤传感器产品。

（二）光学 MEMS 的发展态势

光学 MEMS 技术的发展业已取得了长足的工艺、技术进步，也有部分芯片、器件进入商业化应用阶段，但目前仍然处于规模化商业应用的前期。其技术发展趋势是：与现代光学技术深度融合、渗透，为现代光学注入智能、可调谐的"动态"光学元素，发挥 MEMS 工艺的高精度、阵列化、集成化、批量化制造优势，实现光学 MEMS 技术产品的规模化商业应用。

具体到细分的光学 MEMS 应用领域，其技术发展态势如下所述。

1. MEMS 光通信器件

趋势 1：市场渗透率大幅度提升，市场规模快速扩张，推动并引领光通信器件行业向智能光器件、高端高附加值的产业升级。

趋势 2：MEMS 光通信芯片品种更加丰富、芯片类别快速拓展，3～5 年将推出 MEMS OXC（光交叉连接）芯片、MEMS WSS（波长选择开关）、$M×N$ WSS（M 行 N 列的无竞争性波长选择开关）等芯片，推动全光交换技术的规模化应用。

2. MEMS 光显示

趋势 1：3～5 年将推出新一代 4K/8K MEMS 激光显示芯片，在 80 寸及以上大屏幕显示领域，激光电视将成为主流技术。

趋势 2：MEMS 激光扫描投影显示将获得技术突破，将在激光投影显示、增强抬头显示（AR-HUD）、AR、广告等领域获得商业应用。

3. MEMS 摄像头

趋势 1：解决 MEMS AF、MEMS OIS 驱动器的"抗跌落"问题，降低制造与封装成本，实现相关智能手机的规模化、产业化。

趋势 2：发展单芯片的 MEMS AF 和 OIS 的复合驱动器，实现相关智能手机的规模化、产业化。

趋势 3：发展基于 MEMS 扫描技术的结构光 3D 摄像头技术，实现规模化产业应用。

4. MEMS 激光和光学元件

趋势 1：发展基于 MEMS 三维扫描微镜阵列的 MEMS 激光相控阵技术，5～10 年应用于空间激光通信、相控阵激光雷达系统中。

趋势 2：晶圆级光学元件（WLO）技术，3～5 年将成为微型摄像头、3D 摄像头的主流制造技术，并将深刻影响现代光学制造技术。

趋势 3：将出现基于 MEMS 工艺的激光元件，如激光振镜、调 Q 器件、激光功率稳定器件、变形镜、光束整形等，将在 5～10 年应用于激光产业。

5. MEMS 光传感器

趋势 1：基于 MEMS 扫描镜的 MEMS 激光雷达将成为车载激光雷达的主流技术，5 年内成本可以下降到数百美元，获得规模化商业应用。

趋势 2：MEMS 光谱仪技术上将取得突破，将在 5～10 年获得商业应用。

（三）光学 MEMS 技术的发展规律

光学 MEMS 技术是光学技术与 MEMS 交叉融合产生的新型技术，光学是其应用背景和应用目标市场，MEMS 是其主要技术手段和工艺平台，其发展体现典型的学科交叉融合特征，形成特色鲜明的技术分支。

光学 MEMS 技术在近 40 年发展历史中体现的学科发展规律如下。

（1）在需求的驱动下，从 DMD 和 MEMS 光通信器件两种典型器件入手，奠定光学 MEMS 技术的学科基础，MEMS 工艺技术与光学技术渗透、融合，形成具有学科特色的 SOI-MEMS 工艺技术。

（2）与现代光学技术的深度融合，通过从深度、广度两个维度的融合创新，光学 MEMS 技术发展创新出具有学科特色的光学 MEMS 技术和产品，如 MEMS 扫描镜、晶圆级光学元件、自动对焦、光学防抖等。

（3）光学 MEMS 技术的融会贯通、技术精进与升级，走向技术产业化，打通产业链、解决可靠性问题、提升良率，实现规模化商业应用。

（四）光学 MEMS 的技术发展动力

光学 MEMS 技术发展的动力源泉，主要来自强大的光学需求驱动力和 MEMS 技术发展的推动力。

1. 光学 MEMS 的学科交叉基因是发展的内在动力

MEMS 技术是微机械与微电子相互融合的产物，而光学技术与精密机械有着千丝万缕的内在联系，因此，光学与 MEMS 的结合可谓是"天作之合"。MEMS 技术拥有来自微电子技术的阵列化、集成化、批量化"制造基因"和来自微机械的高精密"制造基因"，与光学技术进行"嫁接"，让光学 MEMS 既拥有光学肥沃的土壤，又拥有微电子和微机械优良的"制造基因"，这是光学 MEMS 技术发展的内在动力。

2. 光学需求是主要驱动力

光学需求是光学 MEMS 技术发展的主要驱动力。强大的需求，如投影显示、全光交换、激光雷达、激光相控阵、光学防抖等具体的应用需求和市场，驱使技术研发人员以 MEMS 技术作为技术手段、工艺平台来解决制造技术问题，满足不断增长、丰富多彩的光学需求。没有光学技术的需求牵引，光学 MEMS 技术将失去目标，丧失发展动力。

MEMS 工艺与技术设备源自半导体工业的量产技术，可以从高精度制造、阵列化制造、光机电集成化制造、批量化制造等方面，颠覆传统的光学制造技术，而且可以创造出独具特色、技术上不可替代的光学 MEMS 技术器件。正是光学需求的驱动，诞生了光学 MEMS，发展了光学 MEMS，光学需求的驱动也是驱动光学 MEMS 技术走向成熟的核心动力。

3. MEMS 技术发展是关键的推动力

MEMS 技术有着体系化的工艺、技术与设备，这些成熟、制造能力强大的半导体工艺、技术与设备，为光学 MEMS 技术提供了关键的工艺与技术，以及成熟的产业链，直接推动了光学 MEMS 的发展。

三、发展思路与发展方向

（一）学科发展的关键科学问题

（1）4K/8K 像素的超高清 MEMS 光投影芯片是发展的必然趋势，为了在 8 寸和 12 寸半导体晶圆上批量制造 MEMS 光投影芯片，在保持高光学占空比的前提下，大幅度缩小投影芯片像素的尺寸，需要发展创新的投影"微像素"光调制原理，实现 2～5 μm 超小像素、高对比度、高速调制的 4K/8K MEMS 光投影，并基于 CMOS-MEMS 工艺，突破 TI 公司的长期技术垄断，发展出新一代 4K/8K MEMS 光投影显示芯片。

（2）大行程和大驱动力 MEMS 驱动器是技术发展趋势，其关键科学问题是发展创新的 MEMS 驱动原理与结构，解决驱动器结构应力和功耗与驱动行程和驱动力的矛盾，实现高可靠性、长寿命、低功耗的阵列化、高光学占空比、大行程、高光学质量的微光机电系统制造与封装。

（3）基于光学 MEMS 工艺技术批量制造与封装厘米级单元尺寸、数十厘米级光学口径的 MEMS 光电元器件，实现传统光学加工的小口径和中大口径光学元件的 MEMS 制造，具有广阔的应用前景。其关键科学问题是基于MEMS 微制造技术，发展毫米级、厘米级光学器件单元的光学加工原理与技术，以及数十厘米级口径光学器件的 MEMS 单元阵列的光学相控孔径合成理论原理与技术。

（4）高负载、大行程、高速度、抗冲击是 MEMS 驱动器从微型驱动器向微小型驱动器的重要发展方向，如多维度（三维水平和三维扭转）驱动图像传感器芯片、毫米级甚至厘米级光学元件等，其关键科学问题是解决 MEMS驱动器的高负载、大行程、高速度、抗冲击与 MEMS 驱动力微小、驱动功耗受限之间的矛盾，以及灵活驱动与抗环境振动、抗跌落冲击之间的矛盾。

（二）总体发展思路与发展目标

1. 总体发展思路

以重大技术需求与国家战略需求为牵引，突破光学 MEMS 技术的关键科学问题，打通光学MEMS产业链，全面提升光学MEMS技术的设计、制造、封装、测试技术能力，实现规模化商业应用，服务于国民经济主战场和国家战略需求。

2. 发展目标

（1）实现 MEMS 全光交换技术的规模化商业应用，解决主干、城域通信网的"数据洪流"灾难问题。

（2）突破 TI 公司的长期技术垄断，发展新一代 4K/8K MEMS 光投影显示芯片，打造高性能、低成本的 4K/8K 光学投影芯片的"中国芯"。

（3）瞄准国家战略需求，突破高端光刻机自由光瞳照明系统关键的"微反射镜阵列单元"器件技术、空间激光通信"MEMS 激光相控阵"技术，解决高端光刻机和空间激光通信国家战略需求的核心、关键技术。

（4）面向 MEMS 激光雷达、MEMS 微型光谱仪、MEMS 摄像头、3D 摄像头等一批需求巨大的技术产品，突破核心关键技术与可靠性难题，打通光学 MEMS 产业链，全面提升光学 MEMS 技术的设计、制造、封装、测试技术能力，实现规模化商业应用。

（三）学科发展的重要研究方向

光学 MEMS 学科发展建议的重要研究方向如下。

（1）超大容量 MEMS 全光交换技术的开发与规模化商用。

（2）新一代高性能、低成本的 4K/8K MEMS 光学投影显示芯片。

（3）高端光刻机自由光瞳照明系统关键的"微反射镜阵列单元"器件技术。

（4）MEMS 激光相控阵技术与器件。

（5）新型微光机电系统（MEMS 激光雷达、MEMS 微型光谱仪等）研究、开发与产业化。

（6）应用于智能手机的 MEMS 摄像头与 MEMS 3D 摄像头。

（7）晶圆级光学元件（WLO）制造工艺技术。

（8）激光光学元件的 MEMS 制造技术。

四、资助机制与政策建议

（一）资助机制

针对光学 MEMS 技术发展中需要解决的不同性质的问题，建议资助机制分为以下四种。

1. 共性关键技术攻关项目

围绕光学 MEMS 技术发展中的共性关键技术问题，资助研究院所、高校开展技术基础研究，其产出主要是关键工艺、原型芯片或器件开发、设计方法、封装与测试的技术报告、科技论文与专利。

2. 核心产品开发与产业化项目

资助"产学研用"联合团队，瞄准需求和市场明确的核心光学 MEMS 技术产品，以产业化为导向，完成产品设计、开发、生产、封装与测试，实现中等批量的产业化。

3. 光学 MEMS 技术产业链建设

鉴于国内目前 MEMS 产业链不够完整、技术水平不高的实际情况，通过政府资助，着力整合、贯通、打造完整且运作高效的光学 MEMS 产业链，资助内容主要包括核心 MEMS 工艺能力建设与工艺贯通、封装测试能力的建设、专用集成电路（ASIC）设计与封测能力建设等。

4. MEMS 工艺开发、流片补贴

目前尚处于光学 MEMS 产业的早期阶段，工艺开发成本高、开发周期长、流片成本高，既给 MEMS 设计公司造成很高的研发成本负担，又使 MEMS 代工厂客户不足、运营成本高、经营亏损，政府提供"工艺开发、流片补贴"，可以撬动光学 MEMS 产业链。

（二）政策建议

针对光学 MEMS 的现状和面对的任务目标，具体政策建议如下。

（1）以"核心产品开发与产业化项目"资助为主要着力点，推动"产学研用"联合团队与协作机制的形成，以产业化为导向，贯通光学 MEMS 产品设计、开发、生产、封装与测试完整的产业链，实现光学 MEMS 产品的中等批量的产业化。

（2）基于我国 MEMS 产业链配套不足、工艺水平有待提升的实际情况，建议政府资助用于整合、贯通、打造完整的光学 MEMS 产业链，资助的着力点是"核心 MEMS 工艺能力建设与工艺贯通、成套工艺的打造和优化、封装测试能力的建设、ASIC 设计与封测能力建设"。

（3）建议政府采取"工艺开发、流片补贴"的方式，资助政府所鼓励的光学 MEMS 新产品的工艺开发与工程批流片，大幅度降低 MEMS 设计公司新产品开发的成本，缩短新品开发的周期，同时支持 MEMS 代工厂的运营，以补贴为杠杆，撬动整个光学 MEMS 产业链，鼓励 MEMS 设计公司新产品的开发和产业化。

第二节　集成生物光电子芯片技术

一、概述

半导体大规模集成电路芯片的成功，形成了以计算机和信息技术为代表的第三次产业革命。此次产业革命极大地推动了科学的全面进步，对物理、化学、材料、生物，特别是信息科学产生了巨大的影响。而随着人类对半导体工艺和材料控制的日趋成熟，随着遵循摩尔定律的半导体技术迭代，底层物理器件，如晶体管的尺寸也逐渐从类同生命科学中细胞的微米尺度，不断逐渐缩小到类同病毒、蛋白、脱氧核糖核酸（deoxyribonucleic acid, DNA）、核糖核酸（ribonucleic acid, RNA）、小分子等的纳米尺度。在精度提高的同时，半导体技术也发展出了新的"超越摩尔"领域，通过微机电系统（micro-electro-mechanical system, MEMS）、微纳机电系统（nano-electro-mechanical system, NEMS）或者互补金属氧化物半导体（complementary metal oxide semiconductor, CMOS）后道工艺等，追求定制化的芯片方案。近十多年来，半导体学术界和产业界敏锐地捕捉到了这些技术迭代在交叉领域所带来的新机遇，提出并大力研发面向生命科学和健康医疗的专用芯片技术。与此同时，生命科学产业的发展模式也从早期的封闭式公司内部研发，逐渐转变到信息产业中通行的共享研发合作模式。半导体和生命科学这两大领域的交叉促使一门新学科——集成生物（bio-integrated circuits, Bio-IC）的兴起，并逐渐发展成为前沿技术和产学研领域新兴而又必然的重要发展方向之一。

集成生物光电子学是通过研究半导体器件和技术与生物样品和媒介之间的相互作用，从而实现对生物样品的操控、传感、成像等，或通过生物载体和技术来实现数字信息的运算、存储和传递等操控的一门新兴的交叉学科。该学科的兴起源于现代生命科学的研究对象微观化、个体化和精准化的趋势。生命科学研究系统中各要素按照不同层级有机地组织起来，呈现出多层次状态，并且构建出相互关联而复杂的架构。为适应现代生命科学的这些特点，解决其复杂多样性所带来的检测或操控难题，发展基于半导体先进硅基技术的集成生物光电子的芯片和微系统，不仅有利于提供高度一致性、性能稳定的生物-物理器件，而且可以借助集成电路，包括集成光学电路（photonic integrated circuits, PIC）设计和加工可精准复制、技术先进、批量生产的行业优势，规模化提供高质量芯片来应对多样化的生物样品。例如，在基因测序中，半导体芯片技术能够提供高通量、高性能的方案，是该行业的主流发展方向。再者，集成生物光电子也可以在设计和加工上兼容目前主流的工业级 8 英寸和 12 英寸 MEMS 和 CMOS 工艺，通过产学研一体化，加速前沿科研成果商业化的进程。

二、发展现状与发展态势

（一）集成生物光电子学的发展现状

纵观近十来年欧美的公共项目基金和产业界的投入、发展方向，集成生物光电子已逐渐发展成为一个重要的产学研领域。美国顶尖科研机构和大学中关于集成生物光电子的基础理论、科学和前沿工程技术研究，早已得到众多项目基金的支持，包括美国健康与社会服务部、美国国家科学基金会、美国国防部、美国能源部、美国国家航空航天局（NASA）、DARPA 等。其中将生命科学和各个工程学科交叉结合，尤其是与半导体技术相关学科的融合发展成为重中之重。如 DARPA 支持的资助额为 550 万美元的 Impress 项目，用于研发柔性的、基于半导体技术的人机接口，实现电子信号和生理信号的双向交流。美国中央情报局下属的高级情报研究计划署正在开展一个利用 DNA 数字信息存储技术来保存公众信息的研发计划，用以改善每年数十亿美元的档案管理费用。欧盟也借助"地平线 2020"计划推出了 PIX4life 研发平台项目。此项目投资 1500 万欧元，依托比利时校际微电子研究中心（Interuniversity Microelectronics Centre, IMEC）的 8 英寸和荷兰 LioniX 公司的 4 英寸研发线，建设一个成熟的、高性能、高产量和半导体硅技术兼容的 Bio-IC 的产学研平台，以实现多种集成生物光电子的技术开发和产业应用。PIX4life 平台为从事集成生物光电子的学术界和产业界客户提供了独一无二的、世界级的研发手段，已经成功展示了将复杂的光学系统小型化，甚至芯片化的多个开发实例。从全球产业界来看，几乎所有世界知名的高科技公司，如英特尔公司、国际商业机器公司（IBM）、谷歌公司、苹果公司、三星公司等国外顶尖企业均设有从事生命科学应用相关研究的专业集成生物芯片和微系统团队。此外也有如 IMEC、法国原子能委员会电子与信息技术实验室、德国于利希研究中心、新加坡微电子研究所等大型的产学研公共机构，设立专门的生命科学部门从事集成生物相关的产学研工作。

不同于传统集成电路以数据运算和存储功能支撑生命科学的发展和应用，集成生物以全新的功能和架构，即传感、操控、成像等手段，直接作用于生物样品，实现高度集成的芯片或微系统。开发全新的分子传感和操控技术，研究生物和固态器件界面的微观物理相互作用机制，不仅可以满足生命科学研发和生产倍增的紧迫需求，而且有望颠覆数字世界现有的逻辑运算、数据存储和互联模式。针对不同的生命科学应用，集成生物能提供不同的解决方案。图 2-7 展示了三种典型的集成生物的应用。在无透镜成像技术中，仅需将细胞样品置于 CMOS 成像模块之上，就可以完成细胞的全息成像，检测精度可达 500 nm，并且每帧可处理上万个细胞。在高通量脑电极中，成百上千的信号通道可以集成在一根厘米级长度、微米级宽度的细长探针上，高效采集多层大脑生理活动的信号，还可以引入光极，通过光遗传学原理，对神经细胞进行调制和操控。而在基因测序芯片中，测序单元通过集成生物进行可寻址的百万级甚至亿级的大规模集成和并行化测序，通过特殊的检测原理和器件设计，可以将灵敏度提高到单分子级别。芯片化测序不仅主导了下一代的测序技术的发展方向，也为 DNA 数字信息存储等未来科技制高点奠定了发展基础。

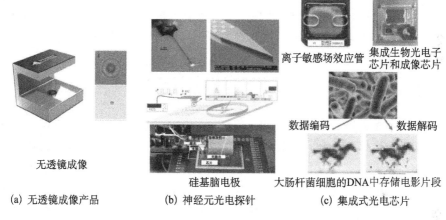

图 2-7　基于不同半导体硅技术和生命科学融合程度的集成生物光电子技术

注：（a）初级融合：法国原子能委员会电子与信息技术实验室开发的基于 CMOS 技术的无透镜成像仪，利用全息成像原理，通过卷积神经网络算法重构和分析图像，可达到 500 nm 的分辨率以及每帧上万个细胞的处理量（图片来自网络）；（b）中级融合：IMEC 开发的高通量硅基脑电极，单针配置近千个检测位点和数百个信号采集通道，并可以耦合光子技术，通过光遗传学技术，可对神经细胞进行同步的光学调制和生物电子检测[8]；（c）高级融合：欧美产业界开发的基于集成生物的商业化基因测序芯片，以及利用大肠杆菌细胞的 DNA 来存储电影片段，形成了 DNA 数字信息存储技术的雏形[9]

（二）我国集成生物光电子学的发展现状和问题

目前，集成生物光电子学尚处于早期发展阶段，主要借助于 MEMS、NEMS 和 CMOS 工艺（后道为主），所受摩尔定律的限制比传统集成电路明显少很多，是我国有机会借助现有的半导体制程能力重点发展、追赶甚至领先国际一流水平的新兴领域。在芯片的实现方式上，科研级的 4 英寸和 6 英寸，以及工业级的 8 英寸和 12 英寸都有各自的优势和特点。高校和科研院所较多采用的小尺寸半导体工艺，主要依托激光、电子束和离子束等这些曝光工艺。借助其工艺灵活的特点，非常适合开发和验证物理原理和原型器件。但在最终的生命科学应用中，为避免生物样品的交叉污染，芯片多为一次性使用，小尺寸工艺产量低，目前难以平衡供给关系。因而在大型科研机构（如 IMEC），较多采用大尺寸半导体工艺，依托深紫外（deep ultra-violet, DUV）甚至极紫外（extreme ultra-violet, EUV）等工业级步进式光刻机的高速曝光能力来批量生产，满足市场需求。虽然大尺寸平台的使用成本更高，比如 IMEC 在生命科学领域每年投入千万欧元级别的资金，但其使用更加先进、精准和高效的工艺制程，在大规模集成器件和开发具有复杂架构的芯片和微系统时，具有更高的加工效率、器件均一性和高度单片集成等不可比拟的优势。此外，直接在 8 英寸和 12 英寸研发线上开发模块和器件集成，可以大幅度缩短科研到量产时的技术转移和工艺参数再优化等过程，使得科研成果转化效率和成功率更高，周期更短，在开发面向生命科学的半导体芯片技术时尤具吸引力。

集成生物光电子学的发展和应用对国家战略、社会民生和经济都具有重大意义。在全球半导体行业发展变缓的大环境下，生命科学和半导体技术的交叉领域的发展势头非常强劲，在基因测序、分子检测等行业已经实现商业化应用。随着新突破点的不断涌现，预计最终能发展为千亿到万亿美元级别的新市场。我国在集成生物光电子学上刚起步，尤其是大型功能性平台的建设尚落后于国外。虽然我国部分顶尖高校和科研院所已经建成小尺寸工艺平台，可以进行集成生物的前沿技术研发，但尚受限于平台的内在不足，未能满足实际应用。而国内能够支持主流硅技术的 8 英寸和 12 英寸的量产线，尚未开发出或不愿主动开发集成生物相关的定制化工艺。即便能够设计出集成生物芯片，但受限于工艺条件，国内相关科研单位和企业也难以将其大规模推广和使用。因而相应的产品，如基因测序芯片、体外诊断设备（in vitro diagnostic, IVD）芯片等的机理开发、芯片设计和系统架构仍然还是受限于国外的技术和平台。这将导致我国在生命科学的基础研究、前沿交叉、工业生产，以及健康医疗芯片和器件等一系列的发展中很容易与国外拉大距离。这在如基因测序这样的涉及民族基因库和国家战略发展等领域会变得尤为紧迫。因此，建立集成生物光电子底层共性技术研发平台，尤其是借助 8 英寸甚至 12 英寸先进半导体技术和工艺，将极大地强化我国集成生物光电子学产学研的生态系统。将过去开发集成生物过程中高风险、低回报的状态，逐渐变成中低风险、高回报的状态。通过建立的生态系统，带动国内学术界和产业界人才的培养和成长，为学术界提供科研利器，为产业界提供产业升级和颠覆性产品，从而实现低风险、高回报的理想的产学研成果。中国科学院上海微系统与信息技术研究所和上海微技术工业研究院已经分别利用4英寸科研线和8英寸中试研发线，启动了集成生物光电子学的研究，有望为我国的学术界和产业界提供优质的功能性研发平台，为我国在此领域的产学研打下一定的基础。

三、发展思路与发展方向

同国外先进的集成生物光电子研究机构相比，我国在此领域的力量还十分薄弱，一系列制约学科发展的机制问题和众多关键科学问题，还有待去解决。现阶段，我国虽然在生物技术、信息技术、物理、化学和材料科学等学科有比较好的基础，但这些学科相对独立、资源分散，难以形成合力解决交叉学科集成生物光电子学中的关键科学问题。为使我国在未来5~10年能够进入此学科先进行列，必须从以下多个方面入手，对关系到集成生物光电子学的基础材料、工艺、基本器件进行全面的、系统化的研究。通过分析和整理这些研究数据和成果，形成集成生物光电子学的标准化基础材料数据库；通过基于CMOS等半导体工业化的生产技术，结合基本器件的理论模拟计算，进行工艺优化。结合以上两个方面最终形成全新的符合半导体代工标准的工艺开发工具包（process design kit, PDK），从而为集成生物光电子在各个不同领域的应用铺平大规模量产的道路。另外，国外对生物物质同半导体介质之间的相互作用原理、操控机制、传感机制和成像原理等已有初步研究，我国需要在吸收这些现有的先进成果的基础上，结合新的材料、工艺和器件设计进行理论创新，提出系统的架构，开辟全新的科学方向和产业领域。同半导体工业化生产相结合，服务于集成生物光电子学的工艺平台还有待国家重点投入。目前，能迅速追赶和创新的领域主要还是集中在对生物物质同半导体介质之间的相互作用原理、操控机制、传感机制和成像原理的研究。基于此，以下章节将会根据集成生物光电子学的特点和主要研究方向，分别从光子和微纳电子与生物样品和媒介的相互作用切入，介绍其发展思路和发展方向。

（一）基于可集成光子技术的发展思路

生命科学的发展离不开光学技术，尤其是荧光技术的运用。荧光技术在生物样品成像和传感方向上是使用最为广泛的一种技术，而且目前所开发的大部分高效的荧光分子都处于 400～700 nm 的可见光波段（图 2-8）[10]。同时，主要的生物媒介，如皮肤、血液、组织等在 600～800 nm 和 1000～1300 nm 都有光学穿透较强的窗口波段，成本低廉的硅基光子检测器件在 800 nm 以下通常都有很不错的光电转换的量子效率。这些原因共同促成了在芯片上对可见光波段的光子进行大规模操控和传感，成为发展集成生物光电子学的一个重要思路。

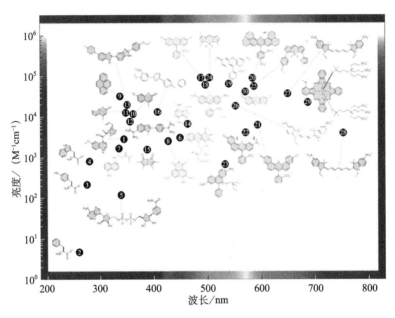

图 2-8　生命科学的支柱——荧光染料的发光波长和强度示意图 [10]（文后附彩图）

注：目前所开发的大部分高效的荧光分子都处于 400～700 nm 的可见光波段，匹配生物媒介如皮肤、血液的光透视窗口，以及硅基光电检测器的高效工作频段

光子技术在早期的集成生物光电子的范畴中是基于采用硅作为波导芯层媒介的集成光子技术（silicon photonic integrated circuit, Si-PIC）。早在 20 世纪 50 年代，光子的操控技术已经通过集成光学技术应用于数据信息通信传输。当时，硅材料由于在通信波段（1.31 μm/1.5 μm）有较低的光子吸收和较佳的电光调控性能，被选为光子的优良载体，从而诞生了狭义上的硅基光子学，即 Si-PIC。而在生命科学的应用中，生物样品可以被选择性地吸附在 Si-PIC 中的传感器件，如马赫-曾德尔干涉仪（Mach-Zehnder interferometer, MZI）[11]、微环谐振器（micro-ring resonator, MRR）[12] 等的表面上，改变界面的介电常数，从而对光子传播的特性，如幅度、相位、

波形等产生影响。通过记录这些变化，大量的基于 Si-PIC 的生物传感技术被开发并商业化。

而光子技术真正成为集成生物光电子的重要部分是由于支持可见光光子传播的、采用氮化硅（silicon nitride, SiN）媒介的集成生物光子（Bio-PIC）技术的兴起。比利时根特大学的罗埃尔·贝茨（Roel Baets）教授在借助 IMEC 所开发的等离子体增强化学气相沉积（plasma enhanced chemical vapor deposition, PECVD）氮化硅平台的支持下，率先提出氮化硅媒介在操控光子上的巨大优势和特点。经过精心调制的氮化硅材料，在很宽的波长范围（400~2350 nm）内有很低的光吸收，在高光功率下有稳定的线性或非线性光学性能，加工所得的光波导拥有的低光损耗特性（<1 dB/cm @600 nm），具有一定的热光效应，可以实现被动式和主动式的集成光路。在可见光波段，虽然波长短，但氮化硅的折射率也相较硅的更小，因而操控可见光光子的核心集成光学器件在尺寸上是接近 Si-PIC 器件的。同时氮化硅作为 MEMS 和 CMOS 工艺中非常通用的材料，其相关的加工设备和工艺都比较成熟，易于实现，因而在近期得到了高速发展。在长波段，如中红外段，基于锗和硅媒介的集成光学也具有生物传感的能力。这三种集成光学技术虽然材料不同，但都是兼容硅基半导体技术平台，共同组成广义上的硅基光子（图 2-9）[13,14]。

氮化硅由于成分的复杂性和薄膜工艺的多样性，其特性也受工艺影响巨大。如表 2-1 所示，荷兰 LioniX 公司、西班牙巴塞罗那微电子研究院（Institute of Microelectronics of Barcelona, IMB-CNM）开发的 4 英寸和 6 英寸的低压化学气相沉积（low pressure chemical vapor deposition, LPCVD）氮化硅，曝光机为光学步进曝光机（i-line stepper），接触式光刻（contact litho）；瑞士 LIGENTEC 公司开发的 6 英寸和 8 英寸的 LPCVD 氮化硅，曝光机为扫描式曝光机（DUV scanner），在开发被动式集成光路上具有低损耗、低成本等优势。但 IMEC 开发的 8 英寸和 12 英寸的 PECVD 氮化硅和新加坡先进微晶圆厂（Advanced Micro Foundry, AMF）开发的 8 英寸的 PECVD 氮化硅，在兼容 CMOS 器件和工艺上具有更大的优势，使得开发复杂的多层光路或主动式集成光路成为可能。在我国，目前的氮化硅光学薄膜研究大多仍关注于通信波段和发光二极管领域的应用，在可见光波段，浙江大学的杨德仁团队发表过氮化硅比例和能带结构的研究成果，但尚未见生命科学领域的应用。而笔者所在的上海微技术工业研究院已经系统地完成了对低温氮化硅工艺的研发。国内的这些研究也为支持集成生物光电子的发展奠定了一些基础。

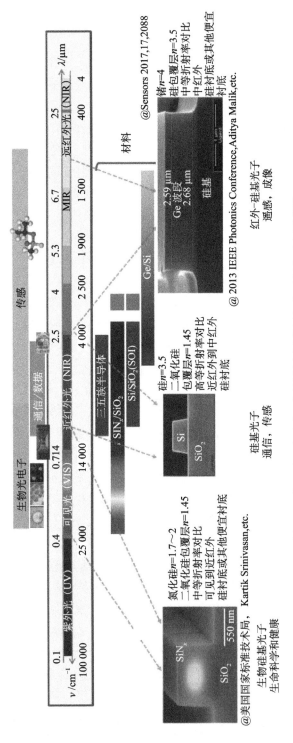

图 2-9 广义硅基光子中不同材料应用范围与光子频率对应图 [13,14]

注：SiN 是支持可见光频段 Bio-PIC 的主要材料，Si 和化合物 III－V 族材料是支持通信频段 Si-PIC 的主要材料，而 Ge 和 Si 是支持中红外频段 PIC 材料的主要材料；所有基于基于硅可大规模集成的硅光学技术共同组成了广义上的硅基光学

表 2-1　现有的基于氮化硅的 Bio-PIC 研发和生产平台

公司 / 研发中心	硅片尺寸 /mm	生产工艺	光刻
IMB-CNM	100/150	低压化学气相沉积法	i 线紫外线（365 nm）
IMEC	150	等离子体增强化学气相沉积法	深紫外线（192 nm）
LIGENTEC	150/200	低压化学气相沉积法	深紫外线（248 nm）
LioniX	100/150/200	低压化学气相沉积法	i 线紫外线 / 深紫外线（192/365 nm）
AMF	200	低压化学气相沉积法 / 等离子体增强化学气相沉积法	深紫外线（193/248 nm）

除氮化硅[15]（图 2-10）以外，兼容 MEMS 或 CMOS 硅基半导体工艺的可见光光学薄膜材料还有很多。比如，波导芯层需要材料同时具有高折射率，以及在可见光和近红外波段具有低吸收的特性。具有此特性的材料有氧化锌、氮氧化铝等。还有一些波导芯层材料具有电光调制特性，例如，耶鲁大学的 Tang 课题组，系统研究了氮化铝波导在不同条件下的光损耗，同时利用氮化铝的压电性质来调控器件的光学性能[16]。东芬兰大学的 Honkanen 研究组利用原子沉积的方式制作了二氧化钛（titanium dioxide, TiO_2）薄膜，在可见光波段取得了较低的光损[17]。亚利桑那州大学的 Zhao 研究组，利用生长在蓝宝石上的氮化镓（gallium nitride, GaN）制作波导，取得了 2.5 dB/cm 的光损耗系数，证明了 GaN 在光波导材料方向的应用前景[18]。此外，波导包层材料也很重要，需要材料同时具有低折射率，以及在可见光和近红外波段具有低光学吸收的特性。比如水、二氧化硅（silicon dioxide, SiO_2）（图 2-10）都是非常常用的材料[19]。此外，一些有特殊性质的材料也被用作波导包层。例如，东南亚的 Syahriar 研究组，利用氟化镁的优良的热传导性能，在 140℃下沉积氟化镁，研究高温对波导芯层的影响[20]。德国的 Lemmer 研究组利用低成本的聚二甲基硅氧烷，这是一种常规的微流体加工材料，制作了波导管[21]。哈佛大学的 Yun 研究组，利用蚕丝材料的生物兼容性，制作蚕丝波导，将光导入器官组织进行医学研究[22]。表 2.2 列举了部分已发表的材料在可见光和近红外范围内光波导的数据。

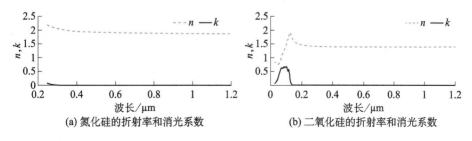

(a) 氮化硅的折射率和消光系数　　(b) 二氧化硅的折射率和消光系数

图 2-10　氮化硅和二氧化硅的折射率（n）和消光系数（k）[19]

表 2-2 部分已发表的材料在可见光和近红外范围内光波导的数据

材料	使用波长范围	传输损失	文献
氮化镓（稀土掺杂）	可见光/近红外	约5.4 dB/cm（约633 nm）	[18]
二氧化钛纳米带	可见光	约10 dB/cm（约400～550 nm）	[23]
二氧化钛薄膜	可见光	2～3.5 dB/cm（约633 nm）	[17]
石英玻璃	可见光	约0.06/0.1 dB/cm（约777 nm）	[24]
溶胶、凝胶衍生的含硅二氧化钛	可见光	约0.2 dB/cm（约677 nm）	[25]
锗酸盐和亚碲酸盐玻璃	可见光	约2 dB/cm（约632 nm）	[26]
钛酸钡	可见光	约2 dB/cm（TE）（约633 nm）	[27]
聚甲基丙烯酸甲酯	可见光	约0.2 dB/cm（约850 nm）	[28]
氮化硅	可见光	约2.25 dB/cm（约532 nm）	[29]
	可见光	约1.3 dB/cm（约780 nm）	[30]
	可见光	约0.51 dB/cm（约600 nm）	[31]

在集成光学中[31]，如何高效操控可见光和近红外光子与生物样品发生相互作用、降低光子的传播损耗、提高检测的灵敏度，是最核心、最具挑战性的几个科学问题。虽然 Bio-PIC 在物理原理上和 Si-PIC 有很多共通之处，但在具体的设计和使用需求中，仍然有各自的特点。这里按照光子的传播方式，可以大致分为在芯片平面内的操控和平面外的操控。

平面内的操控主要是为实现光子的受控传播、分束（强度和波长）和干涉。波导是实现光子传播最常用的分立器件。早期的平板波导利用高折射率介质和周围低折射率介质在界面处发生的全反射对光场进行平面内一维尺度的束缚。而目前常用的条形波导（strip waveguide）和脊形波导（ridge/rib waveguide），则将光局限在一个纳米尺度的二维高折射率波导横截面区域内沿着直线波导径向传播[14]。槽形波导（slot waveguide）[32] 将光场局限在低折射率介质中传播。一般来说，脊形波导传播损耗最小，条形波导损耗次之，槽型波导损耗最大。Stutius 等[33] 在 1977 年报道了波长 632 nm 的准横电（transverse electric，TE）波基模在氮化硅波导的传播损耗约为 0.1 dB/cm。Muñoz 等[14] 总结了从可见光到红外光不同的氮化硅波导结构的传播损耗。另外，弯曲波导（bending waveguide）能改变光传播路径，相对于直线波导有利于器件微型化，但同时需要考虑合适的弯曲半径，否则也会带来额外的弯曲传播损耗。

光子分光/合光功能的基本器件包括 Y 分叉（Y branch）波导、定向耦合器（directional coupler, DC）和多模干涉器（multimode interferometer,

MMI）。Y分叉波导主要有直线型分叉、S弯曲分叉和不规则弯曲分叉等。Liu等[34]报道了在8英寸外延上面积为1.2 μm×2 μm的不规则弯曲分叉器件，平均插入损耗为（0.28±0.02）dB。常规的定向耦合器包含间隔几十纳米的至少两个相邻波导，波导可为直线波导或者弯曲波导。Okubo等[35]展示了基于氮化硅的DC表面传感。多模干涉器基于模式自成像干涉原理，不同模式在多模波导的传播常数不同，通过干涉可以耦合进不同输出波导。Mu等设计的2×1氮化硅MMI对980 nm和1550 nm波长各自总损耗为0.19dB和0.23 dB[36]。

结合光的干涉原理，更加复杂的波长复用/解复用、插/分复用、波长路由等功能也能由特殊设计的片上光子器件实现。最常用的有MRR和MZI。MRR一般由一个闭合环波导和一个或者多个直通波导组成，光在微环中传输时，经过微环一周后产生的光程差为波长整数倍的光才会有谐振增强。Luo等[37]制备的圆环谐振器的品质因子高达到510000。MZI则是调节其中一波导臂使得光在通过两波导后引入一定光程差用来达到目的。Joo等[38]利用基于SiN波导的2×2 MZI设计了一个大小约为0.7 mm²的热光开关，在1310 nm工作波长，其插入损耗约0.23 dB，串扰为26.8 dB。另外，基于光的干涉作用阵列波导光栅（arrayed waveguide grating, AWG）是一组具有相等长度差的阵列，通过它们的某一波长输出光具有相同的相位差，而对于不同波长此相位差也不同最终达到分光。Park等[39]设计了工作在800 nm的低串扰氮化硅阵列波导光栅，对于TE偏振，其串扰约为-29.6 dB，插入损耗为0.43 dB。在平面内操控光的各类波导和器件的扫描电镜图，如图2-11所示。

平面外的操控主要分为两部分，一类是与器件平面和外界之间的输入/输出耦合，一类是将之前平面内的光学操控通过不同平面层之间的器件实现。常规的表面光栅需要将较大面积尺寸的光纤出射光耦合到很小横截面的波导模式中，在光栅和波导之间一般需要一个锥型波导（taper waveguide）。常规光栅耦合效率一般比较低（不超过40%），耦合光栅底部一段距离另加一光栅可达到90%的耦合效率[47]。为了将耦合结构进一步微型化，采用同样光栅参数的弧线型光栅取代直线型光栅，可以在维持耦合效率几乎不变的情况下同时达到将入射大光斑会聚为可耦合进波导的小尺寸光斑。光栅耦合一般来说有比较有限的工作波段，而边缘耦合的工作波段较宽，这种耦合方式的核心元件是一个约100μm长度、厚度固定，而横向尺寸在几十纳米到约100nm缓慢变化的反向锥形（inverse taper），目前可以达到超过90%的耦合效率[48]。在平面外的光场调控还包括光场聚焦。传统的透镜聚焦无法集成如

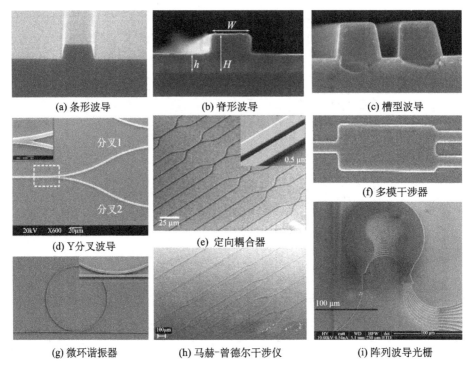

(a) 条形波导   (b) 脊形波导   (c) 槽型波导

(d) Y 分叉波导   (e) 定向耦合器   (f) 多模干涉器

(g) 微环谐振器   (h) 马赫-曾德尔干涉仪   (i) 阵列波导光栅

图 2-11 应用于平面内光子操控的基本光子结构、器件和系统 [40-46]

芯片级的微系统，菲涅尔透镜及衍射光学元件（DOE）目前已经获得一定程度的使用。近些年来，随着超表面（metasurface）研究的兴起，所谓的超透镜（metalens）能得到比较好的光场聚焦效果 [49]。Phan 等设计的 64 μm 宽的超透镜能聚焦 640 nm 的横磁（transverse magnetic, TM）波偏振光，其相对效率，也就是聚焦效率，在数值孔径 0.2～0.9 的范围内都超过 93%，绝对效率超过 75% [50]。还有一种非常重要的技术是集成光路内部不同平面层之间的光学操控，这涉及波导过渡和交叉。主要实现方式是，将两个有锥形尾端的波导（taper）分别置于两层有间隔的氮化硅平层中，在锥形段垂直空间上优化重合区域和间距，能够发生模式耦合形成能量转移。Sacher 等 [51] 总结了前道工艺（front-end-of-line，FEOL）和后道工艺（back-end-of-line，BEOL）两种情况下，不同层面的氮化硅与氮化硅之间的插入损耗和能量串扰等。图 2-12 展示了上述各种平面外光学操控的结构系统。

操控一直是集成生物光子学的核心课题之一。在波长尺度或者亚波长尺度上实现对电磁场的有效操控是主要目的。传统上，纳米光子器件的设计方法主要都是基于已有经典模型。它依靠对相关物理过程的先验知识与经

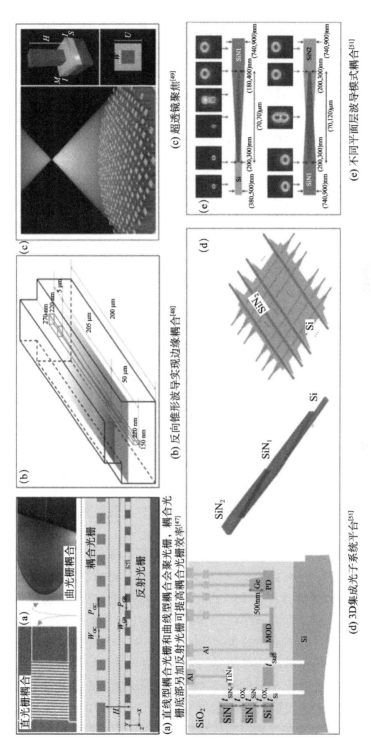

(a) 直线型耦合光栅和曲线型耦合会聚栅、耦合光栅底部另加反射光栅可提高耦合光栅效率[47]

(b) 反向锥形波导实现边缘耦合[48]

(c) 超透镜聚焦[49]

(d) 3D集成光子系统平台[51]

(e) 不同平面层波导模式耦合[51]

图 2-12 平面外光学操控的结构、器件和系统（文后附彩图）

验，挑选出合适的设计原型，再通过对既有器件方案的局部调整来满足特定应用场景的特性需求。最近这些年，逆向设计取得了广泛关注。它是从所需要的特性结果直接出发（优化目标），通过相关方法论和计算原理（优化算法、器件模拟仿真等）对多个设计参数同时优化，直接反求出所需的光学结构[45]。这种设计方法将器件的设计问题转换为多参数的优化问题，使器件构型不拘泥于某种特性的基础样式，因而对不同的设计需求有更强的适应性，可以提供更为系统和全面的器件特性优化，甚至创生出全新的器件构型模式。Molesky 等[52] 对纳米光子器件的设计发展历史过程进行了综合回顾，各类逆向设计的光子器件如图 2-13 所示。早期逆向设计主要是基于传统优化算法，如遗传算法或者梯度下降法。Spuhler 等[53] 使用了遗传算法设计并制造了一组基于二氧化硅/氮氧化硅（silicon oxide nitride, SiON）的脊形波导耦合器，其耦合效率相比于直接耦合提高了 2dB。近年来，拓扑优化（topology optimization）[50,54] 和水平集（level set）方法[55,56] 取代参数化的曲线形貌优化，为器件的构型设计提供了一种更全面和系统的优化方案，成为较主流的逆向设计优化方法。Sell 等[57] 拓扑优化设计的一种能够实现 1000 nm 和 1300 nm TE 偏振光角度分离的超颖表面结构，具有 75% 的绝对效率和 95% 的相对效率。Vercruysse 等[56] 用水平集方法优化设计了一个 1.5 μm × 1.5 μm 大小，特征尺寸为 80 nm 的 1300 nm/1550 nm 的波分复用（wavelength division multiplexing, WDM）器件，其器件效率可达 96.6%。近两年，逆向设计与神经网络及机器学习等概念相结合[58,59]，极大地拓展了逆向设计的通用性，提升了其计算效率。Tahersima 等[59] 利用深度神经网络逆向设计了 2.6 μm × 2.6 μm 大小的 1 × 2 集成光分束器，在 1.45～1.65 μm 的光谱范围内，在满足不同特定能量分光比的同时，其反射能量小于-20 dB，而最大传输效率大于 90%。

在集成生物光电子的范畴中，片上光学器件不仅是控制光子传播行为的重要手段，也是与生物样品发生相互作用、实现传感的重要手段。比如，在传统的 MZI、MRR 等器件生物传感应用中，表面分子吸附所引起的液固界面介电常数的改变，可以体现在输出的共振波长、振幅、相位、波形图案等的改变上。这些与 Si-PIC 的生物传感原理一样，只是频率提高到了可见光。而更为独特的传感原理则是利用光子在波导等结构中传播时在表面上形成的隐失波，来进行荧光成像或拉曼光谱等检测。光子通过隐失波原理在表面上发生快速的能量衰减，可以得到一个不超过 100 nm 厚度的光激发场区。van Dorpe 组在荧光检测或成像中，利用这个特性可以有效消除背景

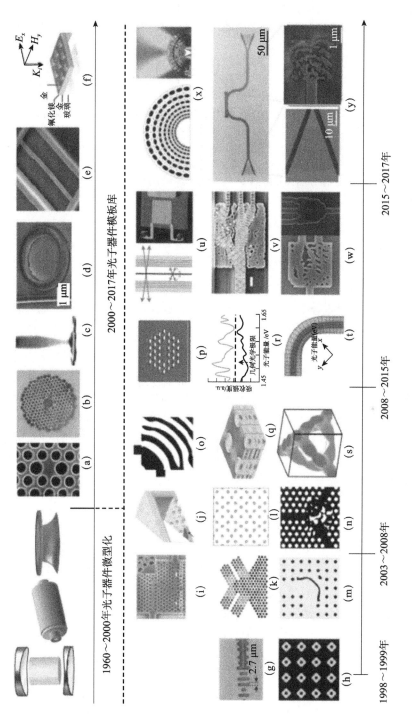

图 2-13 光子器件的发展过程[52]

20 世纪后半段，制造能力的提升使光子器件微型化，从左到右，图 2-13 显示从法布里-珀罗腔、光纤腔到微盘谐振器器件微型化的过程；（a）~（f）为纳米光子器件模板库实例：（a）光子晶体（photonic crystal, PhC）缺陷共振腔，（b）PhC 光纤，（c）柱型共振腔，（d）微环谐振器，（e）纳米束谐振器，（f）表面离子激元阵列；下图（g）~（y）为逆向设计获得的纳米光子器件结构：（g）SiO₂/SiON 光纤脊形波导耦合器，（h）优化的二维 PhC，（i）硅基 PhC 中的"Z"型波导，（j）单模缺陷腔，（k）1.50 μm×1.55 μm 多路器，（l）水平集优化获得的 PhC，（m）90° PhC 弯折波导，（n）纳米压印制造的双端多路器，（o）90° 弯折波导，（p）多孔波导纤维的横截面，（q）用于太阳能吸收的径向结硅线阵列的单元电池，（r）优化的表面纹理产生的太阳能吸收增强，（s）三维面心立方（face centered cubic, fcc）带隙优化的 PhC，（t）受变换光学启发的弯折波导，（u）优化设计的分层热反射器，（v）三端多路分离器，（w）双端口多路分离器以及宽频 1:3 功率分配器，（x）超透镜和相应的磁场幅度分布，（y）紧凑型片上法布里-珀罗谐振器

荧光干扰，实现类似全内反射荧光显微镜（total internal reflection fluorescent microscope，TIRFM）技术的高信噪比的表面荧光技术[60]。在此基础之上，Ahluwalia 组开发了芯片上的超分辨成像技术，成功在片上随机光学重建显微镜（direct stochastic optical reconstruction microscopy, dSTORM）的使用中实现了 50 nm 的分辨率[61]。在产业界利用此原理，也成功实现了高端荧光光学设备芯片化，成为行业发展的重要方向。这项利用隐失波传感的原理可以用于片上拉曼光谱检测技术，Baets 组利用光子在波导管中的长距传输的特性，实现了芯片拉曼检测，并发现了增强界面检测、降低本体溶液干扰的效果，提供了一种全新的拉曼技术的使用方式[62]。基于光子技术的集成生物光电子技术，不仅可以沿用已经开发的介电常数改变的传感方式，而且可以通过隐失波的近场优势，在成像和界面检测上提供独特的高灵敏度优势，正在逐渐成为学术界和产业界共同关注的新领域。图 2-14 列举了以上所述的传感原理和实例。

分立的光子器件仍然需要集成和封装，其中封装占整个微系统成本的很大一部分。而对于传统的集成电路芯片来说，产业发展更成熟，技术更先进，封装成本占比已极大降低。要使光集成器件拥有更低的成本和更广泛的应用领域，必须同主流的 MEMS 或 CMOS 等硅基技术相融合。多芯片封装能减小最终芯片和系统的尺寸与质量，提高可靠性，并且能使信号处理更快速。如何使 PIC 和集成电路芯片集成，成为工业界新的挑战。在基本的芯片和微系统架构中，IBM 公司提出了水平排列的架构，即借助封装技术将分立的 PIC 和集成电路芯片进行水平封装，利于分离器件或芯片的单独加工，但封装工艺相对复杂，对产品性能也有一定影响。而 IMEC 提出了垂直堆积的

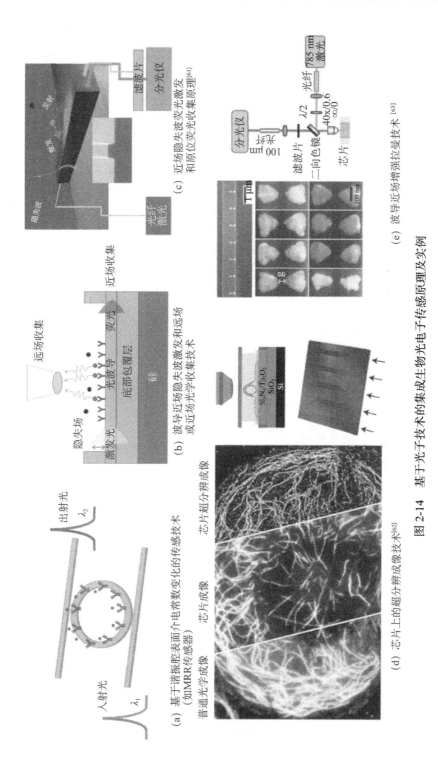

图2-14　基于光子技术的集成生物光电子传感原理及实例

高度集成的单片架构，即将不同功能的模块通过特殊工艺，垂直叠加起来。其优势在于全集成、高性能，但研发成本高，部分分立器件（如激光器）有可能无法兼容这个架构所需的 CMOS 兼容的低温工艺。这两种架构（图2-15）都将样品的操控（微流控等技术）、信号的激发（集成生物光电子激发技术）、信号的收集和检测（集成光电子检测技术）以及信号输出和计算（数字转化、逻辑和存储等技术）等不同功能集成到最终芯片或微系统上，从而实现"生物样品进，分析结果出"的一站式芯片化解决方案。

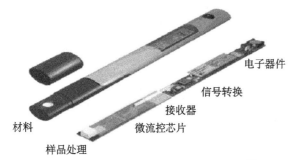

（a）IBM公司提出的水平封装微系统架构[13]

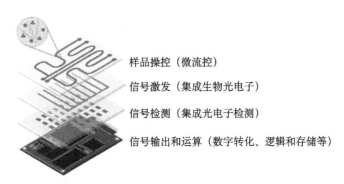

（b）IMEC提出的垂直单片全集成微系统架构

图 2-15　集成生物光电子的全芯片集成策略

（二）基于可集成微纳电子技术的发展思路

大多数生物样品和分子都带有电荷，与光子技术不同，基于电化学或电子相关的技术更早就被应用于生命科学相关的传感领域，之后随着半导体大规模集成电路技术的发展，又逐渐往高通量、高性能和多功能方向发展，成为集成生物光电子的核心底层技术之一。1922 年，休斯（Hughes）发明的玻璃氢离子浓度指数（hydrogen exponent, pH）电极，通过检测在薄玻璃膜上产生的与氢离子渗透有关的电位差，来测量 pH，标志着基于电化学的电子传感技术的诞生。1956 年，克拉克（Clark）开发氧传感电极，并于 1962 年开发了葡萄糖传感器，利用嵌入透析膜中的葡萄糖氧化酶分子检测葡萄糖分子，也就是现在广为人知的酶电极技术。从 20 世纪 80 年代开始，生物化学和半导体技术的飞速发展，使生物传感进入微纳电子时代。除了大规模集成的电化学电极外，微流体技术、光镊、磁镊、场效应晶体管、纳米孔器件等，通过 MEMS 和 CMOS 工艺，将生物样品的传感带入一个全新阶段：通过芯片技术操控样品，激发信号，实现信号收集与处理，完成数据分析，最后直接得出研究结论报告。1996 年艾菲矩阵（Affymetrix）公司推出了首批商用生物芯片，这种基因芯片产品包含数千个单独的 DNA 传感器，用于检测 p53（肿瘤抑制因子）与乳腺癌相关基因中的缺陷或单核苷酸多态性。而后 2010 年赛默飞世尔（Thermo Fisher）公司的 Ion Torrent 产品，发展为百万个场效应管的芯片级设备，检测核酸合成产物质子进行基因测序。追寻摩尔定律，微纳电子结构和器件的尺寸进一步接近单个生物分子，选择性和灵敏度都得到了大幅度提升，为基础生物学和医学的发展提供了全新而强大的工具。生物分子和微纳电子器件的相互作用原理可以大致分为：①静态检测，研究生物分子停留在器件表面时稳态的相互作用，通过电化学或表面电荷的改变进行传感，典型器件如场效应晶体管（field effect transistor, FET）；②动态检测，研究生物分子通过器件时的瞬间相互作用，根据局部电流、电压等物理量的变化实现传感，典型器件如纳米孔。

1. 基于场效应晶体管的传感技术

基于场效应晶体管的生物传感器（Bio-FET）具有超灵敏检测能力、大规模量产能力、价格低廉等优势，近年在体外诊断应用中起到重要的作用。其工作原理是依据生物样品或分子的带电特性，当其吸附于晶体管表面时改变器件表面的电荷量，起到了类似栅极（gate）的作用，从而建立晶体管内从源极（source）到漏极（drain）电子流量的关联性。以检测 DNA 为例，当检测目标 DNA 时，先将与目标 DNA 互补的 DNA 探针固定在纳米材料表面上，目标 DNA 与探针 DNA 的特异性杂交引起纳米材料的电荷密度改变，从而引起器件电导的变化，通过检测传感器电信号的变化来测定 DNA 靶分子的含量。检测蛋白质和其他生物分子的原理与之类似。Bio-FET 具有很高的电学灵敏性，被广泛用于核酸、蛋白质、病毒、糖分子的检测。可以用于开发 Bio-FET 的材料和器件非常多，除了硅基材料，还有碳基材料，如碳纳米管、2D 材料石墨烯和二硫化钼等。1976 年，贾纳塔（Janata）首次提出将离子选择场效应晶体管（ion-selective field effect transistor, ISFET）与酶结合的构想[63]，在 1980 年发表第一篇 Bio-FET 论文，将青霉素酶固定在 ISFET 上，成功检测到青霉素[64]。之后，基于荧光的生物传感器被发明并广泛使用[65]。2001 年，哈佛大学的利伯（Lieber）发明了硅纳米线晶体管，用来检测钙离子与链霉亲和素[66]；2003 年，克内（Koehne）发明了碳纳米管阵列来检测单分子 DNA 扩增产物[67]；科林斯（Collins）教授使用单壁碳纳米管-场效应管来检测单分子 DNA[68]；20 世纪以后 Bio-FET 进入纳米尺寸，使其具有更高的灵敏度和更小的尺寸，也促进了可植入传感器的发展。2015 年，美国食品药品监督管理局批准了首个可植入体内的连续血糖监测芯片，随着纳米材料和微纳传感技术的发展，未来会有更多的可植入芯片被开发出来。图 2-16 简示了集成生物光电子传感的发展历程。

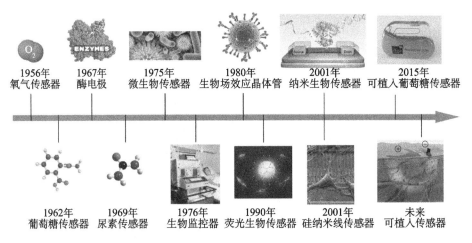

图 2-16　基于微纳电子的集成生物光电子传感的发展历程

Bio-FET 的制备主要有两种方法：一种是"自下而上"的方法，即将小尺寸结构组装成较大的结构；另一种是"自上而下"的方法，将较大尺寸（从微纳米级到厘米级）的物质通过各种刻蚀技术来制备所需的纳米结构。目前，石墨烯的制备方法主要有机械剥离法、碳化硅热解外延生长法、化学气相沉积法、化学氧化还原法。硅纳米线的制备方法主要包括激光烧蚀法、热气相沉积法、化学气相沉积法、溶液法、光刻法等。碳纳米管目前常用的制备方法主要有电弧放电法、激光烧蚀法、催化热解法、辉光放电法、气体燃烧法及聚合反应合成法等。而可以用于大规模集成的 Bio-FET 则采用了电子束刻蚀，甚至 DUV 等工业级的 MEMS 或 CMOS 工艺来加工器件、集成系统。为了能够成功检测到目标分子，Bio-FET 还需要进行表面功能化。表面功能化即在纳米材料表面修饰生物探针分子，以检测目标生物分子，如修饰 DNA 探针检测 DNA、修饰抗体检测抗原、修饰酶检测蛋白质和葡萄糖等。通过器件表面的这种特异性修饰，Bio-FET 可以用于疾病相关的生物标志物的临床检测和诊断，如心脏疾病、肾脏损伤、糖尿病、免疫炎症、传染病等。基于 Bio-FET 的技术和设备具有高灵敏度、高特异性、质量轻、功率低、小型化，与相关上下游的电学检测方式无缝衔接等优势，与基于光学或光子学的诊断技术和设备正成为目前即时检测的重要主流发展方向。尤其是近年来，随着晶体管技术的发展，更小、更灵敏的 Bio-FET 被研发并且应用到小至单分子层面，大至组织层面。

自然界的多数生物或化学过程都是在单分子层面实现的。运用 Bio-FET 技术实现单分子检测，虽然是很大的挑战，但仍然非常有助于人类认识和理解大自然与生命的本质，并且可以提高在生物监测或体外诊断中的效率。2017 年，Korchev 研究组在双孔石英纳米滴管上制备 ISFET，实现单个 DNA 分子和单个抗胰岛素免疫球蛋白 G 抗体的检测[69]。2018 年，Torsi 研究组制备了电解质门控有机 FET，在毫米级栅极表面化学修饰了单分子层的人源免疫球蛋白 G 抗体，实现了唾液中单个免疫球蛋白 G 的检测，和血清中约15 个免疫球蛋白 G 的检测[70]。单分子检测灵敏度的实现将极大提高 Bio-FET 在生命科学的应用，未来更多的晶体管种类将被设计和加工出来，共同推进精准医疗和即时检测的发展。

在组织层面开展微纳电子传感的代表是生物电活动检测的 FET 技术。2006 年，Lieber 研究组第一次使用硅纳米线 FET 检测培养神经元的胞外动作电位，并实现同步刺激和多通道检测[71]。之后，该组也完成了用硅纳米线 FET 对体外培养的心肌细胞的胞外电活动、急性脑片的电活动记录等突破性的前沿研究[72]。其 FET 阵列具有 10 μm 的高空间分辨率和亚毫秒的时间分辨率，不仅实现了多通道检测，而且实现了对脑区不同位置进行活动性成像[72]。与此同时，2006 年，IMEC 立项研究基于 CMOS 技术的 ISFET 的神经芯片和神经探针，其研究成果奠定了后来领先世界的 Neuropixel 高密度神经探针。其单根探针有近千个电极，384 个记录通道，为绘制大脑的神经电活动提供前所未有的分辨率。最近，埃隆·马斯克的脑机接口研究公司 Neuralink 发布了其首款神经电极产品，采用缝纫机模式将 4~6 μm 直径的柔性神经电极导线植入小鼠大脑中，其产品包含 96 根导线，单根 32 个电极，同样能实现海量神经信息的读取和处理。Neuropixel 和 Neuralink（图 2-17）

都是半导体芯片技术应用于脑科学研究的颠覆性科研工具，并且为可植入、长效的神经学临床诊断和治疗提供了基础和发展方向。

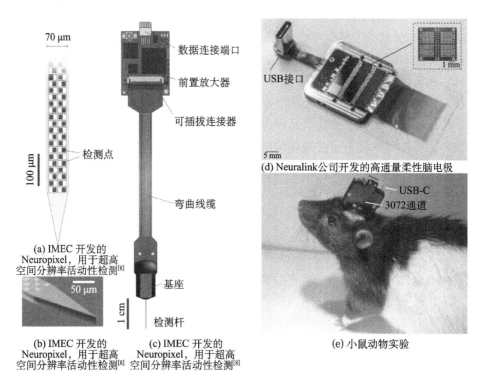

图 2-17　基于 Bio-FET 传感机理的神经探针技术

注：图片（d）、（e）来自 Neuralink 公司官网

　　类似于中央处理器（central processing unit，CPU）中超大规模的晶体管集成，在生物分子的检测中，Bio-FET 也同样能实现大规模并行传感。2007年，Rothberg 设计制造的半导体测序产品 Ion Torrent，利用 CMOS 工艺设计加工了至少百万级的 Bio-FET（或者说 ISFET）阵列，检测 DNA 聚合反应过程中不同核苷酸释放氢离子引起的局部 pH 变化，得知核苷酸种类和序列 [72]。相比于当时同代的其他测序技术来说，Ion Torrent 不需要昂贵的光学成像技术和试剂，成功降低了设备的体积和成本，提高了单次运行的效率（图 2-18）。这不仅是半导体技术和生物技术在大规模集成生物光电子上的一个非常典型的学科交叉成功案例，也使得 Ion Torrent 以 3.75 亿美元被 Life Technology 公司并购，是一个高效的（3 年）产学研成功的经典案例 [73]。

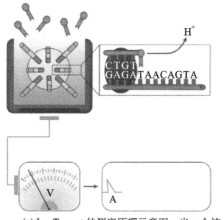
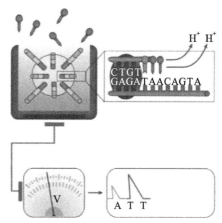

(a) Ion Torrent 的测序原理示意图：当一个核苷酸加入DNA链的合成反应后，会释放出一个氢离子，被CMOS-ISFET 检测到[74]

(b) 当反应循环中只有一种核苷酸参加时，几个核苷酸可能会参加反应，释放出更多的氢离子，CMOS-ISFET 检测到的离子信号翻倍[74]

（c）Ion Torrent 产品实物图（图片来自Life Technology 公司官网）

图 2-18　基于 Bio-FET 传感机理的 Ion Torrent ISFET 测序仪

2. 基于微米和纳米孔的传感技术

不同于 Bio-FET 技术用于检测被吸附的生物样品，纳米孔及其早期的微米孔技术原理是：生物样品穿孔时，与之产生的瞬间的空间阻碍作用，改变穿孔的离子电流或局部电压，从而实现生物传感。20 世纪 40 年代，华莱士·库尔特（Wallace Coulter）利用穿孔离子流受穿孔细胞的大小影响的原理，发明了库尔特细胞计数器，随后被沿用到细菌、真菌、病毒等多种生物样品的计数和体积测量中。而此原理在纳米尺度的应用，则是在几十年后的 1989 年，当时加利福尼亚大学圣克鲁兹分校的 David Deamer、哈佛大学的 George Church 和牛津大学的 Hagan Bayley 分别提出了利用生物纳米孔检测 DNA 的初步构想[75]：DNA 或者 RNA 分子链在穿过生物膜中的通道蛋白时，膜内外的通道离子电流是否会发生依赖碱基序列的变化，即纳米孔技术是否可以用于基因测序？图 2-19 展示了生物纳米孔测序技术的初始设想、原理和商业化测序仪。

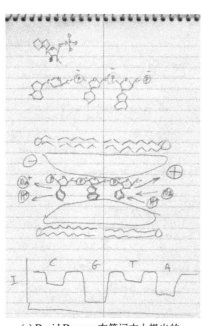

(a) David Deamer 在笔记本上提出的
纳米孔测序设想[75]

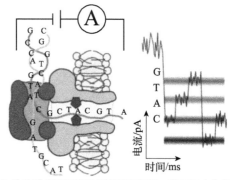

(b) 生物纳米孔测序的原理示意图[76]：当DNA在生物膜中的纳米孔内穿行时，会改变纳米孔中的离子电流

(c) 第一款商用纳米孔测序仪（MinION）
（图片来自ONT公司官网）

图 2-19　基于离子电流传感的生物纳米孔测序技术

在后续几十年的发展中，多种生物纳米孔被发现，并被成功应用于检测不同种类的碱基，甚至包括用于检测多种甲基化碱基衍生物。如图 2-20 所示，α-溶血素蛋白（α-hemolysin, α-HL）是最早被发现的生物纳米孔，其孔道直径为 1.4～2.4 nm，长度约 5 nm，空间分辨率约 12 个碱基[77]；另外一种通道蛋白，耻垢分枝杆菌孔蛋白 A（mycobacterium smegmatis porin A, MspA）具有漏斗状的形态，直径约 1.2 nm，孔径长度约 0.6 nm，理论上可以提供单碱基分辨能力[77]；纤维菌毛 σ^S 依赖生长蛋白亚基 G（curlin sigma S-dependent growth subunit G, CsgG）的直径更小，只有 1.2 nm 的直径，但其孔径长度略长，约 2 nm，通过蛋白工程改造，可以实现几个碱基的分辨率[77]；fragacea 毒素 C 蛋白（fragaceatoxin C, FraC）具有非常容易调谐的通道直径，经过基因工程改变的直径可以为 1.6 nm、1.1 nm 和 0.8 nm，也能达到几个碱基分辨率[78]。早期使用电

泳方式驱动 DNA/RNA 分子链穿过通道蛋白，然而速度非常快（100 ns/bp～10 μs/bp），限制了高信噪比信息的读取。使用 DNA 运动蛋白酶可以有效地控制 DNA 链过孔速度，其中最有效的是 phi DNA 聚合酶（phi DNAP），可以通过棘轮效应有效地限制 DNA 链过孔速度至毫秒量级，从而显著提高电流信号检测的信噪比[79]。2012 年后，使用组合 phi DNAP-MspA 纳米孔实现对合成 DNA 链[80,81]与天然噬菌体 DNA[82]的序列测量，确定了 DNA 纳米孔测序的可行性。之后，纳米孔测序技术被证实可以实现 DNA 甲基化信息的直接读取[83,84]。

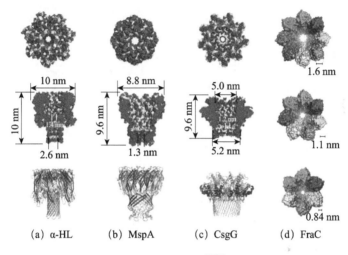

图 2-20 几种常见生物纳米孔[77,78]（文后附彩图）

2015 年，牛津纳米孔科技有限公司（Oxford Nanopore Technologies，ONT）正式发布第一款商用纳米孔测序仪 MinION，MinION 在发布之前已经被用于众多分析检测中[85]，如病毒病因学分析、埃博拉病毒检测、环境监测、食品安全检测、抗生素抗性检测、癌症的基因变异、胎儿 DNA 分析等。MinION 高度集成，便于携带，质量只有 100 g 左右，甚至在 2016 年被 NASA 用于空间站内全基因组测序。MinION 有 2048 个独立的蛋白纳米孔，其中有 512 个被选择用于序列测量。被测样品制备是向基因组 DNA 或互补 DNA 片段的末端添加一个发夹环结构，待测 DNA 被 DNA 解螺旋酶捕捉并解旋，单链 DNA 被拉进蛋白孔中产生包含序列信息的电信号。单次覆盖度测序准确度约为85%，中度覆盖度（30×）测序准确度可以达到99%[86]。纳米孔测序技术不需要准备大量的样品，微克级别的基因组 DNA 即可提供 6 倍序列覆盖度；样品制备过程不需要耗费生物与化学试剂，极大地降低了测序成本，也节省了 DNA 克隆和扩增的时间，节约了时间成本。MinION 早期读长可以达到 6000～48000 bp[87]，长读长能力极大地方便了后续基因组序列信息的拼接工作，实现对基因组或转录组大范围结构信息的获取[88]。除了 MinION 产品，ONT 公司还推出了其他各种类型的产品用于不同场景的测序使用。例如，SmidgION 是迄今最小的测序仪，可以与智能手机联用测序，GridION 具有更多的测序反应池，一次测量可以得到 150 Gbit 数据量，PromethION 拥有 24 或 48 个反应池，每个反应池有 3000 多个纳米孔，一次可以产生 15 T bit 数据量。图 2-21 展示了 ONT 不同代系的测序产品。

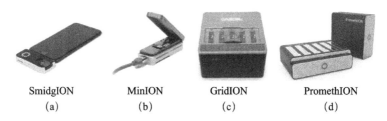

SmidgION   MinION   GridION   PromethION
(a)   (b)   (c)   (d)

图 2-21　第一家商业化的纳米孔技术公司——ONT 公司提供众多测序产品
（图片来自 ONT 公司官网）

生物纳米孔由于镶嵌在生物脂双层膜上，对环境（pH、温度、盐浓度等）敏感，其稳定性和耐用性比较差，使用寿命有限[89]；而且一般只能采用离子阻断电流的检测原理，为达到 pA 级的灵敏度，需要特制的低噪电流放大的集成电路，使得测序单元的大规模矩阵化成为很大的挑战[90]。

在探索生物纳米孔的同时，与半导体工艺兼容性更好的固态纳米孔也被广泛研究。固态纳米孔是指利用先进微纳加工技术，在悬空固态薄膜上制作 10 nm 以下，甚至是亚纳米的孔，与分子产生相互作用的一种物理器件。相比生物纳米孔，固态纳米孔具有更好的稳定性和持久性，容易集成半导体的各种传感技术，除离子阻断电流外，还可以采用其他多种不同物理机制的检测手段（图 2-22）。隧穿电流检测方式依据不同碱基分子的电子态密度的差异，但其变化小，多在 pA 量级，对信号放大电路要求很高，而且对分子朝向，以及分子在金属表面的黏附性非常敏感[91]。场效应管纳米孔检测的是与 DNA 分子相关联的局部电压的变化。不同碱基分子本身的带电特性和过孔时因尺寸效应和纳米孔不对称性所共同产生的局部电压的变化，通过栅极场效应，改变了对晶体管源极到漏极的电荷或载流子流量。而这种改变，由于晶体管的可操控性，可以达到 nA 甚至亚 μA 量级，即便在高速检测中，仍然可以保持很高的灵敏度和信噪比[92]。值得一提的是，固态纳米孔也非常容易集成光学检测方法，例如，可以将 DNA 序列转化为寡核苷酸片段，与荧光分子信标杂交，杂交链穿过纳米孔时信标分子会脱落发出荧光，从而推断出序列信息[93]；或者利用钙离子荧光示踪技术，在纳米孔两侧分别使用钙离子和示踪剂溶液，借助DNA链在纳米孔中穿行时对孔内的钙离子和示踪剂结合浓度的调控，实现离子流量的光学表达[94,95]。利用上文中提到的光子技术，集成光子波导与纳米孔结合，使用生物光子检测技术，甚至可以实现更快、更高分辨率的光学检测。为了摆脱荧光分子的使用，实现光学上的无标记识别，基于表面等离激元共振效应的光谱纳米孔也被开发出来[96]。这种通过表面增强拉曼散射来实现超分辨、单分子DNA测序的技术具有很好的前景，但仍然需要解决检测速度和并行化的问题。根据这些原理开发的纳米孔技术，大多同时具备纳米尺度的尺寸和形状调控及高密度矩阵化的能力，并且兼具优异的力学、化学和热学性质，也容易与外部的光学、电学的检测器件和技术集成为单片机[89]。

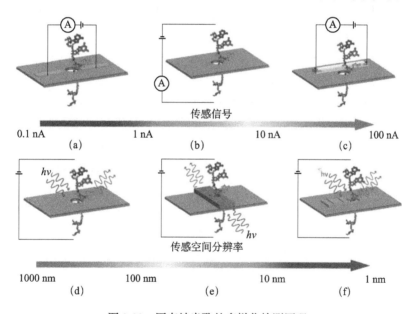

图 2-22 固态纳米孔的多样化检测原理

注：基于微纳电子的纳米孔检测原理：（a）量子纳米孔，监控不同碱基对两个电极间的隧穿电流的调控；（b）离子电流纳米孔，监控不同碱基对穿孔离子流的影响；（c）场效应管纳米孔，监控不同碱基所产生的局部电压对场效应管电流的调控。基于光学或光子学的纳米孔检测原理；（d）光学纳米孔，被远场光子激发的不同碱基荧光标志物的发光和高通量检测；（e）光子纳米孔，被波导传播光子激发的不同碱基荧光标志物的发光和高通量、高速检测；（f）光谱纳米孔，被表面等离激元共振激发的不同碱基的增强拉曼光谱，无需荧光标志物

生物纳米孔的制作主要借助蛋白结构解析手段，在天然的离子通道中，

寻找出孔径合适的通道蛋白，然后进行提纯和使用。固态纳米孔则有更加丰富的制作手段：高能电子或离子束的轰击法、跨膜高电压介质击穿法、可控 MEMS 硅各向异性蚀刻法、CMOS 兼容的电子束或深度紫光光刻法等。在孔径的尺寸调控上，也发展了电子束缩孔法、热氧化缩孔法、金属或介质沉积缩孔法等。由于可以通过主流 MEMS 或 CMOS 工艺加工，固态纳米孔被期待拥有更好的应用前景。然而，相比生物纳米孔的发展，固态纳米孔测序起步晚，单个器件的加工复杂而昂贵，目前还处于实验室研究和初步商业化的阶段。

通过监控离子电流变化来实现测序的固态纳米孔技术面临诸多挑战。首先 DNA 链在纳米孔中的转运行为不易控制，具有很大的随机性，并且移动速度太快（0.1~1 μs/bp），碱基的朝向变化不受控制。尽管使用单原子层厚度的二维材料固态纳米孔在检测不同 DNA 均聚物时，可以区分单种核苷酸以及均聚寡核苷酸链[97]，但上述的这些问题都限制了在 DNA 链上实时识别单碱基的实现。此外，由于 DNA 与表面的非特异性结合，核碱基/核苷酸在纳米孔附近形成二级或三级结构，导致纳米孔阻塞，限制了 DNA 链的正常转运过程；由于离子电流检测技术的局限，施加在纳米孔薄膜的电场会向两侧延伸，导致纳米孔有效长度延长，限制了分辨率[98]。为兼顾两种纳米孔的优势，消除劣势，近期，固态和生物的混合纳米孔也逐渐进入大家的视野。Hall 等使用基因工程方法制备 α-溶血素通道蛋白，将双链 DNA 末端经过化学修饰连接在溶血素蛋白上，使用电泳技术将其引导进入一个 SiN 纳米孔中，形成同轴排列的杂化纳米孔[99]。然而，生物纳米孔在固态纳米孔中产生的形变和漏电流现象，导致杂化纳米孔的性能欠佳。但生物-固态纳米孔的杂化结构提供了将单碱基分辨能力的 α-溶血素或 MspA 生物纳米孔整合到晶圆水平大规模量产固态纳米孔的能力，代表了目前纳米孔测序的其中一个发展方向。

能够采用新的物理检测原理是固态纳米孔的最大优势之一。图 2-23 中展示了多种检测原理，绝大多数在理论上可以识别不同碱基及其甲基化衍生物。而其中的光谱纳米孔技术，在实验上也初步被证实了具有 DNA 链上实时单碱基识别的灵敏度和空间分辨率。这种光谱检测技术是基于表面增强拉曼散射（surface-enhanced Raman scattering, SERS）效应直接物理识别分子。早在 1998 年，麻省理工学院（MIT）的 Kneipp 教授就提出使用 SERS 对 DNA 测序的设想[100]。2009 年，陈等首次提出将 SERS 检测技术与纳米孔流体技术结合的概念[101]。在随后的几年中，通过基于表面等离激元共振

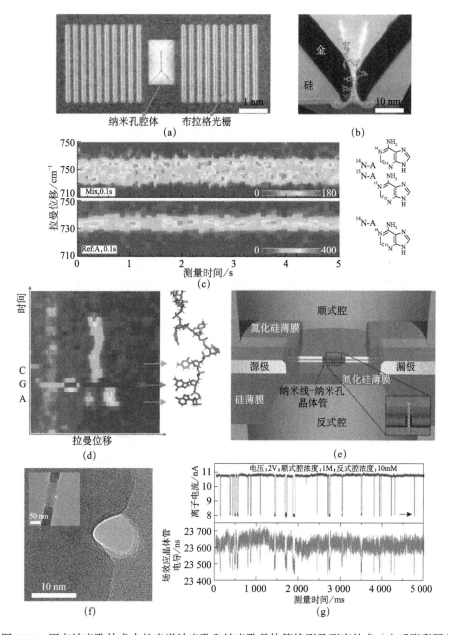

图 2-23　固态纳米孔技术中的光谱纳米孔和纳米孔晶体管检测及测序技术（文后附彩图）

（a）光谱纳米孔的扫描电子显微镜（SEM）图；（b）放大横截面透射电子显微镜（TEM）图；（c）单分子检测灵敏度的实现；（d）DNA 链中不同碱基序列信息的获取（A, G, C 信息）[96]；（e）场效应管纳米孔示意图；（f）场效应管纳米孔的 TEM 图像；（g）DNA 链在纳米孔场效应管中的离子电流信号与场效应管电导信号 [92]

效应的光学设计、MEMS 加工，成功制备了 10 nm 以下的狭缝型纳米孔，从理论上和实验中都证实了光谱纳米孔器件纳米级别的空间分辨率和单分子的灵敏度 [102,103]，并首次实现了在溶液中对 DNA 链上相邻碱基的实时识别，奠定了光谱纳米孔测序的基础 [96]。在基于微纳电子技术上，Collins 组利用碳纳米管，将 DNA 聚合酶固定其上，不仅实现了对单分子 DNA 合成过程的监控，而且初步探索了利用纳米尺度晶体管技术来进行 DNA 测序 [68]。该方向也受到了产业界［如安诺伦（Illumina）公司］的关注。2012 年，哈佛大学的 Lieber 提出了纳米孔晶体管器件，通过置于纳米孔附近的硅纳米线晶体管的场效应来检测分子过孔时所引起的局部电压变化，从而实现分子检测。这种技术将传统上监控 pA 级离子电流变化变成了监控 nA 级的晶体管电流变化，可以降低低噪电流放大电路的设计和加工难度，实现更快的信号采样速度，有望实现对分子过孔的实时监控 [92]。图 2-23 展示了光谱纳米孔和场效应管纳米孔的测序应用。在晶体管尺寸变小和高度集成化发展的今日，通过 CMOS 技术制备纳米孔硅基晶体管，通过 MEMS 技术制备光谱纳米孔，都能够实现精准加工、器件并行化和复杂的芯片架构，既可以大规模量产降低成本，又能实现检测设备的小型化，是目前纳米孔测序技术极具竞争力的两个发展方向。

四、资助机制与政策建议

集成生物光电子学随着精准医疗、工业 4.0、物联网（IoT）等新兴社会和民生领域的发展，以及航空航天、国防、公共安全等国家战略领域的发展，成为支撑高灵敏、小型化、精准化的生物传感芯片和微系统的核心底层共性技术。随着半导体技术的发展，集成生物光电子学通过所依托的微纳光机电系统，已经应用于多个生命科学的细分领域。在摩尔定律和"超越摩尔"两大先进技术发展路线的支持下，下一代集成生物光电子学将关注于更好的灵敏度、更高的检测通量、更小的微系统体积以及更广泛的应用。通过研究核心传感器件小尺寸化后所产生的全新的纳米效应甚至是量子效应，创造新的传感机制，开发相关的系统集成方案和应用场景都是未来的发展重点。

在基于光子技术的集成生物光电子学的发展中，需要进一步提高器件密度、光子操控的效率和精准性，引入主动式的集成光路和光机电一体的芯片架构。利用更高折射率的光学薄膜材料，如氧化铌等金属氧化物，进一步缩小波导管的尺寸和转弯半径。利用多层光子层架构，进行三维器件布局。这可以大幅提高单位面积上的传感器件的密度。利用光学逆向设计，先进微纳加工技术，实现高效率的光子耦合、分束、分光等操控。利用片上加热器件，通过热光效应对光子进行调控；利用铌酸锂、氮化镓、氮化铝等电光材料，通过电光效应对光子进行调控。通过集成量子点等发光器件，集成片上可见光光源。通过集成硅基光电检测器或成像模块，实现光子检测。将这些主动式器件引入集成生物光电子的芯片设计和制作中，是实现高端的光学设备芯片化的基础，也是未来发展的重要方向和难点。

在基于微纳电子技术的集成生物光电子的发展中，研究小尺寸电子器件与单个生物样品或分子的相互作用、提高传感信噪比是全新的科学问题。降低传感器件的电子、机械和热噪声，研究界面双电层、镜像诱导电荷、电渗透等界面效应对传感的影响，都是增强界面传感信噪比的关键。同时，开发主动式技术、增强传感器对测试溶液中的单分子或单体样品的捕获率，是高灵敏度传感技术高效工作的重要保障。

集成生物光电子技术不仅能够用于高通量生物传感，而且能用于高通量精准样品操控和反应。通过可寻址、主动式光电子器件设计，可实现：①研发并行光镊、介电泳镊等局部样品捕获和操控技术；②研发并行的光诱导化学、电化学等局域化的化学反应机理和控制手段。这些技术的发展，将对集成生物光电子的一个重要的应用领域，即DNA数字信息存储技术，起到至关重要的作用。DNA数字信息存储技术的提出是为了解决目前高速增长的新数据的产生，即将数字世界的0和1转码成DNA的四个碱基，利用DNA碱基的0.33 nm的极小尺寸、紧密排列（DNA双链直径约2.2 nm）和分子稳定性，高效存储数据，便于储存和携带。而其中的"写入技术"，即DNA合成技术是目前的瓶颈问题。高通量的局部可控化学反应将是解决这个问题的重要发展思路和方向之一。

集成生物光电子学依赖于信息技术、生物技术、材料科学、物理、化学等学科的跨学科共建。我国在生物光子学和生物电子学，尤其是分立器件的研究方面有深厚的积累。但受制于8英寸等先进研发平台的缺乏，在分立器件大规模集成、形成单片微系统以及高通量传感和操控领域落后于国外的研究机构。跨学科的集成生物光电子人才，尤其是生物技术和信息技术兼备的人才培养平台、交流平台和机制都尚未完善。目前，集成生物光电子学最相关的两大上级学科——信息技术和生物技术，都关系到我国新世纪经济发展和国家命运，也是目前西方科技发达国家极力垄断和对我国高度封锁的高技术领域。在目前集成生物光电子已经实现的应用领域，如基因测序、脑电极、细胞和分子检测等行业，国内市场和全球市场几乎被国外企业垄断。鉴于此，我国应该下决心建设一批基于工业级半导体技术的8英寸，甚至是12

英寸服务于集成生物光电子学的中试线公共平台,聚集国家力量打通集成生物光电子学中我国最为薄弱,也是产业链中关键的这个环节。依托此类平台,使我国在生物技术、信息技术、材料学等相关学科所积累的科研成果,可以迅速进一步开展实用化和产业化试验。

从人才培养方面来看,需要确实打破院系、专业之间的学科界限,建立全新的跨学科管理机构,推出全新的教育理念。重新组织管理运行机制,要结合集成生物光电子学和其他学科的交叉点及各个科研单位的实际情况,进行师资力量、硬件设备和科研经费等资源的重新调配和整合。为集成生物光电子学构建全新的课程方案和体系,此交叉学科的人才培养方案应该包含其他相关学科的核心知识架构,对这些内容进行重新组织和编排,建立起高效的交叉学科体系。对于师资队伍建设,应鼓励这些相关学科的老师相互交流并进行培训,每年选派一批骨干教师去国外先进的大学和研究中心交流,开阔眼界,提升研究能力。此外,还应打造一批生物光电子学交叉创新平台,使之成为学科交叉的重要依托,实现现有设备的共享,提升硬件的使用效率。

从资助机制方面来看,集成生物光电子学同社会实际需求联系十分紧密,大力发展此学科,必然需要大量的高科技企业参与其中。在进行科研项目立项的调研过程中,应该将企业或者企业性质研究院放在比较突出的位置,使得研究项目有的放矢,科研成果能同社会实际需要更加紧密地结合,使未来的产业化更加高效。资助新的项目时,应该整合大学、科研院所和相关企业的各自优势,形成资源互补,发挥各自长处。放宽企业或者企业性质的研究院与大学或科研院所间的人才流动和合作,建立互聘兼职机制;建立研究生、青年科研人员在项目研发中拥有学术导师和产业导师的双导师制;开发设备共享平台,简化结算流程;以国际会议方式进行一年一期的项目成果展示,与国内外同行交流和促进合作。

发展集成生物光电子学,有助于我们突破"卡脖子"现状,让我们在目前全球产学研机构共同关注的焦点上拥有全球领先的能力。

吴亚明(中国科学院上海微系统与信息技术研究所),

陈昌(中国科学院上海微系统与信息技术研究所/上海微技术工业研究院),

刘博(上海微技术工业研究院),

胡春瑞(上海微技术工业研究院),

王靖(上海微技术工业研究院)

参 考 文 献

[1] 刘峰 . 微电机械系统在光通信中的应用：现状和未来 . 光机电信息 , 2003, 20（10）: 1-8.

[2] 吴亚明 . 光学 MEMS 技术及其光通信应用 . 功能材料与器件学报 , 2013,（3）: 119-123.

[3] 陈水发 . 基于 MEMS 技术的全光交换产品 . 电子产品世界 , 2001, 8（17）: 74.

[4] Chen R T, Nguyen H, Wu M C. A low voltage micromachined optical switch by stress-induced bending. Proceedings of 12th IEEE international Micro Electro Mechanical System Conference, 1999: 424-428.

[5] Wu M C, Lin L Y, Lee S S, et al. Micromachined free-space integrated micro-optics. Sensors and Actuators A, 1995, 50（1-2）: 127-134.

[6] Song Y P, Panas R M, Hopkins J B. A review of micromirror arrays. Precision Engineering, 2018, 51: 729-761.

[7] 晶圆级光学元件（WLO）. http://www.coema.org.cn/study/optics/20180330 /172428.html. 2019-08-05.

[8] Jun J J, Steinmetz N A, Siegle J H, et al. Fully integrated silicon probes for high-density recording of neural activity. Nature, 2017, 551（7679）: 232-236.

[9] Shipman S L, Nivala J, Macklis J D, et al. CRISPR-Cas encoding of a digital movie into the genomes of a population of living bacteria. Nature, 2017, 547（7663）: 345-349.

[10] Lavis L D, Raines R T. Bright ideas for chemical biology. ACS Chemical Biology, 2008, 3（3）: 142-155.

[11] Sepúlveda B, Rio J S D, Moreno M, et al. Optical biosensor microsystems based on the integration of highly sensitive Mach-Zehnder interferometer devices. Journal of Optics A: Pure and Applied Optics, 2006, 8（7）: S561-S566.

[12] Ghasemi F, Eftekhar A A, Mousavi S H S, et al. Lab-on-chip silicon nitride microring sensor at visible wavelength using glycoprotein receptors. In CLEO: OSA: AW1L.3. 2014.

[13] 周治平 . 硅基光电子学引发变革 , 产业化亟需多方努力 . 通信世界 , 2015,（25）: 34.

[14] Muñoz P, Micó G, Bru L A, et al. Silicon nitride photonic integration platforms for visible, near-infrared and mid-infrared applications. Sensors, 2017,17（9）: 2088.

[15] Vogt M R. Development of physical models for the simulation of optical properties of solar cell modules. Thesis for PhD. 2015.

[16] Xiong C, Pernice W H P, Sun X K, et al. Aluminum nitride as a new material for chip-scale optomechanics and nonlinear optics. New Journal of Physics, 2012,14（9）: 095014.

[17] Alasaarela T, Saastamoinen T, Hiltunen J, et al. Atomic layer deposited titanium dioxide and its application in resonant waveguide grating. Appl. Opt., 2010,49（22）: 4321-4325.

[18] Hong C, Fu H Q, Huang X Q, et al. Low loss GaN waveguides at the visible spectral wavelengths for integrated photonics applications. Optics Express, 2017, 25（25）: 31758-31773.

[19] Rodriguez-de Marcos L V, Larruquert J I, Mendez J A, et al. Self-consistent optical constants of SiO_2 and Ta_2O_5 films. Optical Materials Express, 2016,6（11）: 3622.

[20] Syahriar A. Silica-on-silicon waveguides with MgF_2 cladding layers. In 2016 International Symposium on Electronics and Smart Devices（ISESD）IEEE, 2016: 268-271.

[21] Valouch S, Sieber H, Kettlitz S, et al. Direct fabrication of PDMS waveguides via low-cost DUV irradiation for optical sensing. Optics Express, 2012, 20（27）: 28855-28861.

[22] Shabahang S, Kim S, Yun S H. Light-guiding biomaterials for biomedical applications. Adv. Funct. Mater. 2018,28（24）: 1706635.

[23] Sirbuly D J, Law M, Yan H, et al. Semiconductor nanowires for subwavelength photonics integration. Phys. Chem. B, 2005,109（32）: 15190-15213.

[24] Guan J, Liu X, Salter P S, et al. Hybrid laser written waveguides in fused silica for low loss and polarization independence. Optics Express, 2017,25（5）: 4845-4859.

[25] Karasinski P, Tyszkiewicz C, Domanowska A, et al. Low loss, long time stable sol-gel derived silica-titania waveguide films. Materials Letters, 2015,143: 5-7.

[26] da Silva D S, Niklaus U W, et al. Femtosecond laser-written double line waveguides in germanate and tellurite glasses. SPIE, 2018,10519: 48.

[27] Petraru A, Schubert J, Schmid M, et al. Ferroelectric $BaTiO_3$ thin-film optical waveguide modulators. Applied Physics Letters, 2002,81（8）: 1375-377.

[28] Ma H, Jen A K Y, Dalton L R. Polymer-based optical waveguides: materials, processing, and devices. Adv. Mater., 2002,14（19）: 1339-1365.

[29] Subramanian A Z, Neutens P, Dhakal A, et al. Low-loss singlemode PECVD silicon nitride photonic wire waveguides for 532-900 nm wavelength window fabricated within a CMOS pilot line. IEEE Photonics Journal, 2013,5（6）: 2202809-2202809.

[30] Romero-García S, Merget F, Zhong F, et al. Silicon nitride CMOS-compatible platform for integrated photonics applications at visible wavelengths. Opt, 2013,21（12）: 14036-14046.

[31] Miller S E. Integrated optics: an introduction. Bell System Technical Journal, 1969,48（7）: 2059-2069.

[32] Almeida V R, Xu Q F, Barrios C A, et al. Guiding and confining light in void nanostructure. Optics Letters, 2004,29（11）: 1209-1211.

[33] Stutius W, Streifer W. Silicon nitride films on silicon for optical waveguides. Appl. Opt., 1977,16（12）: 3218-3222.

[34] Zhang Y, Yang S Y, Lim A E J, et al. A compact and low loss Y-junction for submicron

silicon waveguide. Optics Express, 2013, 21（1）: 1310-1316.

[35] Okubo K, Uchiyamada K, Asakawa K, et al. Silicon nitride directional coupler interferometer for surface sensing. Optical Engineering, 2017,56（1）: 017101.

[36] Mu J F, Vazquez-Cordova S A, Sefunc M A, et al. A low-loss and broadband MMI-based multi/demultiplexer in Si₃N₄/SiO₂ technology. Journal of Lightwave Technology, 2016, 34（15）: 3603-3609.

[37] Luo L W, Wiederhecker G S, Cardenas J, et al. High quality factor etchless silicon photonic ring resonators. 2011, Optics Express, 19（7）: 6284-6289.

[38] Joo J, Park J, Kim G. Cost-effective 2 × 2 silicon nitride Mach-Zehnder interferometric（MZI）thermo-optic switch. IEEE Photonics Technology Letters, 2018, 30（8）: 740-743.

[39] Park J, Joo J, Kim G, et al. Low-crosstalk silicon nitride arrayed waveguide grating for the 800-nm band. IEEE Photonics Technology Letters, 2019, 31（14）: 1183-1186.

[40] Alasaarela T, Korn D, Alloatti L, et al. Reduced propagation loss in silicon strip and slot waveguides coated by atomic layer deposition. Optics Express, 2011,19（12）: 11529-11538.

[41] Li Q, Liu F F, Zhang Z Y, et al. System performances of on-chip silicon microring delay line for RZ, CSRZ, RZ-DB and RZ-AMI signals. Journal of Lightwave Technology, 2008,26（23）: 3744-3751.

[42] Yang B, Yang L, Hu R, et al. Fabrication and characterization of small optical ridge waveguides based on SU-8 polymer. Journal of Lightwave Technology, 2009,27（18）: 4091-4096.

[43] Segev E, Reimer J, Moreaux, L C, et al. Patterned photostimulation via visible-wavelength photonic probes for deep brain optogenetics. Neurophotonics, 2016,4（1）: 011002.

[44] Zisis G, Ying C Y J, Soergel E, et al. Ferroelectric domain building blocks for photonic and nonlinear optical microstructures in LiNbO₃. J. Appl. Phys., 2014, 115（12）: 124102.

[45] Dong B W, Guo X, Ho C P, et al. Silicon-on-insulator waveguide devices for broadband mid-infrared photonics. IEEE Photonics Journal, 2017,9（3）: 1-10.

[46] Huang Q Z, Yu J Z, Chen S W, et al. Design, fabrication and characterization of a high-performance microring resonator in silicon-on-insulator. Chinese Phys. B, 2008,17（7）: 2562-2566.

[47] Zou J H, Yu Y, Ye M Y, et al. Ultra-efficient silicon nitride grating coupler with bottom grating reflector. Optics Express, 2015, 23（20）: 26305-26312.

[48] Papes M, Cheben P, Benedikovic D, et al. Fiber-chip edge coupler with large mode size for silicon photonic wire waveguides. Optics Express, 2016,24（5）: 5026-5038.

[49] Khorasaninejad M, Shi Z, Zhu A Y, et al. Achromatic metalens over 60 nm bandwidth in the

visible and metalens with reverse chromatic dispersion. Nano Lett., 2017,17（3）: 1819-1824.

[50] Phan T, Sell D, Wang E W, et al. High-efficiency, large-area, topology-optimized metasurfaces. Light: Science & Applications, 2019,8（1）: 48.

[51] Sacher W D, Mikkelsen J C, Huang Y, et al. Monolithically integrated multilayer silicon nitride-on-silicon waveguide platforms for 3D photonic circuits and devices. Proceedings of the IEEE 2018, 106（12）: 2232-2245.

[52] Molesky S, Lin Z, Piggott A Y, et al. Inverse design in nanophotonics. Nature Photonics, 2018,12（11）: 659-670.

[53] Spuhler M M, Offrein B J, Bona G L, et al. A very short planar silica spot-size converter using a nonperiodic segmented waveguide. Journal of Lightwave Technology, 1998,16（9）: 1680-1685.

[54] Pita J L, Aldaya I, Dainese P, et al. Design of a compact CMOS-compatible photonic antenna by topological optimization. Optics Express, 2018, 26（3）: 2435-2442.

[55] Burger M, Osher S J. A survey in mathematics for industry a survey on level set methods for inverse problems and optimal design. European Journal of Applied Mathematics, 2005, 16（2）: 263-301.

[56] Vercruysse D, Sapra N V, Su L, et al. Analytical level set fabrication constraints for inverse design. Sci. Rep., 2019, 9（1）: 8999.

[57] Sell D, Yang J J, Doshay S, et al. Large-angle, multifunctional metagratings based on freeform multimode geometries. Nano Lett., 2017,17（6）: 3752-3757.

[58] Gabr A M, Featherston C, Zhang C, et al. Design and optimization of optical passive elements using artificial neural networks. J. Opt. Soc. Am. B, 2019,36（4）: 999-1007.

[59] Tahersima M H, Kojima K, Koike-Akino T, et al. Deep neural network inverse design of integrated photonic power splitters. Sci. Rep., 2019,9（1）: 1368.

[60] Mahmud-Ul-Hasan M, Pieter N, Vos R, et al. Suppression of bulk fluorescence noise by combining waveguide-based near-field excitation and collection. ACS Photonics, 2017,4（3）: 495-500.

[61] Diekmann R, Helle O I, øie C I, et al. Chip-based wide field-of-view nanoscopy. Nat. Photonics, 2017, 11（5）: 322-328.

[62] Peyskens F, Wuytens P, Raza A, et al. Waveguide excitation and collection of surface-enhanced raman scattering from a single plasmonic antenna. Nanophotonics, 2018,7（7）: 1299-1306.

[63] Janata J, Moss S D. Chemically sensitive field-effect transistors. Biomed. Eng.（NY）, 1976,11（7）: 241-245.

[64] Caras S, Janata J. Field effect transistor sensitive to penicillin. Anal. Chem., 1980,52（12）: 1935-1937.

[65] Pickup J C, Hussain F, Evans N D, et al. Fluorescence-based glucose sensors. Biosensors and Bioelectronics, 2005, 20（12）: 2555-2565.

[66] Cui Y, Wei Q Q, Park H K, et al. Nanowire nanosensors for highly sensitive and selective detection of biological and chemical species. Science, 2001,293（5533）: 1289-1292.

[67] Koehne J, Chen H, Li J, et al. Ultrasensitive label-free DNA analysis using an electronic chip based on carbon nanotube nanoelectrode arrays. Nanotechnology, 2003,14（12）: 1239-1245.

[68] Gül O, Pugliese K, Choi Y, et al. Single molecule bioelectronics and their application to amplification-free measurement of DNA lengths. Biosensors, 2016, 6（3）: 29.

[69] Ren R, Zhang Y J, Nadappuram B P, et al. Nanopore extended field-effect transistor for selective single-molecule biosensing. Nat. Commun., 2017, 8（1）: 586.

[70] Macchia E, Manoli K, Holzer. et al. Single-molecule detection with a millimetre-sized transistor. Nat. Commun., 2018,9（1）: 3223.

[71] Patolsky F, Timko B P, Yu G H, et al. Detection, stimulation, and inhibition of neuronal signals with high-density nanowire transistor arrays. Science, 2006,313（5790）: 1100-1104.

[72] Qing Q, Pal S K, Tian B Z, et al. Nanowire transistor arrays for mapping neural circuits in acute brain slices. Proc. Natl. Acad. Sci., 2010,107（5）: 1882-1887.

[73] Pennisi E. Semiconductors inspire new sequencing technologies. Science, 2010, 327（5970）: 1190-1190.

[74] Goodwin S, McPherson J D, McCombie W R. Coming of age: ten years of next-generation sequencing technologies. Nature Reviews Genetics, 2016,17（6）: 333–351.

[75] Deamer D, Akeson M, Branton D. Three decades of nanopore sequencing. Nature Biotechnology, 2016.,34（5）: 518-524.

[76] Steinbock L J, Radenovic A. The emergence of nanopores in next-generation sequencing. Nanotechnology, 2015,26（7）: 074003.

[77] Wang S Y, Zhao Z Y, Haque F Z, et al. Engineering of protein nanopores for sequencing, chemical or protein sensing and disease diagnosis. Current Opinion in Biotechnology, 2018,51: 80-89.

[78] Huang G, Voet A, Maglia G. FraC nanopores with adjustable diameter identify the mass of opposite-charge peptides with 44 dalton resolution. Nat. Commun., 2019, 10（1）: 835.

[79] Lieberman K R, Cherf G M, Doody M J, et al. Processive replication of single DNA molecules in a nanopore catalyzed by Phi29 DNA polymerase. Journal of the American

Chemical Society, 2010,132（50）: 17961-17972.

[80] Cherf G M, Lieberman K R, Rashid H, et al. Automated forward and reverse ratcheting of DNA in a nanopore at 5-Å precision. Nature Biotechnology, 2012, 30（4）: 344-348.

[81] Manrao E A, Derrington I M, Laszlo A H, et al. Reading DNA at single-nucleotide resolution with a mutant MspA nanopore and Phi29 DNA polymerase. Nature Biotechnology, 2012,30（4）: 349-353.

[82] Laszlo A H, Derrington I M, Ross B C, et al. Decoding long nanopore sequencing reads of natural DNA. Nature Biotechnology, 2014, 32（8）: 829-833.

[83] Laszlo A H, Derrington I M, Brinkerhoff H, et al. Detection and mapping of 5-methylcytosine and 5-hydroxymethylcytosine with nanopore MspA. Proc. Natl. Acad. Sci., 2013,110（47）: 18904-18909.

[84] Wescoe Z L, Schreiber J, Akeson M. Nanopores discriminate among five C5-cytosine variants in DNA. Journal of the American Chemical Society, 2014,136（47）: 16582-16587.

[85] Loman N J, Watson M. Successful test launch for nanopore sequencing. Nature Methods, 2015,12（4）: 303-304.

[86] Loman N J, Quick J, Simpson J T. A complete bacterial genome assembled de novo using only nanopore sequencing data. Nat. Methods, 2015,12（8）: 733-735.

[87] Jain M, Fiddes I T, Miga K H, et al. Improved data analysis for the MinION nanopore sequencer. Nat. Methods, 2015,12（4）: 351-356.

[88] Lu H Y, Giordano F, Ning Z M. Oxford nanopore MinION sequencing and genome assembly. Genomics, Proteomics and Bioinformatics, 2016,14（5）: 265-279.

[89] Venkatesan B M, Bashir R. Nanopore sensors for nucleic acid analysis. Nature Nanotechnology, 2011,6（10）: 615-624.

[90] Branton D, Deamer D W, Marziali A, et al. The potential and challenges of nanopore sequencing. Nature Biotechnology, 2008,26（10）: 1146-1153.

[91] Di Ventra M, Taniguchi M. Decoding DNA, RNA and peptides with quantum tunnelling. Nature Nanotechnology, 2016, 11（2）: 117-126.

[92] Xie P, Xiong Q H, Fang Y, et al. Local electrical potential detection of DNA by nanowire-nanopore Sensors. Nature Nanotechnology, 2012,7（2）: 119-125.

[93] McNally B, Singer A, Yu Z L, et al. Optical recognition of converted DNA nucleotides for single-molecule DNA sequencing using nanopore arrays. Nano Letter, 2010, 10（6）: 2237-2244.

[94] Anderson B N, Assad, O N, Gilboa T, et al. Probing solid-state nanopores with light for the detection of unlabeled analytes. ACS Nano, 2014,8（11）: 11836-11845.

[95] Ivankin A, Henley R Y, Larkin J, et al. Label-Free optical detection of biomolecular translocation through nanopore arrays. Biophysical Journal, 2015,108（2）: 331A.

[96] Chen C, Li Y, Kerman S, et al. High spatial resolution nanoslit SERS for single-molecule nucleobase sensing. Nature Communications, 2018, 9（1）: 1733.

[97] Feng J D, Liu K, Bulushev R D, et al. Identification of single nucleotides in MoS_2 nanopores. Nature Nanotechnology, 2015, 10（12）: 1070-1076.

[98] Lindsay S. The promises and challenges of solid-state sequencing. Nature Nanotechnology, 2016,11（2）: 109-111.

[99] Hall A R, Scott A, Rotem D, et al. Hybrid pore formation by directed insertion of α-haemolysin into solid-state nanopores. Nature Nanotechnology, 2010, 5（12）: 874-877.

[100] Kneipp K, Kneipp H, Kartha V B, et al. Detection and identification of a single DNA base molecule using surface-enhanced Raman scattering（SERS）. Physical Review E, 1998, 57（6）: R6281-R6284.

[101] Chen C, Hutchison J A, van Dorpe P, et al. Focusing plasmons in nanoslits for surface-enhanced Raman scattering. Small, 2009,5（24）: 2876-2882.

[102] Chen C, Ye J, Li Y, et al. Detection of DNA bases and oligonucleotides in plasmonic nanoslits using fluidic SERS. IEEE Journal of Selected Topics in Quantum Electronic, 2013, 19（3）: 4600707.

[103] Chen C, Hutchison J A, Clemente F, et al. Direct evidence of high spatial localization of hot spots in surface-enhanced Raman scattering. Angewandte Chemie-International Edition, 2009,48（52）: 9932-9935.

第三章
基于微纳机电系统的谱学分析传感器技术

第一节　概　　述

一、谱学分析传感器的定义与内涵

谱学分析仪器是科学仪器的重要组成部分，种类繁多，其中常用的谱学分析仪器包括色谱、质谱、离子迁移谱、红外光谱、拉曼光谱等。谱学分析仪器的应用并不局限于科学研究领域，在工业生产（如石油化工、地质勘探、煤炭冶金、安全生产等领域）、社会生活（如环境监测、食品安全、医疗健康、公共安全等领域）中有着十分广泛而重要的应用。近年来，随着食品安全、公共安全、生产安全、环境安全等领域对实时、现场、快速检测的需求日益增长，谱学分析仪器的小型化特别是传感器化已经成为一种发展趋势。

谱学分析传感器是基于微纳技术特别是基于 MEMS 技术，将传统谱学分析仪器的核心部件芯片化，并采用集成技术重新构建而成的具有对应谱学分析仪器分析检测功能的传感器。基于微纳技术实现谱学分析仪器的传感器化，能大幅度减小或降低其体积、质量、功耗，并缩减分析时间，以满足当前对谱学分析仪器实时、现场、快速检测的技术需要。目前，谱学分析传感器的研究涉及气相色谱、质谱、离子迁移谱、红外光谱、拉曼光谱等谱学分析仪器的传感器化。

二、谱学分析传感器的发展动力

谱学分析传感器的发展动力主要来源于三个方面。

首先，基础理论、关键技术的重大突破是谱学分析传感器发展的内在驱动力。例如，色谱技术发展可以追溯到 1906 年俄国植物学家茨维特（Tswett）的植物色素分离实验，但是该方法在随后的几十年内并未得到广泛使用，更未能形成商用仪器。直到 1941 年，马丁（Martin）和辛格（Synge）从热力学角度提出了色谱塔板理论，发明了分配色谱分析方法，加速了色谱技术的发展，两位科学家共同获得了 1952 年诺贝尔化学奖。三年后，美国珀金埃尔默（PerkinElmer）公司于 1955 年研制出世界上第一台商用气相色谱仪（Model 154 Vapor Fractometer），美国《分析化学》杂志（*Analytical Chemistry*）评价其为"一个自动分析的辉煌典范"。基础理论的创新对谱学分析仪器发展的驱动作用由此可见一斑。另外，关键技术的突破可推动谱学分析仪器功能的完善和性价比的提升，如 1958 年戈雷（Golay）发明了毛细管色谱柱，麦克威廉（McWilliam）和哈雷（Harley）发明了火焰离子化检测器（FID），极大地提高了气相色谱系统的分离效率和检测灵敏度，极大地拓展了气相色谱技术的应用，而 MEMS 技术的发展，首次实现了气相色谱核心部件（色谱柱和检测器）的芯片化，极大地降低了气相色谱系统的体积、质量和功耗。

其次，应用需求是谱学分析仪器演化发展的外在驱动力。20 世纪初期特别是第二次世界大战后，随着石油工业、人工合成材料、分子生物学等高技术的发展，迫切需要一种能对复杂混合物进行分离检测的分析手段，而色谱是分离技术中分离效率最高的一种分离方法，因此，气相色谱仪的诞生正好满足了当时工业和科学研究的需要。20 世纪 70 年代末，为了满足太空旅行和探测对功耗低、体积小、质量轻的气相色谱仪的需要，NASA 资助了微型气相色谱仪的研究，首次以硅为材料、基于 MEMS 技术研制气相色谱核心部件，并构建了基于 MEMS 的气相色谱仪，自此开启了硅基色谱技术的研究。基于 MEMS 的气相色谱仪也满足了当前诸多领域对复杂气体组分进行实时、现场、快速检测的需要。

最后，谱学分析仪器技术的发展是多学科融合的结果，如色谱仪器技术涉及分析化学、机械、电气、电子、计算机、MEMS 等学科领域。20 世纪 50 年代，美国正是依靠第二次世界大战期间所积累起来的精密机械、电气技术研制出了世界上第一台商用气相色谱仪。20 世纪 70 年代，电子技术发展日益成熟，美国珀金埃尔默公司进一步开发了由微处理器控制的气相色谱仪（Sigma 系列）。20 世纪 80 年代，美国珀金埃尔默公司开发出 8000 系列气相色谱仪，新增了实时色谱图的屏幕显示，美国安捷伦（Agilent）公司将电子流量/压力控制模块首次应用于气相色谱仪中，提高了气相色谱仪的自动化程度。20世纪90年代，美国珀金埃尔默公司推出了新一代气相色谱仪（AutoSystem™ GC），它集成了色谱和电子控制的最新成就，集成的自动进样器可以处理多达83个样品；进入21世纪以来，商业色谱仪普遍具有直观的图像用户界面、实时信号显示和多语言支持功能，仪器自动化程度进一步提高，更容易操作，另外，随着MEMS技术的日益成熟，安捷伦公司还推出了基于MEMS技术的便携式气相色谱仪（GC 490）。

综上所述，基础理论和关键技术的突破、应用需求的牵引、多学科的交叉融合共同推动了谱学分析仪器的发展。而微纳技术特别是MEMS技术的发展，当前实时、现场、快速检测技术等应用需求共同推动了谱学分析仪器向谱学分析传感器发展。

第二节　发展现状与发展态势

一、谱学分析传感器的发展现状

（一）气相色谱分析传感器

气相色谱是一种经典的混合气体按速度分离、进行定性和定量气体成分分析手段。当流动相中样品混合物经过固定相时，由于各组分在性质和结构上的差异，所以与固定相相互作用的类型、强弱存在差异，因此在同一推动力的作用下，不同组分在固定相中滞留时间长短不同，各组分按照先后顺序从固定相中流出并依次被检测，从而实现了对样品混合物的分离分析。

色谱柱和检测器是气相色谱仪的核心部件。气相色谱分析传感器的难点在于：第一，核心部件的芯片化，即如何将传统气相色谱仪十几米甚至几十米长的宏观色谱柱，在保持其分离效果的前提下用芯片化色谱柱来替代，如何实现高灵敏度检测器的芯片化；第二，核心部件芯片的集成，即将核心部件芯片集成在一起，构建一个集成式气相色谱分析传感器。

微色谱芯片的研究可以追溯到1979年，美国斯坦福大学的Terry等首次在硅基底上制造圆形螺旋形色谱柱，如图3-1（a）所示。色谱柱长1.5 m，宽200 μm，深30 μm，能在10s内有效分离包含正戊烷、甲基戊烷、正己烷、2,4-二甲基戊烷、1,1,1-三氯乙烷、环己烷、正庚烷烷烃的混合物组分[1]。

2005 年，美国密歇根大学 Edward T. Zellers 小组制作了方形螺旋结构微型色谱柱，色谱柱长 3 m、宽 150 μm、深 240 μm，如图 3-1（b）所示。该正方螺旋形色谱柱能有效分离包含三氯乙烯、甲苯、四氯乙烯、乙酸正丁酯、间二甲苯、苯乙烯、正壬烷、均三甲苯、3-辛酮、正癸烷及八甲基环四硅氧烷（D4）11 种成分的混合物[2]。2007 年，西班牙巴塞罗那大学的 Casals 小组设计了一种正八边形螺旋结构的色谱柱，色谱柱长 1 m，深 200 μm，宽 200 μm，如图 3-1（c）所示。该微型色谱柱结合三氧化钨（WO_3）或氧化锡（SnO_2）纳米材料气体传感器，可有效监测浓度在 0.2～5 ppm（10^{-6}，parts per million）的二甲胺和三甲基胺[3]。

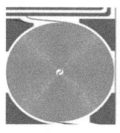  

(a) 圆形螺旋[1]　　　　(b) 方形螺旋[2]　　　　(c) 正八边形螺旋[3]

图 3-1　微色谱柱结构图

而近年来，越来越多的研究小组在设计和制作微型色谱柱时采用蛇形沟道布局[4]，如图 3-2 所示。Radadia 等设计并制备了圆形螺旋结构、正方形螺旋结构和蛇形结构三种微型色谱柱，并测试比较它们的理论塔板数，如图 3-3 所示。在相同条件下，蛇形色谱柱具有更尖锐的谱峰、更高的理论塔板数[5]，主要原因在于螺旋结构微型色谱柱包含有指向内部中心较小的曲率半径和指向柱末端较大的曲率半径。因为分析物从柱入口到出口所经历的环境不对称，所以会产生竞流效应和虚假峰，降低了其分离性能。

图 3-2　蛇形微色谱柱[4]

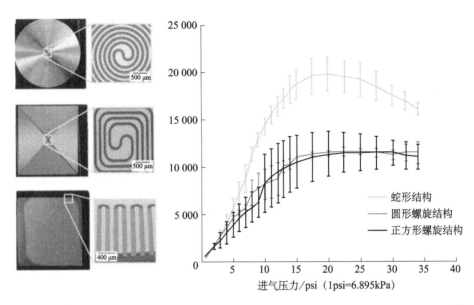

图 3-3 圆形、正方形螺旋结构和蛇形结构三种色谱柱在相同条件下的理论塔板数比较 [5]

　　根据沟道结构内有无填充物或微结构，微型色谱柱可以分为开管式、填充式和半填充式。早期研究中多采用开管式 [6]，填充式微色谱柱研究较少 [7]，而近期研究多集中于半填充式，这也是微色谱柱特有的。与开管式微型色谱柱相比较，填充式微型色谱柱具有更大的表面积、更大的柱容量等，但是由于存在涡流扩散效应，降低了其理论塔板数，且需要较大的柱前压。为此，美国弗吉尼亚理工大学的 Ali 等提出了一种含有方形微柱阵列的半填充式微型气相色谱柱的结构 [8]，如图 3-4 所示，方形微柱边长 20 μm，微柱与微柱间距 30 μm。中国科学院电子学研究所孙建海等提出了一种含有圆形微柱阵列的半填充式微型气相色谱柱结构 [9]，如图 3-5 所示。由于采用了圆形微柱且弯道中无微柱分布，其流速分布更为均匀，其理论踏板数达 9500（单位：塔板数 / 米，plates/m）。中国科学院上海微系统与信息技术研究所冯飞等设计了一种新型半填充微气相色谱柱结构，在微型色谱柱微沟道内嵌有排列整齐的椭圆微柱阵列 [10]，如图 3-6 所示。与现有半填充柱相比，由于椭圆微柱具有流线型的结构，这种新型的微型色谱柱的微沟道具有更大的表面积、更均匀的流速场分布和更低的柱前压，利用该微型色谱柱成功分离了烃类混合气体组分。为了获得更大的柱内表面积，冯飞等进一步提出在高深宽比的微沟道内构筑高比表面积的介孔硅作为固定相支撑层 [11,12]，大幅改善了微色谱柱的分离性能。

图 3-4　含有方形微柱阵列的半填充式微型气相色谱柱 [8]

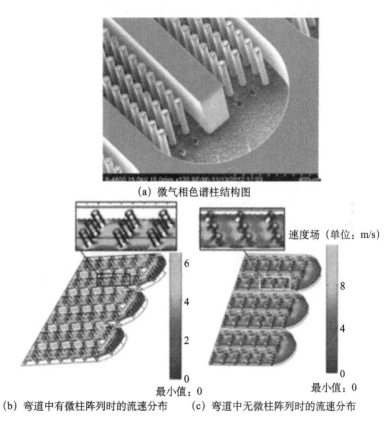

（a）微气相色谱柱结构图

（b）弯道中有微柱阵列时的流速分布　　（c）弯道中无微柱阵列时的流速分布

图 3-5　含有圆形微柱阵列的半填充式微型气相色谱柱 [9]（文后附彩图）

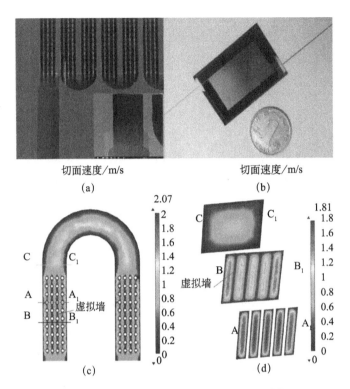

图 3-6 含有椭圆微柱阵列的半填充式微型气相色谱柱 [10]（文后附彩图）

（a）结构图；（b）微色谱柱芯片图；（c）（d）微沟道内的流速分布

气相色谱仪检测器有很多种，如热导检测器、氢火焰离子化检测器、电子捕获检测器和火焰光度检测器等，其中，芯片化最为成功的是热导检测器。Kaanta 等 [13] 提出了一种优化的微热导检测器结构，热敏电阻由介质薄膜支撑悬浮于微沟道中，微沟道由 KOH 湿法腐蚀而成，如图 3-7 所示。Masoud Agah 等 [14] 提出了一种新的悬浮式微热导检测器结构，热敏电阻呈螺旋状悬浮于微沟道中，如图 3-8 所示。Feng 等 [15] 提出了一种三明治结构的微热导检测器结构，如图 3-9 所示，热敏结构由绝缘衬底上的硅片（silicon-on-insulator, SOI）的顶层硅支撑着，热敏结构结实可靠，提高了器件的灵敏度。总之，基于 MEMS 技术加工制作的热敏结构具有好的热隔离性能，小的死体积，因而具有更低的检测限。

图 3-7 KOH 湿法腐蚀释放的热敏结构 [13]

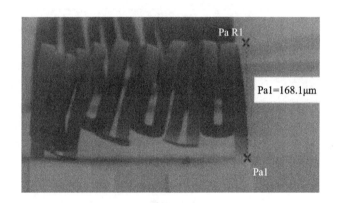

图 3-8 螺旋状悬浮于微沟道中的热敏结构 [14]

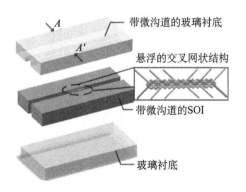

图 3-9 具有三明治结构的微热导检测器 [15]

色谱核心部件芯片集成的方式有两种。一是混合集成，即将色谱柱和色谱检测器通过毛细管、连接器组合在一起，最后通过检测与温控电路实现其功能。虽然这种集成方式实现了气相色谱仪的微型化（micro gas chromatograph, μGC），但分立的部件芯片会占用更多的面积，还会降低系统的稳定性，此外，毛细管和连接器会增加死体积，从而导致检测器的灵敏度下降。二是单片集成，即将色谱柱和色谱检测器集成在同一块芯片上，消除了连接器带来的多余死体积，可进一步提高色谱系统的稳定性和灵敏度。

从 21 世纪初开始，越来越多的研究机构致力于制造性能优异的集成式 μGC，2005 年，美国密歇根大学无线集成微系统中心制作了第一代堆叠式 μGC[2]，如图 3-10 所示，该系统由气流校样器、多级预浓缩器、分离色谱柱和化敏电阻检测器阵列构成，通过石英玻璃毛细管连接各器件并使用环氧树脂进行堆叠封装。

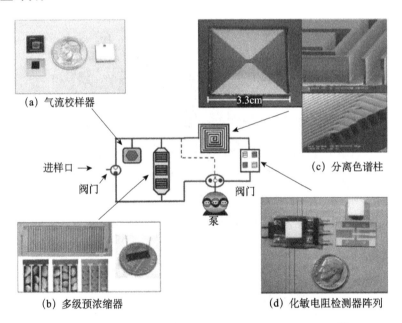

(a) 气流校样器

(c) 分离色谱柱

进样口

阀门

阀门

泵

(b) 多级预浓缩器

(d) 化敏电阻检测器阵列

图 3-10　第一代堆叠集成式微型气相色谱分离检测芯片 [2]

2014 年，密歇根大学又相继推出了两代堆叠集成式微色谱芯片（iGC1[16] 和 iGC2[17]），这两代 iGC 结构均采用了基于微放电原理的气体检测器，这种检测器结构简单易于制作，特别适合应用在集成芯片中，相对于商用的 FID 检测器，新的检测器不需要通入氢气来发生电离。如图 3-11 所示，iGC2 结构去除了第一代堆叠芯片的气流校样器，用克努森微泵来实现系统的自动进样。

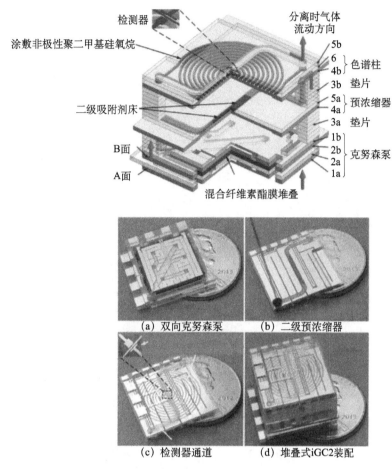

图 3-11　iGC 堆叠集成式微气相色谱分离检测芯片[17]

　　由于集成器件数量的增多和复杂程度的增加，iGC3[18] 结构采用了平铺级联的集成方式（图 3-12），该系统使用了两个叉齿结构的电容式气体检测器，通过后期的算法处理可以将两个重叠的峰分离开，从而极大地提高了系统的检测灵敏度。堆叠集成式的微气相色谱系统虽然具有很高的便携性和灵敏度，但其结构的复杂性和后处理堆叠封装工艺的难度使得它并不能适应 μGC 系统稳定化和可批量化生产的发展趋势。

　　弗吉尼亚理工大学将热敏电阻做在 μGC 色谱柱的沟道中实现了色谱柱和检测器的单片集成[19]，两个参考电阻在色谱柱的入口端，另外两个测量电阻在色谱柱的出口端（图 3-13），这种结构巧妙地将系统的端口数减少到两个，同时两个测量臂和参考臂的引入也使得测得的信号值比单臂电桥结构大一

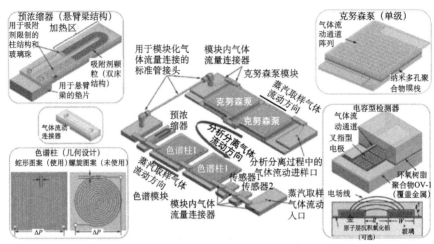

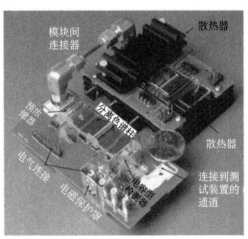

图 3-12 平铺级联式微气相色谱分离检测芯片 [18]

倍，从而提升了检测器的灵敏度。值得注意的是，在低压的操作环境下，两个电阻周围的气体流速只有很小的差别。此外，气流端口从传统的四个减少到两个，这就使得整个芯片的面积和气流连接部分的数量减小，也就增强了器件的鲁棒性。然而，在该集成结构中，热敏电阻制作在玻璃衬底上，降低了设计和制作难度，同时也降低了器件的性能。为解决上述问题，中国科学院上海微系统与信息技术研究所冯飞等提出了一种带有悬浮热敏电阻结构的集成色谱分离检测芯片设计方法，提升了热敏电阻的隔热性能，实现了对轻烃类气体的高效分离 [20]。

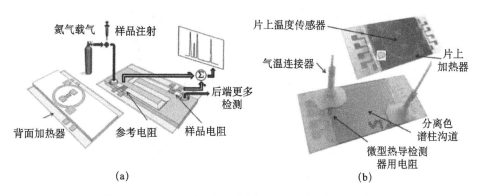

氮气载气　样品注射

后端更多检测

背面加热器　参考电阻　样品电阻

(a)

片上温度传感器

气温连接器

片上加热器

分离色谱柱沟道

微型热导检测器用电阻

(b)

图 3-13　两端口单片集成微气相色谱分离检测芯片 [19]

（二）质谱分析传感器

质谱仪具有高灵敏度、高分辨率、高准确度、特异性好等优点，在医药、化工、生命科学等领域得到了广泛的应用。质谱仪一般由进样系统、离子源、质量分析器、检测系统组成，其中离子源和质量分析器是质谱仪的核心部件。其基本原理是：待测样品在离子源中形成离子，通过离子传输系统进入质量分析器中，不同荷质比的离子在电场或磁场的作用下运动轨迹不同，到达检测器的时间不同，经过数据处理得到质谱图，进而确定其质量。

目前商用质谱仪多用于研究，仪器体积大，功耗高，前处理复杂，维护费用高，需要专业人员操控，所以适用于实验室分析。然而目前野外现场测试、食品药品安全检测、爆炸物和毒品检测、矿质勘探和核能利用等领域迫切需要能现场使用的小型化质谱仪。因而基于 MEMS 技术将质谱仪的核心部件芯片化，进而实现一种集成式的质谱分析传感器已经成为当前质谱领域研究的重点和热点 [21-23]，目前的研究还主要处于对其核心部件进行单独微型化的研究阶段。

离子源是将样品离子化为带电荷的样品离子，质谱仪的离子源有很多类型，如电子轰击离子源、电喷雾离子源、大气压化学电离源、基质辅助激光解吸离子源、介质阻挡放电离子源等。在众多离子源中，对电喷雾离子源的研究最多，由于电喷雾离子源的主体是一根管径为数百微米的毛细管，其离子化样品的效率与样品溶液的流速无关，只与溶液浓度有关，减小电喷雾离子源的管径可以降低流速，降低样品消耗，提高离子化效率。因此，在原理和结构上电喷雾离子源都是较好的微型化的选择。目前国际上已经出现了很多同微型样品分离系统耦合集成的 ESI 芯片，如 Yin 等 [24] 研发的同高效液相柱耦合并集成的 ESI 芯片，如图 3-14 所示。Foret 等 [25] 也研发出同毛细管电泳技术耦合并集成的 ESI 芯片。

图 3-14　同液相色谱柱集成的 MEMS ESI 芯片源[24]

　　质量分析器是将不同荷质比的样品离子分离开的装置，常见的几种类型的质量分析器有：扇形磁分析器、飞行时间分析器、四级杆分析器、离子阱分析器等。离子阱分析器由于结构简单、能在较高气压下工作等，是目前最常见的应用于芯片集成的质量分析器。美国普渡大学的 Cooks 教授利用钨镶嵌技术和化学气相沉积技术成功将 10^6 个 1 μm 的微型圆柱形离子阱集成到了一个芯片上[26,27]（图 3-15）。除圆形离子阱之外，Yu 等[28]研发出了微型矩形离子阱，Stick 等[29]研发出了微型平面离子阱，等等。

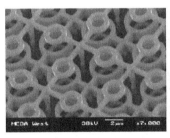

图 3-15　MEMS 圆柱形离子阱质量分析器[26]

　　离子检测器作为质谱仪的一个重要组成部分，也在微型化方面上取得了一些进展。一般使用法拉第筒或二次电子倍增器作为质谱仪的离子检测器。由于法拉第筒具有结构简单、稳定性好、量程大、易于微型化等优点，且在从真空到大气压的环境下都能工作，目前 MEMS 离子检测器一般选用的是法拉第筒检测器。Stoner 等[30]已经研用深反应离子刻蚀（deep reactive ion etching, DRIE）工艺设计出了法拉第筒阵列，如图 3-16 所示。此外，Blain

等[31]也研发出了与微圆柱形离子阱阵列质量分析器耦合的法拉第筒检测器，清华大学唐飞等[32]也研发出了阵列法拉第筒检测器，等等。

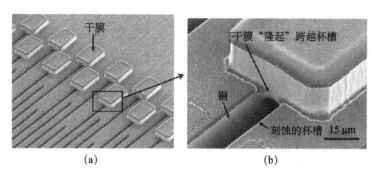

图 3-16　MEMS 法拉第筒阵列离子检测器[30]

随着对上述分离组件的研究不断深入，国外目前已经出现了集成式质谱分析传感器：Hauschild 等[33]研发出了传感器化的 MEMS 飞行时间质谱仪，如图 3-17 所示；Reinhardt 等[34]也研发出了传感器化的平面集成质谱分析传感器。

图 3-17　MEMS 飞行时间质谱仪（图右）与硬币对比图[33]

（三）离子迁移谱分析传感器

离子迁移谱（ion mobility spectrometry, IMS）技术是从 20 世纪 60 年代末发展起来的一门检测技术，它基于离子迁移时间的差别对离子进行分离定性。特别适合用于挥发性有机物（如毒品、炸药、化学毒剂等）的痕量检测，其分析灵敏度可以达到 ppb（10^{-9}, parts per billion）量级。一个基本的 IMS 系统由七大部分组成：离子迁移管、气路系统、样品制备系统、控制系统、电源系统、温度控制器和数据处理系统。其中，离子迁移管是 IMS 的核心部件，包括离子化区、离子门、迁移区、检测器四个部分。工作时，样品分子在载气带动下进入离子化区形成离子。当离子门打开时，离子进入迁移区，在与逆流气体分子不断碰撞的过程中，由于这些离子在电场中各自的迁移速率不同，离子得到分离，先后到达检测器，进而转化为电流信号，经过放大后进入数据处理系统。近年来，高场强非对称波形离子迁移谱仪（high-field asymmetric waveform ion mobility spectrometry, FAIMS）受到研究者的高度关注，它利用高场强下离子迁移率对电场强度的变化来分离不同种类的化合物。

MEMS 技术的发展为离子迁移管的微型化提供了机遇。基于 MEMS 技术能有效减小迁移管尺寸，大幅度减小电极间距，从而降低对分离电压的要求；同时，制作工艺简单，有利于该核心部件的量产。MEMS 技术让 FAIMS 首次从以往的分析仪器从属地位中分离出来，成为能够实现独立检测功能的气相检测仪器而被广泛研究。

平板式 FAIMS 迁移管 MEMS 制作工艺步骤是在玻璃上用光刻工艺制作出电极，然后用硅玻璃键合出一个密封的腔体。美国查尔斯・斯塔克・德雷珀（Charles Stark Draper）实验室 Raanan A.Miller 等基于 MEMS 技术设计了第一台射频离子迁移谱仪（radio-frequency ion mobility spectrometer, RF-IMS），迁移管中两块硼硅玻璃相对放置，并利用硅条将两块玻璃键合成一个整体，电极通过溅射或剥离（lift-off）工艺制作在硼硅玻璃的内侧，离子源采用真空紫外灯[35]，如图 3-18 所示。结果显示检测数量级在 ppb，例如，能检测在传统飞行时间离子迁移谱仪中未解析的二甲苯异构体等化学物质。

2009 年，欧尔斯通（Owlstone）公司 Shvartsburg、Boyle 等基于 MEMS 技术设计了长 115 mm、宽 35 μm、深 300 μm 的 FAIMS 微芯片[36]（图 3-19）。35 μm 的沟道间隙，使其电场强度可达 61 kV/cm，而数量多达 47 个并行沟道可以同时进行离子处理，极大地提高了平面 FAIMS 充电容量限制；同时分离速度提高了 50～500 倍，能在 20 μs 内过滤离子。

2012 年，英国欧尔斯通公司的威尔克斯特（Wilkst）、博伊尔（Boyle）等将深刻蚀工艺（DRIE）用于离子迁移管加工，离子迁移管（图 3-20）在面积为 1.2mm^2 芯片上刻蚀出长 37 mm 的蛇形沟道[37]。该芯片由高温共烧陶瓷（high-temperature co-fired ceramic, HTCC）封装，可以用于痕量挥发性有机化合物（volatile organic compound, VOC）和有毒工业化学品（toxic industrial chemical, TIC）的检测。

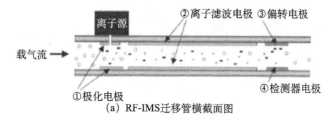

(a) RF-IMS迁移管横截面图

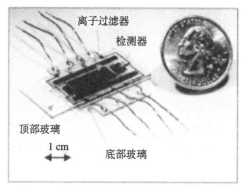

(b) 微型RF-IMS芯片图

图 3-18　RF-IMS 示意图与芯片照片 [35]

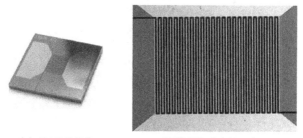

(a) FAIMS芯片　　　　(b) 芯片沟道布局示意图

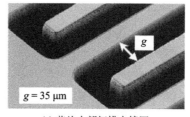

(c) 芯片内部扫描电镜图

图 3-19　FAIMS 芯片结构 [36]

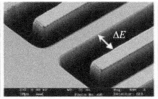
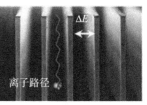

(a) 离子迁移管封装图　　(b) 离子迁移管沟道扫描电镜图　　(c) 沟道截面扫描电镜图及离子
通过沟道时的示意图

图 3-20　FAIMS 离子迁移管 [37]

　　中国科学院电子学研究所针对化学毒剂检测需求及我军防化装备现状，开展了化学毒剂的电喷雾电离离子迁移谱（ESI-IMS）技术与装置的研究（图3-21），突破了高效样品电离、漂移管整体封接、集成气路设计制备、浓缩进样、系统控制及信号处理等关键技术，研制出便携式和手持式离子迁移率谱仪（IMS）样机（图 3-22），可实现单漂移管正负离子模式切换，具备同时检测沙林、梭曼、芥子气等毒剂的功能 [38-40]。该技术已于 2016 年实现转让，转让经费为 760 万元。此外，清华大学 [41]、浙江大学 [42] 等单位也开展了相关研究。

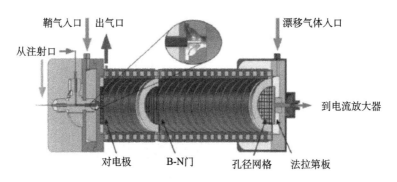

图 3-21　电喷雾离化 IMS 示意图 [38]

(a) 便携式IMS样机　　　　(b) 手持式IMS样机

图 3-22　便携式 IMS 和手持式 IMS 样机

（四）傅里叶红外光谱分析传感器

红外光谱是反映物质和红外光之间相互作用的图谱，红外光谱可以分为红外发射光谱和红外吸收光谱。研究红外光谱多采用吸收光谱法，主要是由于每种分子都有其独特的红外吸收光谱。红外光谱仪能够通过探测分子的红外指纹吸收谱对物质进行成分识别与浓度测定。其中，通过测量干涉图和对干涉图进行傅里叶变换来测定红外光谱的方法称为傅里叶红外光谱法。计算机技术的发展和快速傅里叶变换算法的提出，加快了傅里叶变换红外光谱仪的发展。傅里叶变换型红外光谱仪可以对无机物、有机物、聚合物等进行定性或定量检测，还可以对未知物进行检测，在环境监测、未知物探测与识别等方面发挥着巨大作用。MEMS 技术的发展，可以将傅里叶红外光谱仪微型化，进一步缩小红外光谱仪的体积、降低功耗，使发展一种集成式傅里叶红外光谱分析传感器成为可能。

2009 年，美国佛罗里达大学 Xie 等 [43] 研制出基于电热驱动 MEMS 反射镜的傅里叶变换光谱仪。其扫描微镜驱动装置由刚性框架和铝 / 氧化硅（Al/SiO$_2$）双材料热驱动梁构成（图 3-23），可以实现对扫描微镜倾斜和横向偏移的补偿，微镜的最大扫描范围可达 261 μm。

图 3-23　电热驱动大行程微镜扫描电镜图 [43]

2013 年，重庆大学的陈建军等 [44] 提出一种基于 MEMS 微镜的小型傅里叶变换光谱仪。系统使用了可编程 MEMS 微镜和改进型的迈克耳孙（Michelson）干涉仪，利用可编程 MEMS 微镜将不同光程差的相干光反射到不同的单点探测器上记录下来得到干涉图（图 3-24）。

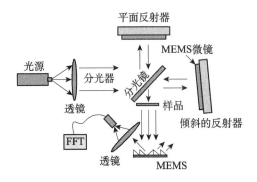

图 3-24　基于 MEMS 微镜的小型傅里叶变换光谱仪结构示意图 [44]

2016 年，艾因·夏姆斯大学 Erfan 等制造出基于 MEMS 技术的新型宽波谱光谱仪，该微型光谱仪的核心部件是基于深刻蚀技术的迈克耳孙干涉仪芯片。实验测试表明，该光谱仪的波长范围为 1200～4200 nm[45]（图 3-25）。

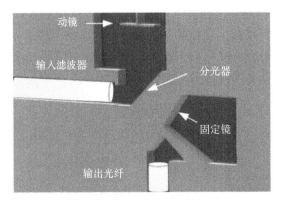

图 3-25　迈克耳孙干涉仪芯片的扫描电镜图 [45]

中国科学院电子学研究所提出了基于铌酸锂（$LiNbO_3$）电光调制光波导的傅里叶变换芯片光谱仪概念和 $LiNbO_3$ 波导器件半波电压色散方程的傅里叶变换光谱反演新方法[46]，解决了波导色散特性使傅里叶变换复杂化的问题。针对 $LiNbO_3$ 电光调制波导的半波电压色散曲线的微小漂移导致的光谱测量误差，提出了一种校准电光调制波导器件半波电压色散曲线的方法，提高了傅里叶变换光谱测量精度（图 3-26）。在提高 $LiNbO_3$ 电光调制光波导 FT-IR 光谱分辨率方面，实验室设计与制备了钛扩散 $LiNbO_3$ 脊形光波导（图 3-27），获得了钛扩散 $LiNbO_3$ 单模波导电光重叠积分因子的波长依赖特性。

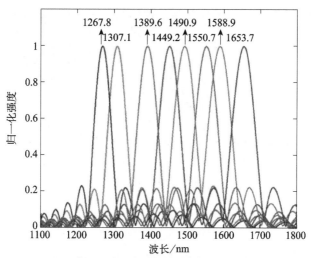

(a) 基于LiNbO₃波导电光调制器的FT-IR样机原理

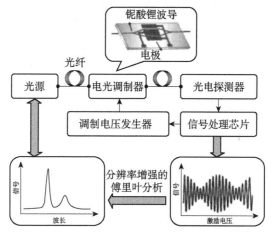

(b) 对不同波长DFB激光器输出光信号进行测量得到的复原光谱

图 3-26　基于 LiNbO₃ 波导电光调制器的 FT-IR 样机原理框图和对不同波长 DFB 激光器输出光信号进行测量得到的复原光谱 [46]

此外，2017 年，根特大学 Nie 等 [47] 还提出了一种基于氮化硅波导平台的傅里叶变换光谱传感器芯片。总之，上述研究为将来实现微型静态集成式傅里叶红外光谱分析传感器的实用化奠定了基础。

（五）拉曼光谱分析传感器

1928 年，印度物理学家拉曼（Raman）发现了光的拉曼散射效应，基

 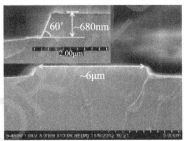

(a) 铬掩模和钛扩散铌酸锂脊形波导　　(b) 钛扩散铌酸锂脊形波导横截面

图 3-27　扫描电镜照片 [47]

于该效应人们建立了拉曼光谱分析技术。与其他分析技术相比较，拉曼光谱技术具有分析速度快、不需对样品进行处理、所需样品量少等优点。由于常规拉曼效应信号微弱，所以不能满足高灵敏度检测的需求。表面增强拉曼散射（surface enhanced Raman scattering, SERS）技术的出现解决了这一问题。SERS 是指吸附在具有一定粗糙度的金属表面的分子，尤其对含氮的杂环分子的拉曼散射截面积比常规拉曼散射截面积有几个数量级的增加，甚至可以达到 $10^{10} \sim 10^{11}$ 倍的现象。因此，基于 SERS 技术可使得原本微弱的拉曼信号得以放大。研制一种高灵敏度、稳定且可重复的 SERS 基底是实现高灵敏度拉曼光谱检测的关键。

贵金属金、银的类球形纳米粒子由于制备方法成熟、简单方便、增强效果好而成为使用最广泛的 SERS 基底。该基底为胶体状，纳米粒子直径一般为 10～100 nm，可通过调节还原剂的反应参数（反应时间、反应温度和还原剂的用量等）来控制粒径和粒子形貌。为了使得纳米粒子的局域表面等离子共振（localized surface plasmon resonance, LSPR）能够与所用的激光更好地匹配，从而达到更好的增强效果，各种形状的纳米粒子被合成出来：纳米星 [48]、纳米棒 [49]、纳米片 [50]、纳米立方体 [51]、纳米花 [52] 等（图 3-28）。这种 SERS 基底的不足之处是信号稳定性较差，重复性相对较低。

图 3-28　具有各种形状的贵金属纳米粒子 SERS 基底 [48-52]

在通常状况下，SERS 的信号增强是电磁场增强作用与化学增强作用的共同结果。而单个分子拉曼散射光谱检测的必要条件是具有极强的电磁场增强[53]，而电磁场的增强又与"热点"息息相关。"热点"来源于两个或多个具有表面等离子体效应的物体的相互作用，要求至少有一个物体具有非常小的纳米曲率半径。这样的结构可以使入射电磁场聚焦，有效地增强纳米结构上的近场强度。2008年，Fang等[54]通过光子烧孔实验得到增强因子的来源，即基底上局域增强因子对全部的平均增强因子的贡献：约25%的SERS信号来源于少于0.01%的分子，而这些分子在基底上的局域增强因子超过10^9。

随后，人们通过纳米制备技术构筑了多种多样的可控、灵敏及可靠的SERS活性基底（图3-29）。通过在玻璃上热蒸镀金属膜就能获得随机纳米尺度的粗糙度[55]，如图3-29（a）所示，这种方法不能控制热点的位置、形貌和密度，但制备的基底具有厘米级的尺寸，且有较大的增强因子（约10^8）。Diebold等[56]通过飞秒激光刻蚀技术将热点孤立在纳米结构表面，如图3-29（b）所示。纳米球刻蚀（nanosphere lithography，NSL）技术通过往二氧化硅（SiO_2）或聚苯乙烯（PS）纳米粒子组装而成的具有蜂窝状致密排列结构的二维模板上蒸发金属，随后用剥离工艺移除模板，使得剩余部分组成如图3-29（c）所示的形貌[57]。同样，电子束刻蚀（electron beam lithography, EBL）技术也可有效控制基底的形貌及纳米结构之间的间隙[58]，如图3-29（d）所示。该技术可通过调控蒸镀时的角度将间距的可控范围最小缩至1～2 nm。通过将刻蚀和牺牲模板法相结合，如图3-29（e）所示，在多孔氧化铝模板中生长多层的金-银（Au-Ag）或者金-镍（Au-Ni）双金属纳米线，通过湿法腐蚀刻蚀掉一种金属，即可使得剩余的金属纳米结构间距缩小至5 nm[59]。Halas小组通过电化学方法（电迁移）在"领结"纳米结构的尖端重排原子的位置，搭建了纳米桥结构，使得纳米空隙减小到0.1 nm到几纳米[60]，在该结构纳米空隙处采得的SERS光谱具有非常高的增强，如图3-29（f）所示。Lopeza小组通过压印技术制备了具有周期阱结构的基底，当溶胶挥发时，溶液中的对流力使得金纳米球悬停在周期阱中，如图3-29（g）所示，得到了长程有序的SERS基底[61]。如图3-29（h）所示，Hu等[62]也通过压印的方法制备了金纳米指结构，被检测分子便会悬停在纳米指阵列之间，也就是"热点"位置，增强因子可以达到2×10^{10}。图3-29（i）～（k）显示的是一种壳孤立纳米粒子，利用粒子之间的电磁场耦合也可以达到增强SERS信号的目的[63]。

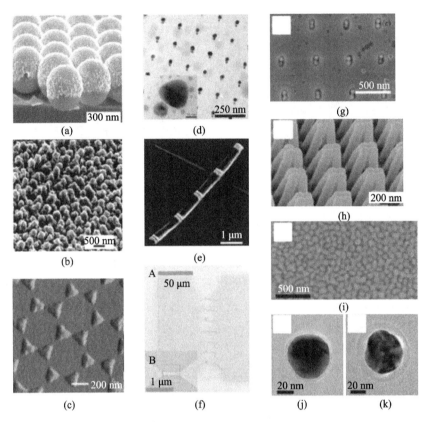

图 3-29　SERS 基底上的不同纳米结构[55-62]（文后附彩图）

　　Nam 等通过调控氯化钠（NaCl）溶液的浓度来控制反应速度，从而形成可控的金银纳米颗粒二聚体"纳米雪人"，如图 3-30（a）所示[64]。除此之外，石墨烯和二硫化钼（MoS_2）这类二维层状结构材料也被发现具有一定的拉曼增强能力[65,66]。最近，也有研究人员制备了在单个纳米粒子外面包覆石墨烯的新颖结构——石墨烯壳层隔绝的银铜合金（AgCu@graphene, ACG）纳米粒子，如图 3-30（b）所示[67]，在银铜合金纳米粒子的表面上生长几层石墨烯，能够有效地保护银表面不被氧化。另外，研究人员用装满纳米粒子溶胶的钢笔直接书写[68]或喷墨打印[69]制备 SERS 基底，"墨水"为贵金属粒子溶胶。

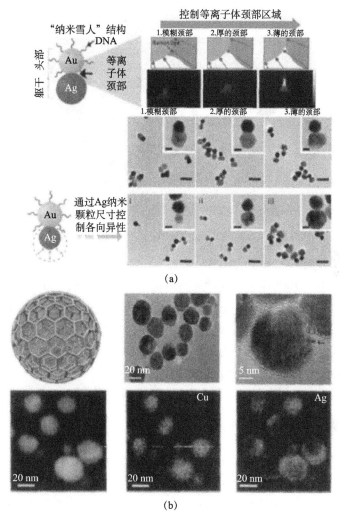

图 3-30 一些新颖的复合物基底结构 [64,67]

　　中国科学院电子学研究所将磁性纳米材料的快速分离与靶向作用和贵金属纳米粒子诱导的超高灵敏度 SERS 检测技术有机结合，实现二者功能的互补、优化，在利用磁示踪、富集、分离目标分析物的同时，还可以对其组分进行实时检测分析（图 3-31）。

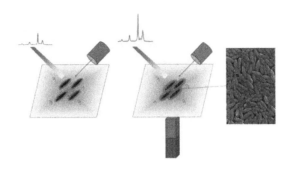

图 3-31　磁性纳米材料/贵金属纳米粒子复合微纳结构 SERS 检测示意图

二、谱学分析传感器的发展态势

谱学分析仪器的传感器化的首要任务是将谱学分析仪器中核心部件芯片化：基于微纳技术特别是 MEMS 技术，以硅为衬底设计、制备谱学分析仪器的核心部件，大幅度降低谱学分析系统的体积、质量和功耗。比如，基于 MEMS 技术将气相色谱仪的核心部件色谱柱、检测器芯片化，相应的体积、质量和功耗可降低 1~2 个数量级。其次是集成化：谱学分析核心部件之间、核心部件与相关的电路、气路及其他机械结构进行混合集成，最终形成具有分析检测功能的谱学分析传感器。

以气相色谱分析传感器和质谱分析传感器为例，分别以关键词"gas chromatography AND MEMS"和"mass spectrometer AND MEMS"在 www.isiknowledge.com 网站进行搜索，并按照国别进行了统计分析，结果分别如图 3-32 和图 3-33 所示。结果表明，我国在研究论文的数量方面已进入世界前列，但仍远落后于美国。

实际上，对其他谱学分析传感器也有类似情况。总的来说，美国在谱学分析传感器的研究方面处于引领地位，原创性研究多，而我国的研究起步比较晚，大多属于跟随研究，近几年随着科研投入的增加，呈现出追赶趋势，为未来赶超奠定了较好的基础。

我们应进一步加强对基础研究、应用基础研究的投入，力争在谱学分析传感器方面取得更多的原创性研究成果。针对当前学科交叉不足的问题，要着力打造多学科交叉融合发展的创新平台，让具有不同学科背景的研究人员紧密合作，共同推动谱学分析传感器的研究向纵深发展，只有这样，我们才能缩小与美国等国家之间的差距甚至超越它们。

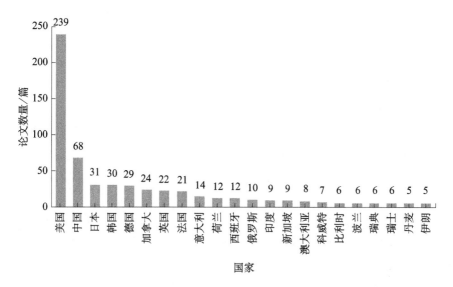

图 3-32 世界一些国家气相色谱分析传感器研究论文分布情况

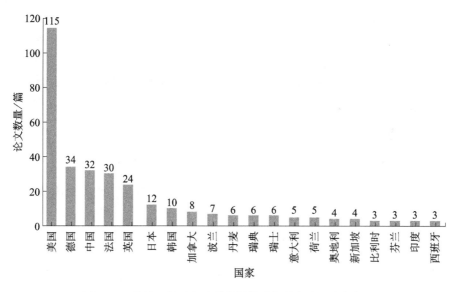

图 3-33 世界一些国家质谱分析传感器研究论文分布情况

第三节　发展思路与发展方向

一、谱学分析传感器的关键科学问题

当前恶性环境事故和恐怖袭击事件频发，这就对针对有毒有害和危险生化品提供快速、灵敏检测和准确识别的技术与装备提出了迫切需求，因此，将笨重的传统谱学仪器传感器化成为未来5~10年必须要解决的问题。要实现这一目标，需要解决两个关键科学问题。

（1）基于微纳技术，将传统谱学仪器中的核心部件芯片化，进而基于集成技术形成新一代谱学分析传感器，这也是当前分析仪器传感器化研究领域的热点内容之一。积极探索新的敏感机理、敏感材料和器件结构，保持谱学仪器在芯片化、微型化的过程中检测性能不降低或少降低，是研制新一代谱学分析传感器必须要解决的一个关键科学问题。

（2）由于面对混杂的生化检测环境，任何单一原理的检测方法都难以给出全面准确的分析结果。因此，将多种谱学集成式分析传感器有机结合起来，形成集成谱学传感微系统，并积极探索不同谱学原理间的协同感知方法及多谱学信息融合、解耦和判定机制，从而克服单一检测原理的传感器缺陷，以更高的灵敏度来更准确地探测混杂环境中低剂量和难以检测的各种有毒有害物质，是另外一个亟须解决的关键科学问题。

二、谱学分析传感器的发展总体思路和发展目标

坚持问题导向，以国家亟须解决的问题作为牵引，整合国内优势单位，梳理和整理谱学分析传感器发展中亟须解决的问题，一手抓核心关键部件芯片的研发，一手抓通用模块集成和系统集成，最终实现谱学分析传感器关键技术自主可控，为国民经济和社会发展提供技术支撑。

在谱学分析传感器的发展过程中，我们应紧盯以下发展目标。

（1）各种谱学分析传感器的核心部件芯片研制，以及核心部件芯片与电路等配套模块之间的混合集成问题是必须要花大力气去解决的问题。

（2）混谱检测系统中不同谱学原理间的协同感知方法及多谱学信息融合、解耦和判定机制。面对混杂的生化检测环境和痕量检测目标，任何单一原理的检测方法都难以现场快速给出全面准确的分析结果。然而，多种谱学单元的简单组合缺乏协同检测机制，反而会使有效的检测对象特征信息淹没

在大量的干扰信号和冗余信息中，并不能有效提高检测效果。并且，集成混谱微系统不同谱学单元获得的数据离散无序，缺乏智能判定，无法直接判定检测目标信息，因而需要建立多维信息空间映射模型和强泛化能力的决策方法。

（3）由于不同谱学有不同的原理，每个谱学单元结构在微型集成化过程中，具有不同的结构按比例缩小规则（scaling-down rule）和微纳尺度效应，需要在体积功耗等限制条件下，建立极限压缩下的"超越摩尔"优化布局规则。在保持单个谱学检测的性能不降低或少降低的情况下，建立联合谱学检测的原理和机制，实现检测识别能力的提升。

（4）混谱检测微系统的多材料复杂结构异质巨集成方法。需要在"自上而下"（晶圆级光刻）微纳加工技术的基础上，结合生化传感功能的"自下而上"（自组装）功能化技术，实现敏感材料等自组装结构在功能单元结构中的重复批量制造，建立"自上而下"和"自下而上"两种制造模式间的一体化兼容集成方法。集成谱学微系统包含红外、拉曼、质谱、色谱等多种谱学单元，涉及多种敏感材料和传感结构，现有技术难以实现多种材料（聚合物、硅、金属、氧化物等衬底材料，以及表面功能化材料、光波导材料、电光调制材料等功能化材料）在同一平台上的异质集成，各种谱学单元内及各单元之间的二维敏感结构（如色谱拉曼波导层等）与三维敏感结构（如色谱柱、离子迁移谱漂移管等）也难以多维度兼容集成，各谱学单元（如红外、拉曼、色谱）难以可定制功能化，亟须材料级、元件级、功能级异质异构巨集成新技术来解决。

建议国家相关部门组织国内优势单位，尽早启动以上相关研究。

第四节　资助机制与政策建议

在全国的科研院所、高校、企业中遴选优势单位，针对某一特定需求联合攻关，采用小步快跑的方式，在一个资助周期内，聚焦于某一两个关键科学技术问题，不要寄希望于一次资助就能解决所有问题。

引入竞争机制，首次资助时选择2～3家具有一定研究基础的研究单位，在项目执行一定时间后，通过第三方评审选择出最具竞争力的研究团队继续给予资助。

针对优势单位，持续资助，通过2～3个资助周期，最终实现谱学分析传感器的工程化。

冯飞（中国科学院上海微系统与信息技术研究所）

参 考 文 献

[1] Stephen C T, John H J, James B A. A gas chromatographic air analyzer fabricated on a silicon wafer. IEEE Transactions on Electron Devices, 1979, 26（12）: 1880-1886.

[2] Lu C J, William H S, Tian W C, et al. First-generation hybrid MEMS gas chromatograph. Lab on a Chip, 2005, 5（10）: 1123.

[3] Casals O, Romano-Rodríguez A, Illa X, et al. Micro and nanotechnologies for the development of an integrated chromatographic system, smart sensors, actuators, and MEMS III. International Society for Optics and Photonics. 2007, 589: 65891A-65891A-8.

[4] Li Y, Du X S, Wang Y, et al. Improvement of column efficiency in MEMS-Based gas chromatography column. RSC Advances, 2013,（8）: 3742-3747.

[5] Radadia A D, Salehi-Khojin A, Masel R I, et al. The effect of microcolumn geometry on the performance of micro-gas chromatography columns for chip scale gas analyzers. Sensors and Actuators: B−Chemical, 2010, 150（1）: 456-464.

[6] Radadia A D, Salehi-Khojin A, Masel R I, et al. The fabrication of all-silicon micro gas chromatography columns using gold diffusion eutectic bonding. Journal of Micromechanics and Microengineering, 2010, 20（1）: 15002.

[7] Sun J H, Guan F Y, Zhu X F, et al. Micro-fabricated packed gas chromatography column based on laser etching technology. Journal of Chromatography A, 2016, 1429: 311-316.

[8] Syed A, Mehdi A K, Larry T T, et al. MEMS-based semi-packed gas chromatography columns. Sensors and Actuators: B Chemical, 2009, 41（1）: 309-315.

[9] Sun J J, Cui D F, Chen X, et al. Fabrication and characterization of microelectromechanical systems-based gas chromatography column with embedded micro-posts for separation of environmental carcinogens. Journal of chromatography, 2013, 1291（10）: 122-128.

[10] Tian B W, Zhao B, Feng F, et al. A micro gas chromatographic column with embedded elliptical cylindrical posts. Journal of Chromatography: A, 2018, 1565: 130-137.

[11] Hou L, Feng F, You W B, et al. pore size effect of mesoporous silica stationary phase on the separation performance of microfabricated gas chromatography columns. Journal of Chromatography A, 2018, 552: 73-78.

[12] Luo F, Zhao B, Feng F, et al. Improved separation of micro gas chromatographic column using mesoporous silica as a stationary phase support. Talanta, 2018, 88: 546-551.

[13] Kaanta B C, Chen H, Lambertus G, et al. High sensitivity micro-thermal conductivity detector for gas chromatography. IEEE MEMS 2009 Conference, 2009, 25-29: 264-267.

[14] Narayanan S, Agah M. Fabrication and characterization of a suspended TCD integrated with a gas separation column. Journal of Microelectromechanical Systems, 2013, 2（5）: 1166-1173.

[15] Feng F, Tian B W, Hou L, et al. High sensitive micro thermal conductivity detector with sandwich structure. IEEE Transducers, 2017:1433-1436.

[16] Qin Y T, Gianchandani Y. iGC1: An Integrated fluidic system for gas chromatography including Knudsen pump, preconcentrator, column, and detector microfabricated by a three-mask process. Journal of Microelectromechanical Systems, 2014, 3（4）: 980-990.

[17] Qin Y T, Yogesh B G. iGC2: An architecture for micro gas chromatographs utilizing integrated bi-directional pumps and multi-stage preconcentrators. Journal of Micromechanics and Microengineering, 2014, 4（6）: 065011.

[18] Qin Y T, Yogesh B G. A fully electronic microfabricated gas chromatograph with complementary capacitive detectors for indoor pollutants. Microsystems & Nanoengineering, 2016: 15049.

[19] Shree N, Bassam A, Masoud A. Two-port static coated micro gas chromatography column with an embedded thermal conductivity detector. IEEE Sensors Journal, 2012, 12（6）: 1893-1900.

[20] Tian B W, Feng F, Zhao B, et al. Study of monolithic integrated micro gas chromatography chip. Chinese Journal of Analytical Chemistry, 2018, 6（9）: 1363-1371.

[21] Ethan R B, Rudolph C J, Wolfgang R P, et al. A miniature cylindrical quadrupole ion trap: simulation and experiment. Analytical Chemistry, 1998, 70（23）: 4896-4901.

[22] West J, Becker M, Tombrink S, et al. Micro total analysis systems: latest achievements. Analytical Chemistry, 2008, 80（12）: 4403-4419.

[23] Gao L, Sugiarto A, Harper J D, et al. Design and characterization of a multisource hand-held tandem mass spectrometer. Analytical Chemistry, 2008, 80（19）: 7198-205.

[24] Yin H F, Killeen K, Brennen R, et al. Microfluidic chip for peptide analysis with an integrated HPLC column, sample enrichment column, and nanoelectrospray tip. Analytical Chemistry, 2005, 77（2）: 527-533.

[25] Zhang B, Liu H, Karger B L, et al. Microfabricated devices for capillary electrophoresis electrospray mass spectrometry. Analytical Chemistry, 1999, 71（15）: 3258-3264.

[26] Blain M, Riter L S, Cruz D, et al. Towards the hand-held mass spectrometer: design considerations, simulation, and fabrication of micrometer-scaled cylindrical ion traps. International Journal of Mass Spectrometry, 2004, 236（1-3）: 91-104.

[27] Cruz D, Chang J P, Blain M G. Field emission characteristics of a tungsten microelectromechanical system device. Applied Physics Letters, 2005, 6（15）: 957.

[28] Yu M, Fico M, Kothari S, et al. Polymer-based ion trap chemical sensor. IEEE Sensors

Journal, 2006,（6）: 1429-1434.

[29] Stick D, Hensinger W K, Olmschenk S, et al. Ion trap in a semiconductor chip. Nature Physics, 2006, 2（1）: 36.

[30] Bower C A, Gilchrist K H, Lueck M R, et al. Microfabrication of fine-pitch high aspect ratio Faraday cup arrays in silicon. Sensors & Actuators A: Physical, 2007, 37（2）: 296-301.

[31] Sillon N, Baptist R. Micromachined mass spectrometer. Sensors and Actuators: B-Chemical, 2002, 83（1-3）: 129-137.

[32] Tang F, Hao X, Liang W, et al. Study on simulation and experiment of array micro Faraday cup ion detector for FAIMS. Science in China Series: E-Technological Sciences, 2010, 3（12）: 3225-3231.

[33] Wapelhorst E, Hauschild J P, Müller J. Complex MEMS: a fully integrated TOF micro mass spectrometer. Sensors & Actuators: A. Physical, 2007, 138（1）: 22-27.

[34] Reinhardt M, Quiring G, Wong R M, et al. Helium detection using a planar integrated micro-mass spectrometer. International Journal of Mass Spectrometry, 2010, 295（3）: 145-148.

[35] Miller R A, Nazarov E G, Eiceman G A, et al. A MEMS radio-frequency ion mobility spectrometer for chemical vapor detection. Sensors & Actuators A: Physical, 2001, 91（3）: 301-312.

[36] Shvartsburg A A, Smith R D, Wilks A, et al. Ultrafast differential ion mobility spectrometry at extreme electric fields in multichannel microchips. Analytical Chemistry, 2009, 81（15）: 6489-6495.

[37] Wilks A, Hart M, Koehl A, et al. Characterization of a miniature, ultra-high-field, ion mobility spectrometer. International Journal for Ion Mobility Spectrometry, 2012, 15（3）: 199-222.

[38] Li S, Jia J, Gao X G, et al. Analysis of antibiotics from liquid sample using electrospray ionization-ion mobility spectrometry. Analytica Chimica Acta, 2012, 720: 97-103.

[39] Cheng H, Li J P, Gao X G, et al. Malathion detection method using microhotplate-based preconcentrator and ion mobility spectrometer. International Journal of Environmental Analytical Chemistry, 2012, 92（3）: 279-288.

[40] Zhao D J, Jia J, Li J P, et al. Corona discharge ionization source for a planar high-field asymmetric waveform ion mobility spectrometer. Analytical Letters, 2013, 46（3）: 452-460.

[41] 李华, 王晓浩, 唐飞, 等. 一种微型 FAIMS 传感器芯片的研制, 物理化学学报, 2010, 26（5）: 1355-1363.

[42] Li F, Wang Y H, Chen C L, et al. Comprehensive theoretical analysis and experimental exploration of ultrafast microchip-based high-field asymmetric ion mobility spectrometry（FAIMS）technique. Journal of Mass Spectrometry, 2015, 50（6）: 792-801.

[43] Wu L, Pais A, Samuelson S R, et al. A miniature Fourier transform spectrometer by a large-

vertical-displacement microelectro mechanical mirror. OSA Technical Digest（CD）: paper FWD4. 2009.

[44] Chen J J, Zhu Y, Liu B, et al. Experimental study of Fourier transform spectrometer based on MEMS micro-mirror. Chinese Optics Letters, 2013,（5）: 72-74.

[45] Erfan M, Sabry Y M, Sakr M, et al. On-chip micro-electro-mechanical system Fourier transform infrared（MEMS FT-IR）spectrometer-based gas sensing. Applied Spectroscopy, 2016: 0003702816638295.

[46] Wang K, Li J Y, Lu D F, et al. Algorithmic enhancement of spectral resolution of a lithium niobate（LiNbO$_3$）waveguide-based miniature Fourier transform spectrometer. Applied Spectroscopy, 2016,（17）: 1685–1691.

[47] Nie X M, Ryckeboer E, Roelkens G, et al. CMOS-compatible broadband co-propagative stationary Fourier transform spectrometer integrated on a silicon nitride photonics platform. Optics Express, 2017, 25（8）: A409.

[48] Ma W, Sun M Z, Xu L G, et al. A SERS active gold nanostar dimer for mercury ion detection. Chemical Communications, 2013, 49（44）: 4989.

[49] Chen Z X, Li J J, Chen X Q, et al. Single gold@silver nanoprobes for real-time tracing the entire autophagy process at single-cell level. Journal of the American Chemical Society, 2015, 137（5）: 1903-1908.

[50] Millstone J E, Park S, Shuford K L, et al. Observation of a quadrupole plasmon mode for a colloidal solution of gold nanoprisms. Journal of the American Chemical Society, 2005, 127（15）: 5312-5313.

[51] Yang Y, Liu J Y, Fu Z W, et al. Galvanic replacement-free deposition of Au on Ag for core-shell nanocubes with enhanced chemical stability and SERS activity. Journal of the American Chemical Society, 2014, 136（23）: 8153-8156.

[52] Xie J P, Zhang Q B, Lee J Y, et al. The synthesis of SERS-active gold nanoflower tags for *in vivo* applications. ACS Nano, 2008, 2（12）: 2473.

[53] McMahon J M, Li S Z, Ausman L K, et al. Modeling the effect of small gaps in surface-enhanced Raman spectroscopy. The Journal of Physical Chemistry C, 2012, 116（2）: 1627-1637.

[54] Camden J P, Dieringer J A, Zhao J, et al. Controlled plasmonic nanostructures for surface-enhanced spectroscopy and sensing. Accounts of Chemical Research, 2008, 41（12）: 1653-1661.

[55] Kleinman S L, Frontiera R R, Henry A I, et al. Creating, characterizing, and controlling chemistry with SERS hot spots. Physical Chemistry Chemical Physics,2013, 15（1）: 21-36.

[56] Diebold E D, Peng P, Mazur E. Isolating surface-enhanced Raman scattering hot spots using

multiphoton lithography. Journal of the American Chemical Society, 2009, 131（45）: 16356-16357.

[57] Dieringer J A, Mcfarland A D, Shah N C, et al. Surface enhanced Raman spectroscopy: new materials, concepts, characterization tools, and applications. Faraday Discussions, 2006, 132: 9-26.

[58] Theiss J, Pavaskar P, Echternach P M, et al. Plasmonic nanoparticle arrays with nanometer separation for high-performance SERS substrates. Nano Letters, 2010, 10（8）: 2749-2754.

[59] Qin L D, Zou S L, Xue C, et al. Designing, fabricating, and imaging Raman hot spots. Processing of the National Academy of Science of the United States of America, 2006, 103（36）: 13300-13303.

[60] Ward D R, Grady N K, Levin C S, et al. Electromigrated nanoscale gaps for surface-enhanced Raman spectroscopy. Nano Letters, 2007, 7（5）: 1396-1400.

[61] Alexander K D, Hampton M J, Zhang S P, et al. A high-throughput method for controlled hot-spot fabrication in SERS-active gold. Journal of Raman Spectroscopy, 2010, 40（12）: 2171-2175.

[62] Hu M, Ou F S, Wu W, et al. Gold nanofingers for molecule trapping and detection. Journal of the American Chemical Society, 2010, 132（37）: 12820-12822.

[63] Li J F, Huang Y F, Ding Y, et al. Shell-isolated nanoparticle-enhanced Raman spectroscopy. Nature, 2010, 1267（1）: 27.

[64] Lee J H, You M H, Kim G H, et al. Plasmonic nanosnowmen with a conductive junction as highly tunable nanoantenna structures and sensitive, quantitative and multiplexable surface-enhanced Raman scattering probes. Nano Letters, 2014, 14（11）: 6217-6225.

[65] Xu W G, Ling X, Xiao J Q, et al. Surface enhanced Raman spectroscopy on a flat graphene surface. Proceedings of the National Academy of Sciences, 2012, 109（24）: 9281-9286.

[66] Su S, Zhang C, Yuwen L H, et al. Creating SERS hot spots on MoS$_2$ nanosheets with *in situ* grown gold nanoparticles. ACS Appl Mater Interfaces, 2014, 6（21）: 18735-18741.

[67] Song Z L, Chen Z, Bian X, et al. Alkyne-functionalized superstable graphitic silver nanoparticles for Raman imaging. Journal of the American Chemical Society, 2014, 136（39）: 13558-13561.

[68] Polavarapu L, Porta A L, Novikov S M, et al. SERS: Pen-on-paper approach toward the design of universal surface enhanced Raman scattering substrates. Small, 2014, 10（15）: 3065-3071.

[69] Yu W W, White I M. Inkjet printed surface enhanced Raman spectroscopy array on cellulose paper. Analytical Chemistry, 2010, 82（23）: 9626-9630.

第四章

基于微纳机电系统的生化传感器与微流控芯片技术

第一节　微纳生化传感器技术

一、概述

传感器技术是信息学科领域信息获取的重要手段之一，与通信技术、计算机技术共同构成了信息技术的三大支柱[1]。传感器技术根据其探测对象可分为多种不同类型的传感器，其中生化传感器占有重要的地位，其与人类的日常生活密切相关，因而正在逐渐发展和壮大。生化传感器结合了生物学、化学、物理学、材料学、微电子学、半导体技术、纳米技术等许多学科的知识以及多种热点技术，逐渐融合渗透，成为当今传感器领域中研究最活跃、最有成效的方向之一。

（一）生化传感器的定义

生化传感器是指能感应（或响应）生物、化学量，并按一定规律将其转换成可用信号（包括电信号、光信号等）输出的器件或装置。生化传感器的发展已经经历了一段较长历程，最早的化学传感器可以追溯到 100 多年前的 H^+ 选择性电极，生物传感器则可以追溯到 20 世纪 60 年代英国人克拉克（Clark）发明的酶电极。生化传感器的基本结构如图 4-1 所示，通常由三个部分组成[2-4]：一是能够与待测生化物质发生特异性相互作用的敏感层（包括生化敏感薄膜、溶液、固体材料等）；二是能将该特异性反应过程所伴随的物理或化学变化转变为电信号的换能器（包括电阻器、压电元件、压敏电阻、电容器、特定电极等）；三是对电信号进行处理和输出的电路（包括信号处理电路、光路等）。这三个部分有机结合共同完成整个生化检测过程。随着当前各种新材料、新原理和新技术的不断发展，特别是微纳机电系统技术和生物芯片技术的出现，目前生化传感器的概念已经跳出了原来狭义的圈子，扩展为以微型化、集成化、智能化和芯片化为特征的生化微系统。

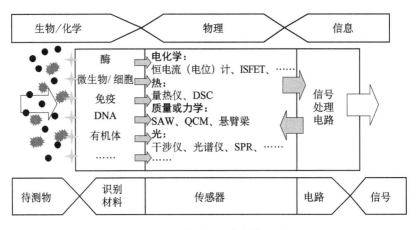

图 4-1　生化传感器基本结构示意图

（二）微纳生化传感器的分类

微纳生化传感器的类型和命名方法较多且不尽统一，主要有以下两种分类法：一是依据不同的检测原理进行分类，二是依据检测对象的不同进行分类[5]。

依据检测原理的不同，微纳生化传感器可分为光微纳生化传感器、热微纳生化传感器、电微纳生化传感器、质量型微纳生化传感器、声波微纳生化传感器等。

微纳生化传感器的检测对象为各类生物和化学物质，按照检测对象可分为不同种类，如化学传感器可以分为检测气体的气体传感器、检测湿度的湿敏传感器、检测 pH 的离子传感器等；生物传感器可以分为酶传感器、免疫传感器、细胞传感器、核酸传感器、微生物传感器等。

目前，市场上常见的微纳生化传感器主要有：①气体传感器，包括家用燃气传感器、甲醛传感器、二氧化碳传感器、$PM_{2.5}$ 传感器等；②离子传感器，包括检测水质中重金属离子浓度的重金属传感器、检测含氧量的

BOD 传感器、pH 传感器等；③生物传感器，包括血糖传感器、免疫传感器、DNA 传感器等。这些针对不同检测对象的传感器往往包含利用不同检测原理的多个类型的传感器。

二、发展现状与发展态势

随着微纳机电系统技术不断渗入传感技术领域，微型化、集成化和多功能化的生化传感器进入全面深入研究开发时期。与传统的生化传感器相比，微纳生化传感器表现出了许多独特的优点：小型便携、分析速度快（可以提高 2～3 个数量级）、所需样品量少、污染极大减少（可以采用一次性使用器件）、性能价格比高、便于批量生产制造等。虽然与一些微纳物理量传感器相比，微纳生化传感器还处于发展的早期阶段，尤其在商品化方面更是如此，但是，在诸多市场因素和国家战略支持的驱动下，这一领域的研究将会继续得以加强。随着一些关键问题的进一步解决，如传感器的稳定性、可靠性、使用寿命等，微纳生化传感器未来的发展值得期待。

由于微纳生化传感器的包含范围广泛，下面从气体传感器和生物传感器中各选取几个例子作为代表，对技术发展现状与发展态势进行说明。

（一）基于微加热板的金属氧化物半导体（MOS）气体传感器

MOS 气体传感器是在生产生活中最常被用到的气体传感器，该类传感器结构简单、价格低廉、恢复速度快、灵敏度高，受到了大多数消费者的青睐。但是该类传感器工作温度高、功耗大、体积大，影响了其微型化与智能化应用。基于 MEMS 微热板的气体传感器具有体积小、功耗低、响应快且灵敏度高的优势，已经成为新一代 MOS 气体传感器的首选器件。MOS 气体传感器一般由微加热板和气敏材料两部分组成，微加热板的主要功能是为气敏材料提供适当的工作温度，根据检测目标选择相应的微纳敏感材料。

微加热器的结构可以分为两种：薄膜式微加热器和悬浮式微加热器。薄膜式指的是加热区域和基底是完全接触的膜结构；悬浮式则是指加热区处于悬空状态，仅用几根悬臂梁与衬底连接。上述两种微加热器的温度场分布都比较均匀，薄膜式微加热器的机械稳定性更好，但功耗更大；悬浮式微加热器热能损耗小，但器件的机械稳定性就会下降，制作工艺复杂一些。

20 世纪 90 年代以来，微加热器行业迅速兴起。微热板气体传感器最初由 Johoson 提出，其主体结构为复合悬空膜，上层为氮化硅，加热电阻为掺硼的硅，如图 4-2 所示。加热至 300℃时，该微热板的功耗仅为 100mW。利用金属

Pt 作为敏感材料，器件在 100℃下对不同浓度的氢气进行了检测 [6]。

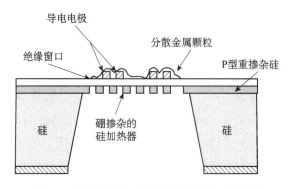

图 4-2　薄膜式微加热板传感器结构示意图 [6]

随后，美国国家标准与技术研究院用 MEMS 技术制造了首款悬浮式微加热器，并且采用了与 CMOS 工艺兼容的设计 [7]（图 4-3）。该结构由四臂支撑的二氧化硅悬空介质膜内嵌多晶硅加热器组成，将 SnO₂ 气敏材料溅射至器件表面，实现气体传感器的功能。该结构极大地减少了散热，降低了功耗，加热至 300℃时功耗约为 37mW，是目前微加热器的主流结构。该器件在 1.3 Pa 真空下实现了对氢气和氧气的敏感测试。

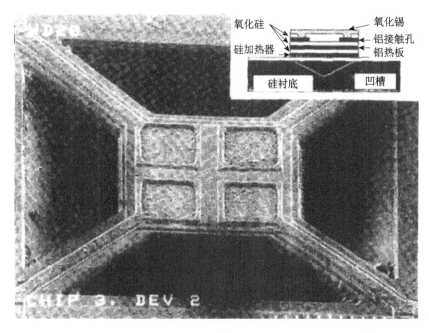

图 4-3　典型的悬膜式微加热板传感器电镜照片与结构示意图 [7]

微热板传感器随后朝着提高工作温度、降低功耗的方向发展。为了满足高温敏感材料的需求，德国的 Solzbecher 设计出了一款基于 SiC/HfB_2 的微热板，采用碳化硅材料取代了氧化硅，其最高工作温度可以超过 700℃，并采用 6 根支撑桥提高其机械稳定性[8]。

2011 年，中国科学院上海微系统与信息技术研究所 Xu 等设计了一种具有 3D 结构的微加热器，如图 4-4 所示，加热区域为凹槽结构，显著降低了热损耗。当达到 400℃时器件功耗为 30 mW，单位面积的加热功率约为传统 2D 平面悬膜式微热板的一半[9]。

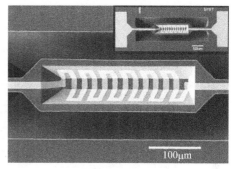

图 4-4 具有 3D 结构的悬膜式
微加热板传感器[9]

2015 年，Santra 等与剑桥 CMOS 传感器公司采用 SOI CMOS 工艺制备了一款微热板式气体传感器（图 4-5），其采用了钨加热丝，该微热板可在 15 ms 加热至 600℃，功耗仅为 73 mW[10]。后来以此为基础开发了 CCS801 型 VOC 气体传感器，并进入消费类电子市场，尺寸为 3 mm×2 mm×1 mm，功耗低至 2 mW，是目前市场上功耗最低的 MEMS 气体传感器，该公司现已被传感器巨头艾迈斯半导体公司收购。

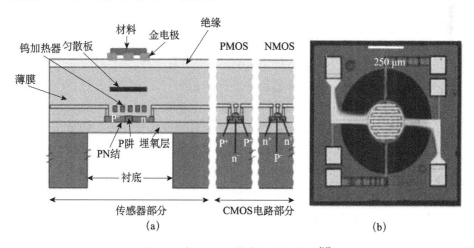

图 4-5 与 CMOS 兼容的微加热器[10]

2017 年，中国科学院上海微系统与信息技术研究所 Chen 等设计了一种具有功能化表面的微加热器，敏感材料区域为亲水亲油表面，其他区域为疏水疏油表面，可引导材料定点定量上载，解决了量产一致性差的难题。该传感器采用了加热回路与测试回路完全隔离的设计，避免了绝缘层针孔漏电造成的干扰，如图 4-6 所示 [11]。

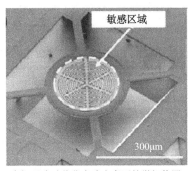敏感区域

具有疏水层的传感器

300μm

(a) 具有功能化亲疏水表面的微加热器　　(b) 材料上载后的显微镜照片

图4-6　具有功能化亲疏水表面的微加热器及其材料上载后显微镜照片 [11]

根据半导体行业市场调研公司 Yole Développement 发布的气体传感器市场报告，传感器的主要职能从"环境舒适"转变为"智能监测"。2016 年，气体传感器市场规模为 6.5 亿美元。预计 2021 年将达到 9.2 亿美元。这些需求为气体传感器创造了新的应用和市场机会，并提出了小型化、集成化、模块化、智能化的应用需求。未来 5～10 年，微热板传感器的发展将面向智能化应用，开发微型化、智能化传感器，面向人工嗅觉的前沿需求，开发阵列式、可智能分析的电子鼻测试系统。

国内外 MEMS 气体传感器市场仍在初期发展阶段，自 2014 年起，处于行业领先地位的国外三家传感器制造商陆续发布了 4 款产品，分别为奥地利艾迈斯半导体公司的 AS-MLV-P2 和 CCS801、德国博世公司的 BME680，以及瑞士盛思锐公司的 SGP30。SGP30 可对挥发性有机化合物（VOC）和二氧化碳进行检测，是第一款单一芯片上集成多个传感元件的 MOS 气体传感器，集成的 ASIC 芯片用于测量工作温度及校准空气质量数据，主要解决使用环境中硅氧烷化合物对气敏材料稳定性的影响。在国内，MEMS 气体传感器制造商也不断涌现，例如，汉威科技集团股份有限公司的郑州炜盛电子科技有限公司推出了 MEMS502B 空气质量传感器，苏州能斯达电子科技有限公司推出了 SHP100 硅基微热板，苏州麦茂思传感技术有限公司、武汉微纳传感技术有限公司、苏州慧闻纳米科技有限公司先后也推出了各自的 MEMS 气体传感器以及模组芯片，检测对象包括 VOC、甲醛、氨气、一氧化碳、二氧化氮、氢

气、硫化氢、二氧化碳、甲烷、臭氧等各类气体。气体传感器厂商的目前研发重点集中于智能集成化开发、污染环境中启动与基准值校正、补偿算法、传感器阵列开发以及电子鼻智能识别产品等。

国内有多家科研单位对微热板进行了研究并开发了相关产品，例如，大连理工大学的闫卫平等研发了镍铬合金金属薄膜的微型加热器，其电阻温度系数低，温度分布均匀；吉林大学研制了具有热隔离通槽的悬膜式传感器，等等。

（二）基于谐振式微悬臂梁的气体传感器

微悬臂梁气体传感器是近年来被广泛关注的一种 MEMS 传感器。微悬臂梁是 MEMS 技术制造的典型器件，其基本结构是一端固定、一端悬空的类似跳水板的结构（图4-7）。微悬臂梁的尺寸在介观范围内，一般长几百微米，宽几十微米，厚几百纳米到几微米。微悬臂梁的发展和研究可以上溯至20世纪80年代，围绕悬臂梁的研究是与扫描探针显微镜的发明和发展紧密联系在一起的。1986年，Binnig 等发明了原子力显微镜（AFM）[12]，实现了对微观表面原子尺度的扫描，在这种原子力显微镜上就使用基于 MEMS 技术的微悬臂梁[13]。基于微悬臂梁结构的生化传感器通常有两种不同的工作模式，分别是静态模式和动态（谐振）模式[14]。静态工作模式是通过检测生化传感过程中微机械悬臂梁结构产生的弯曲变形来实现传感的，动态工作模式则是通过检测微机械悬臂梁在生化传感过程中谐振频率的改变来实现传感的，所以又被称为谐振式生化传感器。

图 4-7　典型的微悬臂梁结构

对谐振式微悬臂梁传感器的研究始于 1995 年，美国橡树岭国家实验室的 Thundat 发表了关于表面吸附对微机械悬臂梁谐振频率影响的文章[15]，为谐振式微悬臂梁用于生化检测做了开创性的研究。随后，IBM 瑞士苏黎世研究中心、剑桥大学、加利福尼亚大学伯克利分校、斯坦福大学、丹麦科技大学、田纳西大学、瑞士联邦理工学院、西班牙马德里国家微电子中心、韩国高丽大学等多家大学和研究机构开始从事微悬臂梁传感器的研究。谐振式悬臂梁生化传感检测平台具有质量分辨率高、可集成、可批量制造、功耗低等优点。目前，基于谐振式悬臂梁的生化传感器在非真空的环境中已经达到皮克（10^{-12} g）及以下量级的质量分辨率。麻省理工学院的研究人员近期报道了一种谐振式悬臂梁（图4-8），其对流体检测质量分辨率达 0.85×10^{-18} g，优于阿克（10^{-18} g）量级质量分辨率，实现了生物单分子的检测[16,17]。谐振式微纳悬臂梁的灵敏度已有质的飞跃，比如，它的质量检测分辨率在超高真空下可达 10^{-21} g（zg）量级，特别适合研究分子在界面上的分子组装等过程的表征。硅的杨氏模量产生的热漂移仅为 -60 ppm/°C，悬臂梁传感器的频率温度系数也只有 -30 ppm/°C，因此谐振式微悬臂梁在变温检测中自身的频率可视作恒定。由于谐振式悬臂梁的上述优点，利用谐振式悬臂梁构建高性能的生化传感器成为该领域的一个重要研究方向，相关研究论文也层出不穷。

就化学传感器的发展而言，传统气体传感器可以在 ppm（体积浓度为 10^{-6}）量级实现对目标气体的检测。这类目标气体包括乙醇、丙酮、二氧化碳等。制作的气体传感器已经在酒驾检测、蔬菜大棚种植等领域获得了推广应用。但现阶段仍有大量的气体/蒸气难以检测。例如，为了应对日益严峻的反恐需求，有必要研制高性能的爆炸物和化学战剂探测器，为机场、地铁、博物馆等人员密集区域进行高效安检提供重要检测手段。这类传感器的研制难点在于，三硝基甲苯（TNT）爆炸物在室温下的饱和蒸气压仅为 7.6 ppb[18, 19]，而且，这类爆炸物还往往被暴恐分子层层藏匿，因此挥发出来的 TNT 蒸气浓度极低，此外还容易受到其他含硝基化合物（如香水等化妆品）的干扰。针对这类痕量分子的敏感检测，谐振式悬臂梁这类传感器件正显现出了其具有极高检测灵敏度的优势，日益受到重视。

时至今日，传感器的发展已经在诸多领域获得了成功应用，人们对传感器的研究兴趣正浓，而且研究目标日趋理性。以生化传感器为例，传统上评价该类传感器的指标一般有灵敏度（sensitivity）、选择性（selectivity）、响应速度（speed）和稳定性（stability）等所谓的 4S[20-23]。围绕这四个关键指标，数十年间，人们对传感器的性能进行了不间断优化与提高。仅以气体的化学敏感这一研究领域为例，为了提升上述 4S 关键指标，依靠材料科技的发展，敏感材料已经由传统的氧化锡、氧化锌、氧化铟等半导体粉末材料进化至功能化介孔、石墨烯、纳米晶、金属有机骨架材料（metal-organic framework，MOF）等新一代功能材料。在气体敏感材料研究方面逐步形成的规律是，性

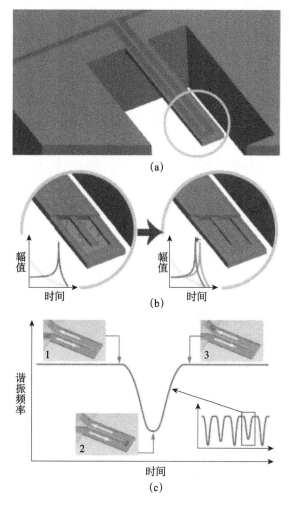

图 4-8　可以用于液体中分子检测的悬浮式微通道谐振器（suspended microchannel resonator，SMR）[16,17]

能好的敏感材料大都具有超大比表面积、高孔隙率、易于进行特异性基团修饰等优点。目前，针对这类气体敏感材料的优化，大多是循着上述的经验规律开展的，研究途径基本是先开展材料对海量种类气体的逐一实验测试，再由气敏测试数值的大小逐项考量材料的性能，缺乏预知性，也不能明确提供定量化的优化方向与方法。如果能够将 4S 这些传感器方面的关键指标与热力学／动力学之间建立联系，则可另辟蹊径，一方面，可提升传统的生化传感器研究水平，优化传统的生化敏感材料；另一方面，可加速新型吸附类材料的研制，推动吸附相关材料研究领域的发展。

　　集成硅悬臂梁等谐振式微纳传感器的频率输出信号直接表征吸附分子的质量,并且传感器对目标分子的检测信号是快速实时的。特别是该种微纳传感器十分微小,检测的材料样品和作用的分子数量可以是痕量的,十分适合用来反映材料与分子间作用的热力学与动力学特性。基于谐振式悬臂梁的上述优点,中国科学院上海微系统与信息技术研究所李昕欣课题组以谐振式微悬臂梁这一质量型传感器为分子吸附称量工具,建立了一整套的界面材料吸附热力学 / 动力学参数提取范式 [24-26](图 4-9)。这套提取范式不仅适用于 MEMS 领域关于高性能敏感材料的筛选与优化,同样适用于环保、新能源等热点领域对先进材料研究提出的新要求,比如,开发大气中痕量二氧化碳温室气体的捕集与封存材料、储氢材料、有机磷农药(或具有相似分子结构的

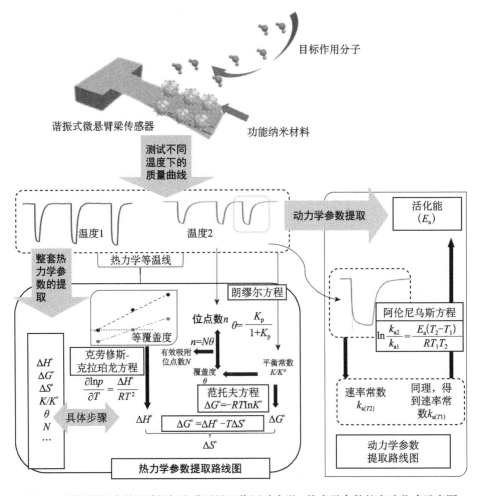

图 4-9　利用谐振式微悬臂梁提取分子界面作用动力学 / 热力学参数的实验范式示意图

神经毒剂等）的固定与解毒材料等，即对吸附／脱附相关功能材料的研究具有普适性。该方法对材料的优化设计与性能改进提供必要的理论依据和优化方向，具有重要的学术意义和应用价值。

（三）基于 MEMS 技术的生物传感器

自从克拉克和里昂在 1962 年首次使用葡萄糖氧化酶作为识别分子检测血糖以来，生物传感器经过半个多世纪的发展，已经成功应用于重金属离子、有机小分子污染物、蛋白质、核酸和细胞等待测物的分析检测，涵盖了环境监测、食品安全控制、临床诊断、生命科学研究等领域[27]。

成熟的微加工技术可以制备出将换能器和读取元件集成在单一器件中的 MEMS 生物传感器。MEMS 生物传感器在小型化的换能器上设置了具有生物兼容性的传感器界面，用于固定生物识别元件，可以保证传感器高度的特异性和灵敏度。基于 MEMS 器件的微小尺寸和多种功能高度集成的特性，MEMS 生物传感器除了具有灵敏度高、响应迅速、操作简单等传统优点之外，还兼具了体积小、成本低、功耗低等微器件带来的优势。

在此基础上，MEMS 器件与微流体装置联用，可以实现样品检测的自动化，此类多功能 MEMS 设备通常被称为"芯片实验室"（lab on a chip）。如图 4-10 所示，微流控组件将细胞分离、检测、计数、活性研究／移行实验和分化研究等多个模块都集成在了一块小芯片上[28]。这种方法通过提供价格低廉、易于操作的小型化器件，使先进的细胞研究能够在高度可控的条件下进行，因此细胞芯片已成为生物传感器和生物电子学领域的研究热点。另外，

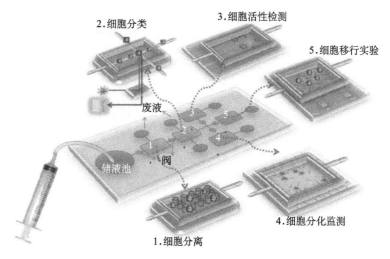

图 4-10　一个用于干细胞研究的"芯片实验室"设置[28]

研究人员利用最先进的微加工技术和生物相容性敏感材料开发出了可穿戴[29]和可植入[30]MEMS 传感器,为健康状况实时监测和精准医疗提供了极大的便利,引发了生物医学领域的革新。

1. 光学 MEMS 生物传感器

在传统的光学生物传感器中,测量装置由光源、检测系统、波导设备和化学反应腔室组成。基于 MEMS 的光学生物传感器也采用了类似的结构,但是光由光纤或平面光波导引导。MEMS 技术可以将所有传感器原件都集成在硅片上,因此具有体积小、可靠性高、成本低等优点。

MEMS 光学传感器已经在多个领域发挥了重要作用,例如,Haes 等设计了一种基于局域表面等离激元共振(localized surface plasmon resonance, LSPR),图 4-11(a)的 MEMS 光学传感器,用于检测阿尔茨海默病的标志物 β-淀粉样蛋白[31]。此传感器利用 β-淀粉样蛋白的抗体作为生物识别元件,具有极高的灵敏度和特异性。他们利用此传感器分析了对照组与阿尔茨海默病患者的人脑提取液和脑脊液样本,为阿尔茨海默病的诱因和诊断提供了新的信息。Stedtfeld 等开发了一种价格低廉、用户友好的高度集成 MEMS 光学传感器[32],能够同时检测四个样品,可与智能手机对接,迅速地对大肠杆菌和金黄色葡萄球菌的DNA进行分析,为日益增长的床旁检测需求(point of care)提供了有力的工具。

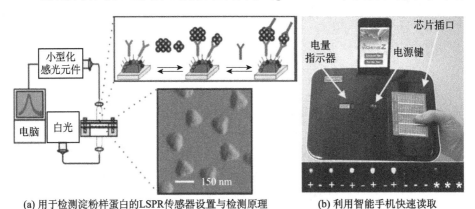

(a) 用于检测淀粉样蛋白的LSPR传感器设置与检测原理 (b) 利用智能手机快速读取荧光信号的MEMS光学传感器[31]

图 4-11 MEMS 光学传感器

2. 电化学 MEMS 生物传感器

MEMS 电化学传感器具有结构简单、测量方便等优点,是最常见的生物传感器。MEMS 电化学传感器利用生物分子作为识别元件,与待测物发生特异性反应，产生电位、电导和电流的变化，反映待测物的浓度。

　　MEMS 电化学传感器已经成功地小型化并植入活体内进行检测。Arroyo-Currás 等 [33] 报道了一种植入活体小鼠体内，实时、连续检测血液中药物浓度的传感器（图 4-12），利用核酸适配体对药物分子的特异性识别，可以在小鼠清醒的情况下对其血液中的药物浓度进行高灵敏度、迅速的检测。此类传感器为药物代谢动力学和药物生理作用研究提供了一种新型的解决方案。

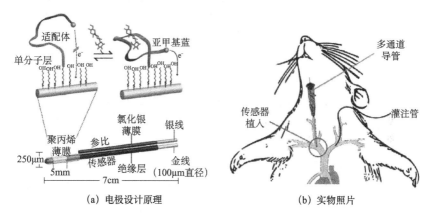

(a) 电极设计原理　　　　　　　　(b) 实物照片

图 4-12　用于检测血液中药物浓度的植入式 MEMS 电化学传感器 [33]

　　MEMS 电化学传感器可固定在柔性材料上制成可穿戴设备，图 4-13 展示了一种检测汗液中血糖的传感器 [34]，将金和铂合金纳米粒子通过电化学方法沉积在还原氧化石墨烯上，再将壳聚糖-葡萄糖氧化酶复合材料集成到工作电极表面，可实现在 0～2.4 mmol/L 的范围内葡萄糖的检测，检出限为 5 μmol/L。此类可穿戴 MEMS 传感器为实时健康状况监测提供了便捷有效的解决方法。

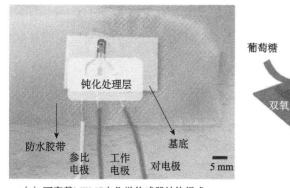

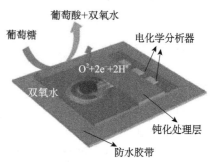

(a) 可穿戴 MEMS 电化学传感器结构组成　　　　(b) 设计原理图

图 4-13　用于检测汗液中血糖的可穿戴 MEMS 电化学传感器 [34]

3.谐振式微悬臂梁生物传感器

谐振式微悬臂梁传感器是一种基于 MEMS 技术的质量型传感器，悬臂梁传感界面上修饰的生物识别元件特异性地结合待测物导致悬臂梁质量增加，引起谐振频率下降。其检测灵敏度极高，可以检测到表面上亚皮克级质量的变化。微悬臂梁质量检测灵敏度只与质量相关，不受其他因素影响，可以得到精准的界面附着分子质量。谐振式悬臂梁传感器体积小巧，易于集成加热元件和测温元件，可以满足变温实验的需求；对界面修饰材料的需求量极小，适合产业化研发的实际情况。

中国科学院上海微系统与信息技术研究所李昕欣课题组开发了一种用于 DNA 双链检测的谐振式微悬臂梁传感器[35]，利用限制酶对 DNA 双链有特定切割位点的特性，通过谐振频率的变化在线记录准确的切割质量（对应被消化双链的长度），检测到的频率降低比率和消化片段长度/DNA 链全长比率一致，从而为 DNA 双链的检测提供准确的检测方式，有效避免了非特异性吸附和假阳性结果［图 4-14（a）］。

为了消除液体阻尼过大而引起的不可持续共振，提高检测结果的特异性，李昕欣课题组开创性地在谐振式微悬臂梁表面加盖了一个"防水层"[36]。如图 4.14（b）所示，悬臂梁顶部依次加盖图案化的光刻胶和派瑞林膜，分别作为牺牲层和防水层。在牺牲层释放后，派瑞林膜与悬臂之间形成一个狭缝，以保护悬臂梁使其不受液体阻尼效应的影响，只有位于悬臂末端的检测区域（固定有生物识别元件）暴露在液体中与待测物发生反应。这种新技术确保了悬臂梁在溶液环境中的长时间高 Q 值共振，从而实现了对样品痕量浓度的实时检测和分析。此传感器成功检测到了液体中的有机磷农药和大肠杆菌，具有极高的灵敏度，这种免标记的检测方法极大地简化了液体中待测物的分析步骤。此外，谐振式微悬臂梁传感器可以进行在线实时检测，可通过反应曲线提取出相应的动力学与热力学参数，在生化反应的机理研究领域也具有极大的潜力。

三、发展思路与发展方向

近年来，随着"互联网+"、大数据/云计算、智慧城市、智慧农业、物联网、智能手机与可穿戴装备等的快速发展，微纳生化传感技术与微纳生化传感器也迅速发展，成为国际上传感器的研发热点，具有广阔的市场应用前景。其发展思路与发展方向也与过去生化传感器单纯追求种类、精度、可靠性等不同，具有了新的特点。

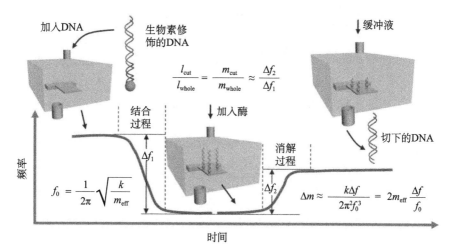

（a）基于酶切反应的DNA双链检测原理示意图

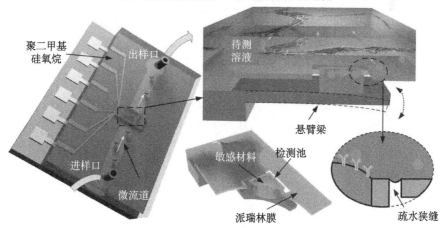

（b）具有防水结构的液相微悬臂梁传感器设计原理图

图4-14 谐振式微悬臂梁生物传感器

（1）根据各个细分应用领域，发展具有不同参数和性能的传感器，传感器的种类、规格、原理将更加多样化。对于同一种类的传感器，用在工业监控和智能家居上的要求就不尽相同。随着生化传感器可应用领域的不断扩展，对传感器提出的要求也更加多样化，需要针对不同细分领域使用合适原理、参数的传感器，这必将加速新一代传感器的开发和产业化，市场竞争也会日益激烈。同时，新领域的应用及更新换代时间的缩短，也会带来生化传感器市场的迅猛扩张，这也是国内各大传感器厂商的机会所在。

（2）加大力度投入应用在生物医疗领域的生化传感器。随着经济水平的提升，环境、医疗、健康领域是我国未来最值得投入的应用领域，世界各国也都无比重视这个领域的科技发展并持续投入。在医疗领域，应该重点关注生化传感器的灵敏度、可靠性、集成能力等，以实现低成本、可靠、智能化、便携、快速诊断等为目标，可作为传统医疗器械的补充和发展。

（3）微纳生化传感器另一个重要的发展特征是，从以往单个传感器向阵列化和多功能集成的传感器发展。单一生化传感器的可靠性是很难解决的一个问题，但是阵列化的传感器可以极大地提高可靠性。特别是随着智能算法的发展，利用具有多传感器融合的单片集成多功能复合传感器在今后的应用中将逐渐成为产品技术的主流。

四、资助机制与政策建议

与一些物理量传感器相比，微纳生化传感器还处于发展的早期阶段，尤其在商品化方面更是如此。为了推动产业化发展，需要国家和政府在资助机制与政策方面的大力支持。

1. 加强对多学科交叉融合的支持

生化传感器是典型的多学科交叉技术，需要通过多学科联合攻关才能取得成功。需要加强物理学、数学、化学、生物学等基础学科与传感技术的交叉融合，通过发展新的敏感机理与模型，为构建高性能生化传感器提供科学依据与设计策略。

2. 以市场为导向，加强科研院所和企业的合作

生化传感器是以应用为目的的，应避免与市场脱节在实验室闭门造车的研发。应多支持企业牵头、科研院所参与的项目，利用好企业的市场能力与科研院所的科研资源，项目评审可以偏向考虑研究成果的产业化，以此推动生化传感器真正走向实用。

3. 加强人才队伍建设

目前，微纳生化传感器领域发展迅速，但是缺少多学科交叉人才。为解决这个问题，建议加强人才培养，完善人才培养的资助与管理机制。同时，适当提高项目资助可使用的人员费用，激发科研人员的积极性，保障研究的水平和质量。

第二节 微流控芯片技术

一、概述

（一）微流控芯片的定义与内涵

微流控芯片技术是在微米、纳米尺度上对微量流体进行精确操控的系统科学与技术，又被称为"微全分析系统"（microscale total analysis systems, μTAS）或"芯片实验室"。微流控仅需少量反应原料（10^{-9} L）即可将样品制备、反应、分离、检测等操作部分集成于一块微米级尺寸的芯片上，流体在微流控芯片的微纳米级结构中显示和产生了与宏观尺度不同的特殊性能，因此发展出独特的分析性能优势。具有体积轻巧，样品及试剂消耗量低，易集成化、自动化和小型化，反应速度较快、通量高，规模平行反应兼容，便携以及即用即弃等优点，具有广阔的发展前景。

微流控芯片最初作为一种工具手段，是从分子分析、生化防御、分子生物学和微电子学四个领域发展起来的。20 世纪 80 年代，微流控芯片起源于微量分析方法［如气相色谱法（GPC）、高压液相色谱法（HPLC）和毛细管电泳法（CE）等］。可以在非常少量的样品条件下达到较高灵敏度和分辨率的分析结果。20 世纪 90 年代，DARPA 支持了多个项目开发基于微流控芯片技术的现场生化探测器，极大地促进了微流控芯片的发展。硅微电子学和 MEMS 中已经成熟的光刻和相关技术被直接应用于微流控技术。与此同时，正在蓬勃发展的基因工程研究和相关分子生物学分析需要高通量、高灵敏的技术，进一步推动了微流控芯片技术发展。微流控技术现已发展成为集生物技术、诊断医学、电子学、化学、材料、机械工程等多学科交叉的崭新领域。通过微流控技术，能够将传统的化学或生物实验集成在一块几平方厘米（甚至更小）的芯片上完成，通过微管道在芯片上形成网络，从而达到将可控的流体贯穿整个微流控系统的目的[37]。

（二）微流控芯片的材料

微流控技术从诞生到如今的蓬勃发展，离不开从材料到应用的创新。新材料的开发，以及结合和配置现有材料的创新方法，赋予微流控系统广泛而独特的功能。早期的微流控芯片加工主要依靠硅微电子学和 MEMS 所使用的微细加工技术，芯片材料为硅和玻璃。后来，哈佛大学的 Whitesides 及其同事将弹性聚合物聚二甲基硅氧烷（polydimethylsiloxane，PDMS）应用于微流控芯片制作[38]，这种材料便宜、易加工、透明、透气，容易实现泵和阀结构。并且其制备条件温和，不产生有害物质，因此被广泛用于微流控芯片制造中，极大推进了微流控芯片的制作与发展。除了硅、玻璃和 PDMS 材料，微流控基质常用的材料还有聚甲基丙烯酸甲酯（Polymethylmethacrylate, PMMA）、聚碳酸酯（Polycarbonate, PC）、聚苯乙烯和聚四氟乙烯（PTFE）等[39,40]，这些材料可以很方便地进行重塑，更适合于大批量生产。目前已经商业化的微流控芯片系统大多是采用塑料来制备微流控芯片，如美国 Cepheid 公司的 GeneXpert™ 以及法国生物梅里埃公司 FilmArray™ 全自动医用 PCR 分析系统等等。

（三）微流控芯片的原理

微流控芯片利用蚀刻及光刻技术在芯片上构建微流体系统，构建由彼此相连的流体路径和液相小室组成的芯片结构，在加载生物样品和反应液后，可采用微泵、注射泵和电渗流等方法驱动芯片中液体流动，形成微流路，进行多种的反应，并可利用荧光、化学、电化学、质谱等检测方法对反应样品进行检测。最后通过对芯片微流路结构的设计可实现样品前处理、浓度梯度形成、液滴控制、传感分析等技术；通过将不同功能的芯片模块相连接可实现快速、准确、多样品高效率的微全分析系统。

（四）微流控芯片的制作方法

微流控芯片常用的制作方法主要有光刻法、刻蚀法、热压法、模塑法、注塑法、LIGA 法（集合光刻、电铸和注塑）、激光烧蚀法、软光刻法以及近几年兴起的 3D 打印技术等[41-43]。

不同的微流控芯片材料都对应着不同的制备方法。由于制备工艺简单、操作方便等，光刻结合软光刻技术制备工艺成为 PDMS 微流控芯片最为常用的制备方法，其步骤包括：利用计算机辅助设计（CAD）软件设计带有预想结构图案的掩模版，通过光刻工艺在有旋涂光刻胶（如 AC100，SU-8）的硅片或其他的衬底上将掩模版中的图案进行图形化[44,45]。在该过程中，硅片或其他的衬底均匀地旋涂光刻胶，然后通过具有设计图案的掩模版暴露于紫外光（UV）下，未被曝光的区域将被显影液溶解，留在硅片衬底上的图形即为图案化的硅片母版。在图形化的过程中使用的光掩模版，主要分为胶片掩模版和铬掩模版。胶片掩模版也称菲林片，通常用于尺寸较大的图形制备，特征尺寸通常限制在 10 μm 或更大。对于较为精细的图形结构，通常采用精度较高的铬掩模版来制备，其价格也相对较为昂贵。硅片衬底表面的图案化结构成型后，使用 PDMS 进行复制成型。在这个过程中，将 PDMS 预聚物（基础和交联剂的双组分混合物）混合均匀，进行抽真空并静置，等到 PDMS 中气泡完全消失，然后浇注到 SU-8 图案化的硅衬底母版上，并在适度的温度（60~95℃）下固化，待完全固化后将 PDMS 揭下来，这样就可以将硅片母版上的图形复制出来。最后将复制出来的 PDMS 结构键合到载玻片或其他载体表面，以获得封闭的微流控通道装置。通常 PDMS 芯片键合的方法是通过氧等离子体（plasma）对需要键合的 PDMS 结构表面和所需要键合的载体表面进行处理，然后将 PDMS 结构贴合在所需要键合的载体表面。图 4-15 所示为通过光刻与刻蚀工艺制备硅片母版，并通过 PDMS 软光刻工艺制备微流控芯片的流程图。基于 PDMS 材料的微流控芯片具有工艺简单、处理速度快、基于 SU-8 的母版可重复使用等优点，PDMS 结构通道容易密封和黏合到许多不同的基板上，便于制备多层复杂的三维结构[46]。此外，对于塑料材料的微流控芯片材料（如 PMMA 及 PC 等），通常采用超声焊接法、激光焊接法、热压键合法来实现微流控芯片的键合。

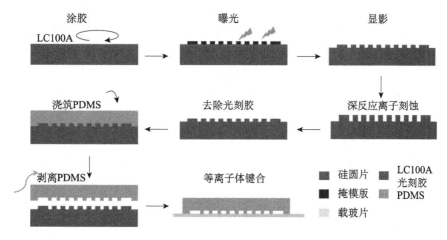

图 4-15　PDMS 微流控芯片的制备流程[46]（文后附彩图）

微流控芯片系统是高度交叉的学科方向，芯片制作和控制涉及材料学、微电子学、物理学等多学科领域，而它的应用又和生物、化学发展的息息相关。各学科的碰撞极有可能产生创新性的成果。一方面，微流控技术本身可以不断创新，为拓展应用领域提供更丰富、更便捷的工具手段；另一方面，从应用领域着手，可以用微流控芯片研究基于传统技术无法解决的科学问题。

二、发展现状与发展态势

21世纪，微流控芯片技术飞速发展，在学术界和产业界都大放异彩。2001年，《芯片实验室》（*Lab on a Chip*）创刊，2006年7月《自然》（*Nature*）发表了"芯片实验室"专辑。数十家基于微流控芯片系统的创业公司相继出现。近年来，一些大型分析诊断企业开始收购潜力巨大的微流控芯片公司，如雅培（Abbott）公司收购了即时检验微流控芯片的领头羊美艾利尔（Alere）公司，IDEX Health & Science公司收购了即时诊断微流控芯片 thinXXS，伯乐（Bio-Rad）公司收购了做液滴式数字PCR的RainDance Technologies公司。

21世纪初，微流控芯片的应用主要是对已有技术的改进，并没有提供全新的功能。但近十年来，越来越多的微流控芯片解决了传统宏观方法无法解决的问题，最引人注目的成就来自生物医学领域[42]，其中最引人注意的是微流控技术在肿瘤液体活检和器官芯片中的应用。

（一）用于肿瘤液体活检的微流控技术的发展现状

液体活检是一种先进的癌症早期诊断技术，也是当前精准治疗的重要研究方向之一，曾入选《麻省理工科技评论》（*MIT Technology Review*）发布的2015年度十大突破技术。液体活检利用体液进行癌症检测，是一种非侵入性的诊断技术，可以为患者省去手术活检和穿刺活检的痛苦，并且能够重复性地抽取肿瘤样本，非常有利于跟踪疾病的进程。医生可以建立基因表达谱、靶向突变用药、快速判断疗效、监测耐药的发生、随肿瘤的发展而调整治疗方案，对癌症的早期诊断和预后有着重要的作用。

目前，液体活检已经被尝试用于癌症的早期检测。在肿瘤的临床研究中，用于液体活检临床分析的生物样本主要是血液，也有其他相对容易获取的体液，如尿液、腹水、胸腔积液或脑脊液等。通过液体活检，可以从血液样本中获得与组织活检样本中相同的诊断信息。在这些样本中，液体活检的生物靶标主要包括：循环肿瘤细胞（circulating tumor cells，CTC），循环肿瘤DNA（circulating tumor DNA，ctDNA），循环细胞外囊泡（extracellular vesicles，EV）（包括外泌体与微泡等）[47,48]。

由于液体活检中疾病标志物分子的量很少，尤其是早期癌症患者，肿瘤相关的标志物分子含量更少，因此，对外周血中肿瘤靶标分子高灵敏检测技术的构建提出了更高的要求及挑战。微流控芯片的基本特征和最大优势是在微小可控的平台上将多种功能单元灵活组合和规模集成，提供微纳尺度的分选和分析平台，具有高通量、高灵敏度、低样品量，以及精确的液体控制能力等特征。这些特征使微流体技术成为分选和分析液态环境中循环肿瘤标志物，用于肿瘤早期诊断、预后和监测的理想工具（图4-16）[49-51]。

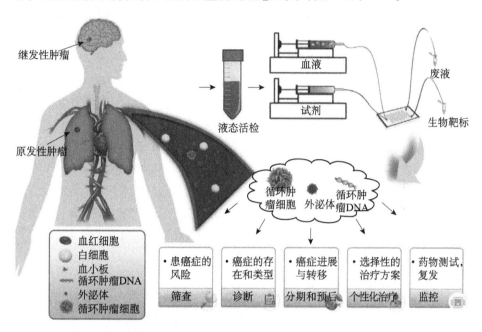

图 4-16 液体活检样本中的生物靶标分子示意图[49]

注：图中显示癌症进展和癌症患者中血液中液体活检的生物靶标，以及利用微流控技术处理液体活检患者的血液，并对液体活检的生物靶标进行分选和分析，最终用于筛查、诊断、分期和预后、治疗和监控

（二）用于肿瘤液体活检的微流控技术的发展态势

1. 用于 CTC 分析的微流控技术

托马斯·阿什沃思（Thomas Ashworth）在 1869 年首次提出了 CTC 的存在，他首先报道了血流中与肿瘤类似的细胞。在外周血循环中，肿瘤细胞半衰期短，只有一小部分因细胞凋亡、免疫系统消除、剪切力和液体湍流等恶劣条件而存活转移。根据最初由 Stephen Paget 提出并由 Langley 和 Fidler 重新完善的"种子和土壤"理论解释，这一小部分癌细胞（种子）倾向于在某个器官（土壤）中转移，寻求有利于其生长和发育的条件[52]。这种从实体肿瘤（包括乳腺癌、前列腺癌、肺癌、胰腺癌和结肠癌等）进入血液的稀有细胞被

称为CTC，CTC可以用作诊断或确定预后的生物标志物。在10 mL的血液中，大约有1×10^9个红细胞和1×10^7个白细胞，而CTC数量仅有几十个甚至更少[53]。因此，在初期开发的许多不同方法的总体目标是促进从数百万其他血细胞中检测CTC，然后分离或固定它们用于分析。用于患者样本中富集CTC的微流控技术，主要包括基于免疫学的方法和基于CTC物理特性的方法。

基于免疫学分选的方法[54]：基于微流控芯片中微结构表面修饰特异性抗体来捕获的方法，与其他方法相比，通过对芯片中表面流体的精确控制，可提高CTC分选的效率和纯度。基于CTC物理特性的分选方法[55]：①基于尺寸的过滤方法，主要是根据CTC与其他细胞相比具有较大的尺寸的原理，构建滤膜以及微结构的芯片从其他血细胞中分离出CTC；②惯性微流与确定性侧向位移分选方法，结合微流体动力学与特定的结构将CTC与其他血细胞分离到不同的流体通道实现CTC的分选。中国科学院上海微系统与信息技术研究所赵建龙、毛红菊课题组设计了基于微管道拦截过滤和滤膜过滤的CTC富集芯片，并用肿瘤患者的血液进行验证，对于CTC的分选和检测有着较好的效果（图4-17）[56,57]。

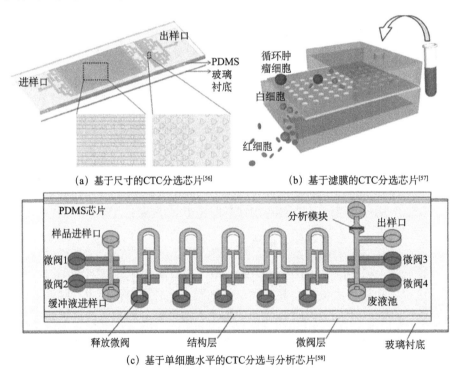

(a) 基于尺寸的CTC分选芯片[56]　　　　　(b) 基于滤膜的CTC分选芯片[57]

(c) 基于单细胞水平的CTC分选与分析芯片[58]

图4-17　基于尺寸的CTC分选芯片[56]、基于滤膜的CTC分选芯片[57]和基于细胞水平的CTC分选与分析芯片[58]

　　尽管上述的这些基于微流控的方法为 CTC 分选和研究提供了新思路，提高了 CTC 检测的灵敏度和效率，但是 CTC 可以通过上皮类型的细胞到间充质细胞转变（epithelial to mesenchymal transition，EMT），下调上皮标志物和获得间充质特性，增加迁移和侵袭能力，导致细胞表型发生显著变化。这种上皮细胞-间充质转化（MET）的能力是 CTC 在癌症转移中的关键因素。

　　最近的研究表明，癌症患者血液中可能有许多不同类型的 CTC，而且可能只有一个亚型会发生转移。近年来，研究者开发了许多新的 CTC 检测技术，例如，通过构建磁场强度梯度器件并结合磁纳米颗粒实现 CTC 不同表型的分析与检测［图 4-18（a）］[59]；通过微流控器件表面捕获界面的控制，在捕获 CTC 后进行高效的释放与回收，其目的在于对 CTC 进行培养，进一步分析 CTC 的药物敏感性和转移潜能［图 4-18（b）］[60]；也有研究通过高通量芯片的设计对 CTC 进行分选并在原位表征 CTC 细胞的分子特性［图 4-18（c）］[61]。赵建龙、毛红菊课题组通过微流控通道与微阀的设计实现了单个 CTC 的分选与释放，并对 CTC 的表型进行了分析验证［图 4-18（c）］[58]。此外，对 CTC 进行体内分析也是科学家一直以来的一个重要目标，麻省理工学院研究者通过构建光流控实时细胞分选系统用于癌症小鼠模型体内的 CTC 研究［图 4-18（d）］[62]。

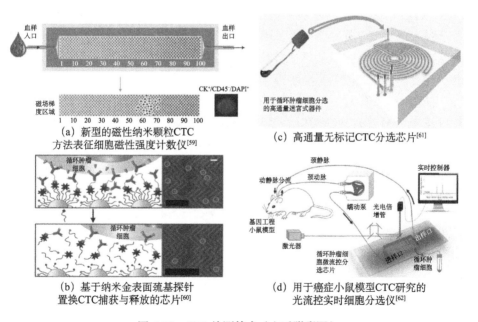

(a) 新型的磁性纳米颗粒CTC方法表征细胞磁性强度计数仪[59]

(b) 基于纳米金表面巯基探针置换CTC捕获与释放的芯片[60]

(c) 高通量无标记CTC分选芯片[61]

(d) 用于癌症小鼠模型CTC研究的光流控实时细胞分选仪[62]

图 4-18　CTC 检测技术（文后附彩图）

CTC 不再仅仅被简单地检测和量化，而是需要对 CTC 进行更全面的分析，为使血液样本的 CTC 检测能够真正地转化为临床应用，反映肿瘤在分子水平的特性，显然需要更多新技术结合到微流控中。

2. 用于 ctDNA 分析检测的微流控技术

ctDNA（circulating tumor DNA）存在于肿瘤患者无血细胞的血液中，仅代表一小部分变异的循环游离 DNA（circulating cell-free DNA，cfDNA），ctDNA 的总量可能小于 cfDNA 总浓度的 0.01%[48]。ctDNA 的定性和定量分析已成功用于评估肿瘤的演化，评估多种癌症的预后、诊断及对治疗的反应。有证据表明，ctDNA 为肿瘤基因组提供了全面视角，因为它反映从多个肿瘤区域或不同肿瘤病灶释放的 DNA，并且通过 ctDNA 的研究已经检测到相应组织样本中遗漏的体细胞突变，如图 4-19（a）与（b）所示的 ctDNA 的各种畸变与检测方法[48,63]。由于 ctDNA 在总的 cfDNA 中含量百分比非常低，而且可靶向分子改变的等位基因频率低，因此，ctDNA 的检测需要非常敏感的技术。目前 ctDNA 检测方法主要是基于核酸扩增与测序的方法[图 4-19（b）][64]。

微流控技术用于 ctDNA 检测方面目前最受关注的是数字 PCR（digital PCR，dPCR）技术。PCR 技术是对分子生物学产生革命性影响的技术，发明这项技术的穆利斯（K. Mullis）因此获得诺贝尔化学奖。很长时间以来，对样品中的核酸进行定量是通过实时定量 PCR 来实现的，这是一种相对定量方法，需要加参照基因做标准曲线。

dPCR 技术作为一种全新的核酸检测方法，通过把反应体系均分到大量反应单元中独立地进行 PCR，并根据泊松分布和阳性比例来计算核酸数量。目前，dPCR 主要分为液滴数字 PCR（ddPCR）和微腔数字 PCR。与传统的 PCR 检测方法相比，dPCR 具有高灵敏度、高精确度、高耐受性和绝对定量的优点，其检测限（LODs）已经可以将检测灵敏度提高到单分子水平。因此，dPCR 技术在近年来得到了迅速的发展，广泛地应用于稀有突变检测、拷贝数变异和复杂样本基因表达检测等方面。

中国科学院上海微系统与信息技术研究所传感技术联合国家重点实验室赵建龙、毛红菊课题组开发了基于微流控技术的液滴数字 PCR 芯片及微腔式数字 PCR 芯片，可以高灵敏检测肿瘤相关基因表达、突变和甲基化[图 4-19（c）、图 4-19（d）][65,66]。此外，液滴微流控技术也应用于靶向测序技术中，在提高检测灵敏度、特异性方面有重要作用。

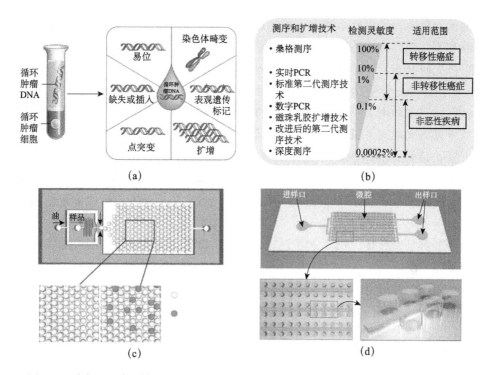

图 4-19　(a) 通过扩增与测序的方法, 鉴别血浆中 ctDNA 样本中特异性遗传畸变和表观遗传标记[48];(b) 基于扩增和测序技术核酸检测方法及其应用范围[48];(c) 液滴数字 PCR 微流控芯片[65];(d) 微腔式数字 PCR 微流控芯片[66]

3. 用于外泌体检测与分析的微流控技术

外泌体是一种由磷脂双分子层包裹的囊泡状小体, 直径为 30 ~ 150 nm, 可由大多数细胞分泌, 广泛地存在于各种体液中。外泌体的概念最早提出于 1986 年, Johnstone 等首次于绵羊网织红细胞中发现[67]。最初人们一直认为它只是一种细胞的废弃物, 直到 1996 年, Raposo 等发现外泌体可以促进 T 细胞增殖和抑制肿瘤生长。随着研究的进展, 人们逐渐发现这种纳米级的囊泡中含有细胞特异的蛋白、脂质和核酸, 能作为信号分子传递信号从而改变其他细胞的功能。James E. Rothman、Randy W. Schekman 和 Thomas C. Südhof 凭借对囊泡运输调控机制的研究荣获了 2013 年诺贝尔生理学或医学奖。近年来, 越来越多的研究者开始专注于外泌体的相关研究。

随着研究的深入, 外泌体的生物学功能和临床价值逐渐得到认可, 外泌体不仅是细胞间通信的媒介和细胞微环境稳态的调节者, 而且是肿瘤等疾病的治疗载体和生物标志物，可能有助于阐明癌症的起源，作为癌症的早期诊断和不同癌症患者的预后分析的标志物[68,69]。外泌体在临床诊断中的应用前景极大地推动了外泌体分选和检测新方法的发展。

　　近年来，随着微流控技术的进步及外泌体作为疾病标记物的临床意义日益凸显，多种用于外泌体分离、检测的微流控芯片被开发出来。根据微流控技术检测的原理，可分为接触式的微流控分选方法与非接触式的微流控分选方法。接触式的微流控分选方法包括滤膜过滤富集技术［图4-20（a）］[70]、集成纳米过滤器的光盘芯片［图4-20（b）］及基于抗体修饰的微流体芯片［图4-20（c）］[71,72]；非接触式的微流控分选方法包括基于纳米级确定性侧向位移分选芯片［图4-20（d）］[73]、基于声学微流体器件［图4-20（e）］[74]、基于黏弹性微流体［图4-20（f）］及基于螺旋惯性微流体器件的外泌体分选技术等［图4-20（g）］[75,76]。

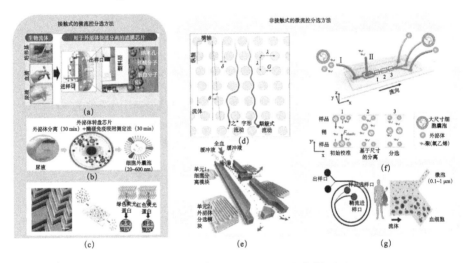

图4-20　外泌体分选方法（文后附彩图）

注：接触式的微流控分选方法：（a）基于滤膜尺寸过滤的细胞外囊泡分选芯片[70]；（b）集成两个纳米过滤器的光盘系统（exodisk）用于外泌体的分选[71]；（c）基于抗体修饰微流体芯片分选外泌体。非接触式的微流控分选方法：（d）纳米级确定性侧向位移分离外泌体[73]；（e）声学微流体器件分离细胞和外泌体[74]；（f）黏弹性微流体用于微囊泡及外泌体的分离[75]；（g）螺旋微流体器件用于血液外泌体分离[76]

　　赵建龙、毛红菊课题组利用微流控芯片技术，开发了一种基于微球均匀排布的外泌体检测微阵列芯片，实现了外泌体的快速分离，能够对肺癌来源的外泌体表面肿瘤蛋白标志物进行检测［图4-21（a）］[77]。同时，课题组利用前期筛选的肺癌相关非编码 RNA（LncRNA）为靶标发展了多色荧光数字 PCR EV-lncRNA（miDER）分析芯片，采用多重 PCR 技术结合微流控芯片对肺癌患者血液外泌体中低丰度 LncRNA 差异表达进行分析，可同时检测多靶点 EV-lncRNA，提高了检测通量[78]，对于评估外泌体中 LncRNA 在癌症诊断、治疗及预后中的应用价值具有重要意义［图 4-21（b）］。

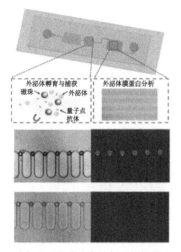

（a）外泌体富集与分析微流控芯片[77]

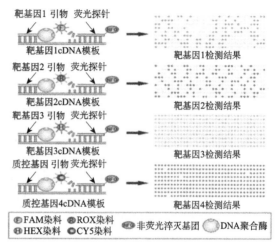

（b）一种微腔式多色荧光数字PCR芯片[78]

图 4-21　外泌体富集与分析微流控芯片[77]和一种微腔式多色荧光数字 PCR 芯片[78]（文后附彩图）

（三）基于微流控芯片的器官芯片的发展现状

微流控芯片发展早期，就被用来进行动物细胞的培养和分析。这是由于芯片微结构尺寸与细胞大小类似，可以较为精确地模拟细胞生长的微环境，并且容易对细胞的形态、生理功能进行分析检测。随着微流控芯片三维制造技术和微流体三维控制技术的发展，科学家开始研制器官芯片。器官芯片是基于微流控芯片技术，在体外构建人类器官模型，实现组织器官功能的微型培养装置。器官芯片根据人体器官解剖结构提取关键元素，设计制作芯片微结构，选用合适的细胞，构建与体内类似的微环境（生物活性界面、生物流体、机械力刺激等），实现组织器官的生理功能。它还能模拟组织之间及多器官之间的相互作用，高通量、自动化和实时检测能够保证获得较为可靠的结果[79]。与体外细胞实验相比，它表现出与体内更加类似的生理功能，同时它又是繁杂昂贵动物实验的有效替代。它不仅可以重现人体器官的生理、病理活动，还可以帮助科学家深入研究器官的生物学行为，在生命科学研究、新药研发、再生医学和精确医疗等方面都具有令人乐观的应用前景。2015 年，《自然》评论器官芯片是未来可以替代动物实验的革命性技术[80]，2016 年，达沃斯世界经济论坛把器官芯片列为"十大新兴技术"之一。

器官芯片继承了微流控技术的三大优势，分别是可控的液体流动、微尺度的实验空间及能够高度集成的系统平台。

首先，对于器官芯片微管道中的液体流动，与宏观大尺度流体系统中的流体湍流有很大的区别，其一般是具有高度的层流状态，比如组织内的微毛细血管中的体液流动，而在大尺度平台中流体运动是受惯性主导的黏性力影响的，从而会形成对流混合[46]。正因为器官芯片中尺度合适的微通道，一方面可以在体外重建人体内组织水平大小的体液流动特性，另一方面使得整个芯片内存在着可预测和可控制液体运动，这就使得研究人员能够根据需要在器官芯片内添加障碍物或混合装置达到预期的流体扰动，从而在体外模拟体内器官的生理活动。此外，在微尺度的系统中，毛细作用力、表面张力和界面张力对流体的主导性完全大于重力等体积力，所以可以实现流体在与重力作用相反的情况下通过管道进行被动输送[2]，这也使得通过器官芯片模拟人体内一系列的物质交换过程成为可能。

其次，器官芯片空间结构微小的特点在学术科研及商品产业化中都有着极大的优势，这也同样是微流控技术相较传统生命科学实验中拥有的独特优势。因为其微小的空间结构，研究人员能够将实验室规模的操作集中在微流控芯片之上，使得生物工程和化学类实验能够在细胞乃至分子层面对样品进行操作和分析，并且在学术研究方面能够将多种传感器，比如声、光、电传感器集成到微流控芯片之上，从而实现对整体微尺度系统中物理量和化学量的在线实时检测。此外，在其作为商品的产业化过程中，微尺度的芯片结构具有低成本、高通量和高速度的商业竞争力，这种微小结构以及高集成度的优势为其生产自动化设备以及工业化的发展铺平道路。

最后，在生物医学工程实验中，传统的细胞培养方式是在培养皿或培养瓶中进行，而现代的细胞培养方式已经是在微流控技术基础之上去实现，微流控技术为培养和分析细胞提供了不同于传统的潜力，能够以更加复杂的方式在微观层面培养和观察细胞。器官芯片正是继承了这种优异的细胞培养环境，使得细胞能够在三维空间中有序排布，并且能够高度模拟体内微环境的流体剪切力，并且这种基于微流控技术的细胞培养方式一方面减少了试剂的消耗，另一方面因为其微小的体积降低了污染的风险，为高效、高通量的实验提供了独特的平台[81]。

（四）基于微流控芯片的器官芯片的发展态势

正因为微流控芯片的种种优势及对体外模型的迫切需求，基于微流控技术的器官芯片才不断发展，其主要功能是在体外高度模拟人体体内器官微环境，从而在一定程度上表达体内组织器官水平的功能，并且由于微流控的优势，器官芯片能够易于操控外源物质的添加和分析。在科学研究领域，器官芯片已经被应用于一些药代动力学和病理学的研究，并且在其逐步成熟的过程中，应用于市场的药物筛选、药效评价、毒性检测功能将被不断开发完善，此外，在环境毒理学的研究及市场化妆品的试样方面都有着巨大的应用前景。

1.单器官芯片

在动物体内研究肺部组织具有相当大的困难，因为这个器官是持续受到外力影响的，最主要的影响就是呼吸运动，并且传统生物学研究方法难以在体外模拟肺泡复杂的细胞组成及其周期性的呼吸运动，所以肺芯片的研究主要集中于气血屏障构建、机械压力以及其病理生理过程模拟。在 2010 年，Huh 等[82]通过肺芯片重构了人肺的关键功能即肺泡与毛细血管相互作用，模拟了肺泡的收缩和舒张过程，图 4-22（a）是整个肺芯片的结构示意图，整个微系统由三个中空微通道组成，中间是一层由 PDMS 制成的多孔柔性薄膜，并且在多孔薄膜的两侧分别接种内皮细胞和上皮组织细胞；在两侧的通道内连接真空泵，可通过气泵对膜进行拉伸，从而可以模拟由隔膜收缩而引起的胸膜内压降低，在此基础上，研究人员通过在肺芯片的微通道中加入白细胞介素 2（IL-2），从而可以研究由药物毒性而导致肺水肿的整个病理发展过程[83]。正因为基于微流控技术的肺芯片的发展，基于肺部芯片肺部感染和肺部炎症等系列性的研究得以继续，结果都表明，肺芯片不仅能够模拟肺部疾病的病理过程，也为科研人员对呼吸系统疾病的研究提供了新方法。

随着肺芯片的出现以及发展，更多基于微流控技术的其他单器官芯片也根据需求被设计出来，并且从简单的器官细胞培养逐步应用于生命科学的广泛研究之中。肝脏作为在人体药物代谢过程中起重要作用的器官，药物研发时迫切需要有效的体外模型去研究肝毒性，但是肝脏的微环境是三维的，同时体液在细胞周围不断流动，并且不同类型的细胞共同作用调节肝脏整体的功能，所以传统的二维模式下培养的肝细胞会很快失去肝活性，因此无法完成药物筛选及毒理学的部分研究。现有的肝芯片能够较长时间地保持肝功能，Lee 等[89] 在早期设计了一种具有间隙结构的肝芯片，中间是基于微流控技术的仿内皮细胞间隙，左右两侧分别是原代肝细胞培养区域和药物或营养物质传输通道，此模型能够在不需要细胞外基质（ECM）涂层的情况下维持大鼠和人类肝细胞 7 天，为以后肝芯片研究拓宽了方向。如图 4-22（b）所示，哈佛医学院 Hegde 等[84] 设计的一种三明治结构的肝芯片，中间是多孔的聚对苯二甲酸乙二醇酯（PET）膜，上下层分布了两个微流控腔室用于细胞的共培养，这种动态的上下层三维流动培养相较传统的静态二维培养能够观察到较高的白蛋白合成（合成）和尿素排泄（解毒），肝芯片的发展进步势必会提高药物代谢过程的研究效率。

由于动物的肾清除效率高于人类，所以肾毒性常常被低估，但是肾脏是人体中重要的排泄器官，所以在药物代谢过程中肾功能是必不可少的一个环节。利用基于微流控技术的肾脏模型能够填补动物和人类之间药代动力学的空白，肾脏的功能主要分为两部分来实现，分别是原尿和最终尿液的形成，其过程主要有肾小球的滤过作用及肾小管的重吸收作用。肾脏同样是一个复杂的渗透调节器官，其对水和分子的过滤及吸收过程都很复杂，因此在肾单元工作过程中流体剪切力的影响至关重要。早期有研究人员通过一种基于MEMS 的生物人工装置来模拟单个肾单位的功能，其装置主要有三个部分，分别模拟重建了肾单位中的肾小球、近曲小管和远曲小管的功能，初步实现肾功能中物质的过滤与重吸收[90]。图 4-22（c）所示是 Wang 等[85] 基于微流控技术设计的动态三维肾芯片，其由平行的通道组成并且通过流体流动来模拟肾小球滤过屏障的生理过程。肾芯片重建了肾小球的微环境并且表达了一定的肾单元功能，在此基础上研究人员模拟了糖尿病肾病的关键病理反应，这也为研究糖尿病肾病的病理机制和开发有效的药物治疗提供了新平台。

肠道吸收是人体必需的营养物质、化学物质和药物进入体内循环的重要途径，肠道的主要功能就是吸收，所以建立生理上真实的体外肠道模型能够为人体吸收过程提供快速、低成本和准确的预测。早期，Mahler 等[91] 开发了一种肠胃道的体外微尺度细胞培养平台，用微流控的方式对包含细胞的腔室进行灌注，从而模拟药物经过以及代谢过程。如图 4-22（d）所示，Kim 等[86] 设计的肠芯片是具有双层结构的，中间由多孔膜分隔，在其上表面培养人体肠道上皮细胞，两侧的真空通道由泵控制从而能够模拟人体肠道的蠕动，整个芯片结合了机械应力变化、流体剪切力作用及微生物共存等多个生理参数。肠芯片有效地再现了人体正常肠道的诸多复杂功能，从中也体现出了器官芯片拥有着能够高度集成的潜力，这也就意味着其是具有高度仿生的体外模型。

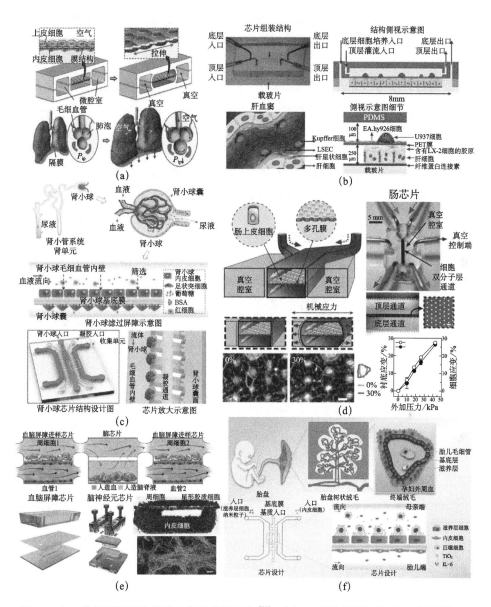

图 4-22 (a) 能够模拟肺泡舒张和收缩的肺芯片[82];(b) 三维培养肝细胞的三明治结构肝
芯片[84];(c) 多维分区的功能化肾芯片[85];(d) 双层结构的肠芯片[86];(e) 血脑屏障芯
片及脑神经元芯片联合系统[87];(f) 三维胎盘屏障芯片[88]

血脑屏障（blood-brain barrier, BBB）是把关中枢神经系统和身体其他部位之间关系的重要结构，其主要功能是促进必要的营养物质进入大脑，并且排除潜在的有害物质。美国范德比尔特大学（Vanderbilt University）的研究者利用微流控结构成功模拟了人类血脑屏障，其结构主要由一个血管腔和一个多孔膜隔开的脑腔组成，并且利用该芯片测试了血脑屏障对药物和毒素的阻隔作用[91]。如图4-22（e）所示[87]，Ingber团队使用微流控芯片模拟人体的神经血管单元，在脑芯片两端分别连接血脑屏障芯片，从而观察整个系统的流入流出过程，并用该系统模拟精神活性药物甲基苯丙胺作为血管内给药时的效果，研究了血脑屏障和神经元之间的代谢耦合。由此可见，血脑屏障器官芯片有望成为脑屏障生理学研究以及中枢神经系统治疗学有效评价的有力平台。

图4-22（f）所示是Yin等[88]设计的三维胎盘屏障芯片，再现了胎儿母体之间胎盘屏障的生理三维微环境和动态参数，旨在研究环境内纳米颗粒对孕妇的长期影响，包括氧化应激、细胞凋亡、屏障通透性以及母体免疫细胞行为。总之，各种各样的单器官芯片已经根据需求被研制出来，同时主流的单器官芯片已经逐步成熟并且走向市场，为很多大型的生物制药公司所应用。随着医疗科技的发展以及药物研发的迫切需求，器官芯片已经成为在生物研究、疾病治疗以及药物评价等方面的主力军。

2. 多器官芯片（multi-organ-on-a-chip）

随着微流控技术和器官芯片技术的不断发展，在芯片上集成多个器官的多器官芯片成为当今的研究热点，器官芯片的发展方向也从单器官芯片转向多器官芯片，最终将会发展至人体芯片（body-on-a-chip），这将实现集成人体主要的10种以上的器官，包括肺、肝、肠、心脏、肾、脑，以及皮肤、生殖系统、血管系统和免疫系统等。大部分的体外器官模拟模型仅仅针对来自单个器官的单一细胞，这显然无法真实反映人体内器官之间复杂的相互影响，因此多器官芯片的发展是大势所趋，并且根据器官的不同功能划区域同时在芯片上构建多个器官，通过芯片管道相连接，可以用于模拟人体对特定物质的吸收、代谢、转化和排泄过程[92-94]。

如图4-23（b）所示，Shuler课题组[95]设计了多层芯片结构，并通过培养三种细胞株达到在多器官芯片上模拟人体肝脏、肿瘤和骨髓结构，用以测试抗癌药物的毒性。在此芯片上对药物药代动力学-药效动力学（PK-PD）进行了多项研究，并与静态条件下对比，为药物毒性测试提供了一种集成的多器官联合平台，保证了整个测试结果的可靠性，也帮助药物研发人员更直观地了解药物作用机制。图 4-23（c）所示为 Maschmeyer 等 [96] 在多器官芯片上建立了肠道、肝脏、肾脏、皮肤四种器官共培养的微生理系统，并且整个体系的生理功能及活性能够保持 28 天之久，共培养的细胞重现了体内环境的稳态，该研究是首次建立能够超过 28 天的体外多器官模型，并且能够对候选药物重复试验以测试对人体的全身性毒性。图 4-23（d）所示为 Satoh 等 [97] 设计的一种平板式多器官微流控装置，这种简单的系统设置能够实现高通量多器官的片上系统，芯片上有多个循环培养单元，通过染色、生长分析、基因表达分析及液相色谱-质谱分析等多种细胞培养实验验证系统的稳定性，并对在片上肝脏、肿瘤模型组成的双器官系统证明抗癌前药卡培他滨（capecitabine，CAP）的作用，以及肠道、肝脏、肿瘤和结缔组织模型组成的四器官系统评估 5-FU 和 5-FU 的两种前药［CAP 和替加氟（tegafur）］对肿瘤和结缔组织在内的多个器官模型的影响，实现了多器官芯片上的药物药效评价和测试。

三、发展思路与发展方向

微流体芯片自推出以来取得了长足进步，应用领域涉及多个领域和学科，特别是在生物医学领域已经成为研究的前沿和热点。微流控芯片的微尺度通道中独特的化学和物理特性及多种功能的耦合所带来的优势继续推动着研究的进展。微流体设备要想实现大规模的商业应用，需要解决技术上的一些挑战，从而更适合于现实的需求。

（一）用于液体活检的微流控技术的发展方向与挑战

体液的肿瘤标志物为肿瘤的起源、治疗与检测提供了非常重要的信息。因此，液体活检不仅在肿瘤早期检测中发挥作用，也为癌症患者的常规管理提供额外的宝贵工具。基于微流控技术的液体活检技术可以对疾病标志物进行密切跟踪，为监测治疗效果与改善治疗方案提供选择。目前已经开发了许多基于微流控技术的液体活检的分析方法，然而大多数方法对于实际的诊断实施来说较为耗时且昂贵，高通量、低成本的微流控技术有望在未来发展中起到重要作用。

从癌症诊断的真实临床应用的角度来看，基于微流控技术的液体活检与分析还存在一些挑战。譬如，现有大部分检测方法都集中在单一分析物上，在未来可以通过采用多参数分析，同时结合单一血液样本中多个分析物的数据，提高检测的分辨率，并可扩大检测方法的适用范围。建立在同一芯片中

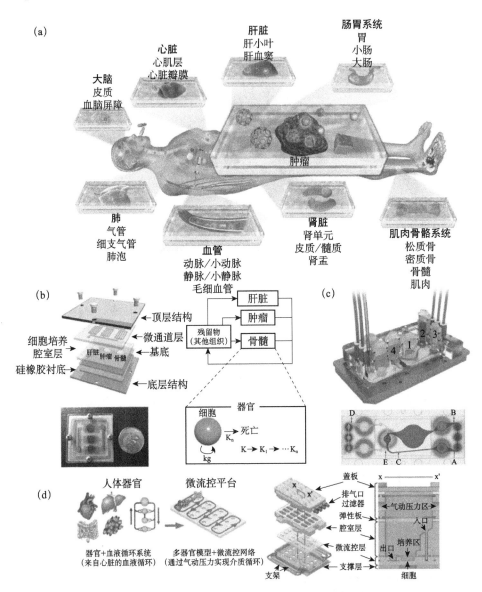

图 4-23 （a）人体各种器官芯片 [94]；（b）基于多器官芯片的 PK-PD 研究示意图 [95]；（c）肠道、肝脏、肾脏、皮肤四器官芯片系统 [96]；（d）高通量的多器官芯片系统 [97]

实现体液中肿瘤标志物分选、定量、分析的一体化集成芯片，以及具有高通用性、低成本、速度快的微流控分选技术将是未来的发展方向。毫无疑问，只有基于微流控芯片的液体活检技术在临床有效性和临床实用性得到证明之后，液体活检才能充分发挥潜力，并对基因组、转录组、蛋白组、代谢组等多组学驱动的肿瘤学、癌症早期检测及患者的临床管理产生预期的影响。

（二）基于微流控芯片的器官芯片的发展方向与挑战

器官芯片提供了可参考有意义的生物模型，目前主流应用于药物的开发阶段，但是其从辅助的工具走向完全替代动物实验仍然有很长的路要走，并且如果要作为临床应用仍需要一个标准微流控技术。当前面临的关键科学技术问题包括以下几个方面。

1. 器官芯片实现高仿生构建

器官芯片中的类器官应该表现出类似于体内的功能。为此，需要在芯片中实现多种人源细胞的三维共培养，构建与体内类似的细胞生长的生理微环境，包括：生物相容性良好的芯片仿生材料的研制和修饰，构建养分、氧、生化因子等的浓度梯度分布，构建"微血管"营造与体内类似的代谢微环境等。

2. 实现多器官集成，多器官联动

基于器官芯片实现各种器官之间高精度协同并发挥出与体内类似的生理功能是具有挑战性的难点问题，但有非常诱人的应用前景，比如，各类损伤（包括缺血性损伤、药物损伤、力损伤等）对人体造成的影响多通过交互联动作用扩散至各器官，多器官芯片能帮助探索跨系统器官间的关键生命物质传递机制。微流控芯片的固有优点便于在芯片上培养多种器官，然而多器官联动芯片的研制需要进一步探索：各器官之间的物质传输，各单元流速、温度、力等的精确控制，各器官功能变化引起的其他器官功能联用的实现，器官分泌的生化因子的示踪检测等。

3. 发展新方法实现器官芯片表界面的精准介观测量与表征

目前，器官芯片表界面表征技术普遍存在穿透深度和视野广度不足、难以获得高空间分辨能力、难以具有化学和生物标记的分辨能力等问题，目前常用的探测手段难以集成上述各种能力，对器官芯片表界面进行全面准确的

测量和表征。亟待发展新方法实现器官芯片表界面从分子水平到整个器官水平的动态多尺度、多维度检测。需要进一步探索以下几方面：在近生理条件下考察组成器官芯片的各类细胞在外界刺激下的纳米尺度的变化规律，以及该种刺激在细胞间的信号传递规律，在此基础上对器官芯片生物表界面的各种生物、化学、物理特性（细胞分泌代谢物、三维形貌、粗糙度、力学、电学性质等）进行分子水平的研究，从而帮助揭示类器官形态和功能之间的联系。

为了实现多器官芯片的信息采集和处理，将多功能的传感器集成到芯片之上也是未来的趋势[98]，这样芯片上实时的物理量和化学量都能被及时反馈到系统以外的数据采集端，为将来药物测试平台中器官芯片的信息反馈和数据处理提供高效的途径。

总之，器官芯片的未来发展还面临着挑战，一方面，其优异的性能令科研工作者都去研究如何实现这块神奇的芯片；另一方面，由于技术的问题有待攻克，将器官芯片真正发展至人体芯片的过程显然是曲折而艰难的。只有将器官芯片真正做到多器官集成的状态，才能够在药物检测中发挥其应有的价值。现有的多器官芯片模型还仅仅只能联系某几个关键的器官，这对于药物检测来说已经是一项重大的突破，因为仅仅只观察药物对单个器官的影响并不能检测药物的效果和毒性，只有通过模拟人体真正的器官联系及器官组织微环境才能更好地得到高度仿生的器官模拟模型。

（三）微流控技术在未来的发展思路

我国微流控芯片起步比国外晚几年，但一直紧跟国际发展。目前，国内也有二十多家微流控初创企业，但要取得世界一流的研究成果，拿出可靠好用的产品，还需要做好以下几方面的工作。

1. 找到适合微流控芯片技术解决的好的科学问题

很多微流控芯片都是具有工程背景的科学家研制的，这样可能过于强调芯片的复杂度和物理功能，而忽视所解决的问题是不是生物学家、化学家关心的重点。对于生物学家、化学家来说，他们习惯用熟悉的技术工具进行研究，微流控芯片技术需要能实现传统方法不能够达到的方面才足够有吸引力。因此，找到适合微流控芯片技术解决的好的科学问题是微流控芯片研发的首要关键问题，需要通过学科交流、项目合作等手段加强不同学科背景的科学家之间的沟通交流，提出创新问题，为解决同一个问题发挥各自的长处。从事生物学研究和化学研究的科学家应对微流控芯片能做什么有充分了解，从而方能摆脱传统实验束缚，提出创新性的科学问题。流体物理学家应建立基础理论，以深入理解和掌握物质在微米纳米尺度下流动、传质、传热等行为，指导芯片制作和实验设计。材料科学家应根据应用场景选择芯片材料并对其表面进行改性，甚至研制新的具有更加优异性能的材料。电子和机械科学家应根据芯片所需要的功能设计芯片结构，并实现芯片系统的研制。

2. 重视低成本微流控芯片材料及其加工工艺发展

微流控芯片制作材料包括硅/玻璃、弹性体、热塑性聚合物、热固性聚合物、纸和水凝胶等。在生物医学应用中，微流控芯片常常被作为一次性使用的耗材，如果其设计加工成本高昂，会严重阻碍它的推广和应用。以往，微流控芯片的加工多依赖于微电子行业的加工工艺。而对低成本微流控芯片的需求，应进一步发展基于聚合物材料及相应的加工（如微模塑成型、激光烧蚀、2D/3D 打印、注塑成型等）和键合（如热压键合、黏性键合等）方法。

微流控芯片发展至今已经在多个领域展现出了广阔的应用前景及极富潜力的应用价值。其引导的液体活检芯片及器官芯片等技术在疾病研究、个性化诊疗、药物检测、医学研究中都发挥着举足轻重的影响，为生命科学研究提供了新的平台和方向，也使得生物医学工程和微纳加工技术相结合齐头并进。

四、资助机制与政策建议

近年来国内的微流控技术在学术界和产业界的发展取得了不错的成绩，毫无疑问，这与国家和政府在项目上的资助和政策上的支持有着密切的关联。微流控技术想要在未来获得更大的发展，离不开国家和政府在资助机制与政策方面的大力支持。

1. 需要加强政策鼓励与扶持，加强科研院所和企业的合作

微流控芯片的开发需要多个学科背景的研究人员参与，在这方面科研院所具有优势。站在科研第一线的科研院所具有解决复杂问题的能力，还有雄厚的科研资源可以利用。而科研院所对商业市场不敏感，需要企业的应用市场反馈信息，找准需要解决的问题。通过企业将科研成果进行转化，并且通过专业化的市场人员将产品推广应用。

2. 微流控芯片人才队伍建设

目前，微流控芯片领域发展迅速，缺少多学科交叉人才、企业研发人才、专业化市场人才。为解决这个问题，可以在相关应用领域和工程领域的研究生阶段开设微流控芯片相关课程，在学生牢固掌握专业知识的同时扩大其知识面。鼓励支持微流控芯片国际会议、论坛在中国举行，扩大科研人员对微流控芯片的认知。鼓励企业间的自由竞争，通过市场规律培育高素质的产业界人才。

3. 加强项目的资助强度和时间跨度

微流控芯片材料种类较多且加工方式各有不同，项目的初期研发需要有足够的资金和时间的保障，尤其是在生物医学中应用的微流控技术和产品在走向市场化的过程中，还需要进行大量的临床试验和医疗器械证的申报，若无相关的经费和政策的支持，很多具有潜力的技术很可能会夭折。

4. 加强国际合作与交流

设立相关的项目，通过相关的项目合作，加强与微流控技术领域国际领先的科研单位之间的交流与合作，促进国内的微流控技术在不同应用方向上的发展。

微流控芯片结构紧凑、体积小、成本低、集成度高的三大优势使得其能够从实验室走出来进入市场。随着微流控芯片制作技术的发展和各种新型材料的不断开发，微流控芯片的功能将更为完备、集成化程度将更高。此外，在更准确模拟人体微环境的芯片用于病理研究和药物筛选等方面，微流控芯片也具有重大应用价值。为了实现微流控芯片上生物信息采集和处理，将多功能的传感器集成到芯片之上也是未来的趋势。

总之，微流控芯片作为一种革命性的技术平台，其市场前景显然是极其巨大的。相信在不久的将来，微流控芯片技术将伴随着巨大的应用需求而步入市场，能够使得高分辨率的生物学成像、大数据、基因编辑、人工智能等技术与其相结合快速发展，并带动相关产业和科研进步。

陈滢（中国科学院上海微系统与信息技术研究所），
于海涛（中国科学院上海微系统与信息技术研究所），
王雪凤（中国科学院上海微系统与信息技术研究所），
毛红菊（中国科学院上海微系统与信息技术研究所），
许鹏程（中国科学院上海微系统与信息技术研究所）

参 考 文 献

[1] 蒋亚东，太惠玲，谢光忠，等.敏感材料与传感器.北京：科学出版社，2016.

[2] Ziegler C, Göpel W. Biosensor development. Current Opinion in Chemical Biology. 1998, 2（5）: 585-591.

[3] Scheller F W, Wollenberger U, Warsinke A, et al. Research and development in biosensors. Current Opinion in Biotechnology, 2001, 12（1）: 35-40.

[4] Siontorou C G, Batzias F A. Innovation in biotechnology: Moving from academic research to product development—the case of biosensors. Critical Reviews in Biotechnology, 2010, 30（2）: 79-98.

[5] 方家熊.中国电子信息工程科技发展研究（领域篇）：传感器技术.北京：科学出版社，2018.

[6] Johnson C L, Wise K D, Schwank J W. A thin-film gas detector for semiconductor process gases: In Technical Digest. International Electron Devices Meeting, 1988, 662-665.

[7] Suehle J S, Cavicchi R E, Gaitan M, et al. Tin oxide gas sensor fabricated using CMOS micro-hotplates and *in-situ* processing. IEEE Electron Device Letters, 1993, 4（3）: 118-120.

[8] Solzbacher F, Imawan C, Steffes H, et al. A new SiC/HfB$_2$ based low power gas sensor. Sensors and Actuators: B−Chemical, 2001, 7（1）: 111-115.

[9] Xu L, Li T, Wang Y. A novel three-dimensional microheater. IEEE Electron Device Letters, 2011, 2（9）: 1284-1286.

[10] Santra S, De Lvca A, Bha S, et al. Dip pen nanolithography-deposited zinc oxide nanorods on a CMOS MEMS platform for ethanol sensing. RSC Advances, 2015, 5（59）: 47609-47616.

[11] Chen Y, Xu P C, Li X X, et al. High-performance H$_2$ sensors with selectively hydrophobic micro-plate for self-aligned upload of Pd nanodots modified mesoporous In$_2$O$_3$ sensing-material. Sensors and Actuators: B−Chemical, 2018, 267: 83-92.

[12] Binnig G, Quate C F, Gerber C. The atomic force microscope. Physical Review Letters, 1986, 56（9）: 930-933.

[13] Tortonese M, Barrett R C, Quate C F. Atomic resolution with an atomic force microscope using piezoresistive detection. Applied Physics Letters, 1993, 62（8）: 834-836.

[14] Boisen A, Dohn S, Keller S S, et al. Cantilever-like micromechanical sensors. Reports on Progress in Physics, 2011, 74（3）: 036101.

[15] Thundat T, Wachter E A, Sharp S L, et al. Detection of Mercury-vapor using resonating microcantilevers. Applied Physics Letters, 1995, 66（13）: 1695-1697.

[16] Burg T P, Godin M, Knudsen S M, et al. Weighing of biomolecules, single cells and single nanoparticles in fluid. Nature, 2007, 446（7139）: 1066-1069.

[17] Olcum S, Cermak N, Wasserman S C, et al. Weighing nanoparticles in solution at the attogram scale. Proceedings of the National Academy of Sciences, 2014, 111（4）: 1310-1315.

[18] Zuo G, Li X, Zhang Z, et al. Dual-SAM functionalization on integrated cantilevers for specific trace-explosive sensing and non-specific adsorption suppression. Nanotechnology, 2007, 18（25）: 255501.

[19] Datskos P, Lavrik N, Sepaniak M. Detection of explosive compounds with the use of microcantilevers with nanoporous coatings. Sensor Letters, 2003, 1（1）: 25-32.

[20] Yamazoe N. New approaches for improving semiconductor gas sensors. Sensors and Actuators: B−Chemical, 1991, 5（1-4）: 7-19.

[21] Yamazoe N, Sakai G, Shimanoe K. Oxide semiconductor gas sensors. Catalysis Surveys from Asia, 2003, 7（1）: 63-75.

[22] Yamazoe N. Toward innovations of gas sensor technology. Sensors and Actuators: B−Chemical, 2005, 108（1）: 2-14.

[23] Franke M E, Koplin T J, Simon U. Metal and metal oxide nanoparticles in chemiresistors: does the nanoscale matter? Small, 2006, 2（1）: 36-50.

[24] Xu P, Yu H, Guo S, et al. Microgravimetric thermodynamic modeling for optimization of chemical sensing nanomaterials. Analytical Chemistry, 2014, 86（9）: 4178-4187.

[25] Xu P, Guo S, Yu H, et al. Mesoporous silica nanoparticles（MSNs）for detoxification of hazardous organophorous chemicals. Small, 2014, 10（12）: 2404-2412.

[26] Xu P, Yu H, Li X. Microgravimetric analysis method for activation-energy extraction from trace-amount molecule adsorption. Analytical Chemistry, 2016, 88: 4903-4908.

[27] Kim Y J, Hwang E S, Kim Y H, et al. MEMS-based biosensor. Encyclopedia of Microfluidics and Nanofluidics, 2015, 1747-1759.

[28] Primiceri E, Chiriacò M S, Rinaldi R, et al. Cell chips as new tools for cell biology: results, perspectives and opportunities. Lab on a Chip, 2013, 13: 3789-3802.

[29] Windmiller J R, Wang J. Wearable electrochemical sensors and biosensors: a review. Electroanalysis, 2013, 25（1）: 29-46.

[30] Barkam S, Saraf S, Seal S. Fabricated micro-nano devices for *in vivo* and *in vitro* biomedical applications. Wiley Interdisciplinary Reviews: Nanomedicine and Nanobiotechnology, 2013, 5（6）: 544-568.

[31] Haes A J, Chang L, Klein W L, et al. Detection of a biomarker for Alzheimer's disease from synthetic and clinical samples using a nanoscale optical biosensor. Journal of the American Chemical Society, 2005, 127（7）: 2264-2271.

[32] Stedtfeld R D, Tourlousse D M, Seyrig G, et al. Gene-Z: a device for point of care genetic testing using a smartphone. Lab on a Chip, 2012, 12（8）: 1454-1462.

[33] Arroyo-Currás N, Somerson J, Vieira P A, et al. Real-time measurement of small molecules directly in awake, ambulatory animals. Proceedings of the National Academy of Sciences, 2017, 14（4）: 645-650.

[34] Xuan X, Yoon H S, Park J Y. A wearable electrochemical glucose sensor based on simple and low-cost fabrication supported micro-patterned reduced graphene oxide nanocomposite electrode on flexible substrate. Biosensors and Bioelectronics, 2018, 109: 75-82.

[35] Xu T, Yu H, Xu P, et al. Real-time enzyme-digesting identification of double-strand DNA in a resonance-cantilever embedded micro-chamber. Lab on a Chip, 2014, 14（6）: 1206-1214.

[36] Yu H, Y Chen, Xu P, et al. μ- 'Diving suit' for liquid-phase high-Q resonant detection. Lab on a Chip, 2016, 16（5）: 902-910.

[37] 林炳承, 秦建华. 微流控芯片实验室. 色谱, 2005, 23（5）: 456-463.

[38] Whitesides G M. The origins and the future of microfluidics. Nature, 2006, 442（7101）: 368-373.

[39] Ren K N, Zhou J H, Wu H K. Materials for microfluidic chip fabrication. Accounts of Chemical Research , 2013, 46（11）: 2396-2406.

[40] Hou X, Zhang Y S, Santiago G T D, et al. Interplay between materials and microfluidics. Nature Reviews Materials, 2017, 2（5）: 17016.

[41] Schaller T, Bohn L, Mayer J, et al. Microstructure grooves with a width of less than 50 μm cut with ground hard metal micro end mills. Precision Engineering, 1999, 23（4）: 229-235.

[42] Beebe D J, Moore J S, Yu Q, et al. Microfluidic tectonics: a comprehensive construction platform for microfluidic systems. Proceedings of the National Academy of Sciences, 2000, 97（25）: 13488-13493.

[43] Rossier J S, Vollet C, Carnal A, et al. Plasma etched polymer microelectrochemical systems. Lab on a Chip, 2002, 2（3）:145-150.

[44] Duffy D C, McDonald J C, Schueller O J A, et al. Rapid prototyping of microfluidic systems in poly（dimethylsiloxane）. Analytical Chemistry, 1998, 70（23）: 4974-4984.

[45] McDonald J C, Whitesides G M. Poly（dimethylsiloxane）as a material for fabricating microfluidic devices. Accounts of Chemical Research, 2002, 35（7）: 491-499.

[46] Jo B H, van Lerberghe L M, Motsegood K M, et al. Three-dimensional micro-channel fabrication in polydimethylsiloxane（PDMS）elastomer. Journal of microelectromechanical Systems, 2000, 9（1）: 76-81.

[47] Heitzer E, Haque I S, Roberts C E S, et al. Current and future perspectives of liquid biopsies in genomics-driven oncology. Nature Reviews Genetics, 2019, 20（2）: 71-88.

[48] Pantel K, Alix-Panabières C. Liquid biopsy and minimal residual disease-latest advances and implications for cure. Nature Reviews Clinical Oncology, 2019, 16（7）: 409-424.

[49] Sun Y, Haglund T A, Rogers A J, et al. Microfluidics technologies for blood-based cancer liquid biopsies. Analytica Chimica Acta, 2018, 1012: 10-29.

[50] Duncombe T A, Tentori A M, Herr A E. Microfluidics: reframing biological enquiry. Nature Reviews Molecular Cell Biology, 2015, 16（9）: 554-567.

[51] Kulasinghe A, Wu H, Punyadeera C, et al. The use of microfluidic technology for cancer applications and liquid biopsy. Micromachines, 2018, 9（8）: 397.

[52] Lianidou E, Pantel K. Liquid biopsies. Genes, Chromosomes and Cancer, 2019, 58（4）: 219-232.

[53] Nagrath S, Sequist L V, Maheswaran S, et al. Isolation of rare circulating tumour cells in cancer patients by microchip technology. Nature, 2007, 450（7173）: 1235-1239.

[54] Nagrath S, Jack R M, Sahai V, et al. Opportunities and challenges for pancreatic circulating tumor cells. Gastroenterology, 2016, 151（3）: 412-426.

[55] Alix-Panabières C, Pantel K. Challenges in circulating tumour cell research. Nature Reviews Cancer, 2014, 14（9）: 623-631.

[56] Huang T, Jia C P, Sun W J, et al. Highly sensitive enumeration of circulating tumor cells in lung cancer patients using a size-based filtration microfluidic chip. Biosensors and Bioelectronics, 2014, 51: 213-218.

[57] Fan X, Jia C, Yang J, et al. A microfluidic chip integrated with a high-density PDMS-based microfiltration membrane for rapid isolation and detection of circulating tumor cells. Biosensors and Bioelectronics, 2015, 71: 380-386.

[58] Wang K, Zhou L, Zhao S, et al. A microfluidic platform for high-purity separating circulating tumor cells at the single-cell level. Talanta, 2019, 200: 169-176.

[59] Poudineh M, Aldridge P M, Ahmed S, et al. Tracking the dynamics of circulating tumour cell phenotypes using nanoparticle-mediated magnetic ranking. Nature Nanotechnology, 2017, 12（3）: 274-281.

[60] Park M H, Reátegui E, Li W, et al. Enhanced isolation and release of circulating tumor cells using nanoparticle binding and ligand exchange in a microfluidic chip. Journal of the American Chemical Society, 2017, 139（7）: 2741-2749.

[61] Bracht J W P, Mayo-de-las-Casas C, Berenguer J, et al. The present and future of liquid biopsies in non-small cell lung cancer: combining four biosources for diagnosis, prognosis, prediction, and disease monitoring. Current Oncology Reports, 2018, 20（9）: 70.

[62] Hamza B, Ng S R, Prakadan S M, et al. Optofluidic real-time cell sorter for longitudinal CTC studies in mouse models of cancer. Proceedings of the National Academy of Sciences,

2019, 116（6）: 2232-2236.

[63] Zhang W, Xia W, Lv Z, et al. Liquid biopsy for cancer: circulating tumor cells, circulating free DNA or exosomes? Cellular Physiology and Biochemistry, 2017, 41（2）: 755-768.

[64] Vaidyanathan R, Soon R H, Zhang P, et al. Cancer diagnosis: from tumor to liquid biopsy and beyond. Lab on a Chip, 2019, 19（1）: 11-34.

[65] Wang P, Jing F, Li G, et al. Absolute quantification of lung cancer related microRNA by droplet digital PCR. Biosensors and Bioelectronics, 2015, 74: 836-842.

[66] Wu Z, Bai Y, Cheng Z, et al. Absolute quantification of DNA methylation using microfluidic chip-based digital PCR. Biosensors and Bioelectronics, 2017, 96: 339-344.

[67] Johnstone R M, Adam M, Hammond J R, et al. Vesicle formation during reticulocyte maturation. Association of plasma membrane activities with released vesicles（exosomes）. Journal of Biological Chemistry, 1987, 262（19）: 9412-9420.

[68] Boriachek K, Islam M N, Möller A, et al. Biological functions and current advances in isolation and detection strategies for exosome nanovesicles. Small, 2018, 14（6）: 1702153.

[69] Wang W, Luo J, Wang S. Recent progress in isolation and detection of extracellular vesicles for cancer diagnostics. Advanced Healthcare Materials, 2018, 7（20）: 1800484.

[70] Liu F, Vermesh O, Mani V, et al. The exosome total isolation chip. ACS Nano, 2017, 11（11）: 10712-10723.

[71] Woo H K, Sunkara V, Park J, et al. Exodisc for rapid, size-selective, and efficient isolation and analysis of nanoscale extracellular vesicles from biological samples. ACS Nano, 2017, 11（2）: 1360-1370.

[72] Reátegui E, van der Vos K E, Lai C P, et al. Engineered nanointerfaces for microfluidic isolation and molecular profiling of tumor-specific extracellular vesicles. Nature Communications, 2018, 9（1）: 175.

[73] Wunsch B H, Smith J T, Gifford S M, et al. Nanoscale lateral displacement arrays for the separation of exosomes and colloids down to 20 nm. Nature Nanotechnology, 2016, 11（11）: 936-940.

[74] Wu M, Ouyang Y, Wang Z, et al. Isolation of exosomes from whole blood by integrating acoustics and microfluidics. Proceedings of the National Academy of Sciences, 2017, 114（40）: 10584-10589.

[75] Liu C, Guo J, Tian F, et al. Field-free isolation of exosomes from extracellular vesicles by microfluidic viscoelastic flows. ACS Nano, 2017, 11（7）: 6968-6976.

[76] Tay H M, Kharel S, Dalan R, et al. Rapid purification of sub-micrometer particles for enhanced drug release and microvesicles isolation. NPG Asia Materials, 2017, 9（9）: e434.

[77] Lu Y, Cheng Z, Wang K, et al. Integrated on-chip isolation and analysis of exosome tumor markers via microfluidic system. 20th International Conference on Solid-State Sensors, Actuators and Microsystems, 2019.

[78] Bai Y, Qu Y, Wu Z, et al. Absolute quantification and analysis of extracellular vesicle lncRNAs from the peripheral blood of patients with lung cancer based on multi-colour fluorescence chip-based digital PCR. Biosensors and Bioelectronics, 2019, 142: 111523.

[79] Park S E, Georgescu A, Huh D. Organoids-on-a-chip. Science, 2019, 364（6444）: 960-965.

[80] Reardon S. 'Organs-on-chips' go mainstream. Nature News, 2015, 523（7560）: 266.

[81] Hong J W, Quake S R. Integrated nanoliter systems. Nature Biotechnology, 2003, 21（10）: 1179.

[82] Huh D, Matthews B D, Mammoto A, et al. Reconstituting organ-level lung functions on a chip. Science, 2010, 328（5986）: 1662-1668.

[83] Huh D, Leslie D C, Matthews B D, et al. A human disease model of drug toxicity-induced pulmonary edema in a lung-on-a-chip microdevice. Science Translational Medicine, 2012, 4（159）: 159ra147.

[84] Prodanov L, Jindal R, Bale S S, et al. Long-term maintenance of a microfluidic 3D human liver sinusoid. Biotechnology and Bioengineering, 2016, 113（1）: 241-246.

[85] Wang L, Tao T, Su W, et al. A disease model of diabetic nephropathy in a glomerulus-on-a-chip microdevice. Lab on a Chip, 2017, 17（10）: 1749-1760.

[86] Kim H J, Huh D, Hamilton G, et al. Human gut-on-a-chip inhabited by microbial flora that experiences intestinal peristalsis-like motions and flow. Lab on a Chip, 2012, 12（12）: 2165-2174.

[87] Xu H, Li Z, Yu Y, et al. A dynamic *in vivo*-like organotypic blood-brain barrier model to probe metastatic brain tumors. Scientific Reports, 2016, 6: 36670.

[88] Maoz B M, Herland A, Fitzgerald E A, et al. A linked organ-on-chip model of the human neurovascular unit reveals the metabolic coupling of endothelial and neuronal cells. Nature Biotechnology, 2018, 36（9）: 865-874.

[89] Lee P J, Hung P J, Lee L P. An artificial liver sinusoid with a microfluidic endothelial-like barrier for primary hepatocyte culture. Biotechnology and Bioengineering, 2007, 97（5）: 1340-1346.

[90] Weinberg E, Kaazempur-Mofrad M, Borenstein J. Concept and computational design for a bioartificial nephron-on-a-chip. The International Journal of Artificial Organs, 2008, 31（6）: 508-514.

[91] Mahler G J, Esch M B, Glahn R P, et al. Characterization of a gastrointestinal tract microscale cell culture analog used to predict drug toxicity. Biotechnology and

Bioengineering, 2009, 104（1）: 193-205.

[92] Brown J A, Pensabene V, Markov D A, et al. Recreating blood-brain barrier physiology and structure on chip: A novel neurovascular microfluidic bioreactor. Biomicrofluidics, 2015, 9（5）: 054124.

[93] Esch M B, Smith A S T, Prot J M, et al. How multi-organ microdevices can help foster drug development. Advanced Drug Delivery Reviews, 2014, 69: 158-169.

[94] Zhang Y S, Zhang Y N, Zhang W. Cancer-on-a-chip systems at the frontier of nanomedicine. Drug Discovery Today, 2017, 22（9）: 1392-1399.

[95] Sung J H, Kam C, Shuler M L. A microfluidic device for a pharmacokinetic-pharmacodynamic（PK-PD）model on a chip. Lab on a Chip, 2010, 10（4）: 446-455.

[96] Maschmeyer I, Lorenz A K, Schimek K, et al. A four-organ-chip for interconnected long-term co-culture of human intestine, liver, skin and kidney equivalents. Lab on a Chip, 2015, 15（12）: 2688-2699.

[97] Satoh T, Sugiura S, Shin K, et al. A multi-throughput multi-organ-on-a-chip system on a plate formatted pneumatic pressure-driven medium circulation platform. Lab on a Chip, 2018, 18（1）: 115-125.

[98] 吴谦, 潘宇祥, 万浩, 等. 类器官芯片在生物医学中的研究进展. 科学通报, 2019, 64（09）: 901-909.

第五章

基于微纳机电系统的医疗传感器技术

第一节 植入式神经电极传感技术

一、概述

脑科学研究是当今最热门的方向之一，解析大脑功能常被认为是人类认识自然与自身的终极目标。大脑通过神经元细胞的电活动进行信息的传递、转换和整合，进而完成各种功能，包括感知觉、学习、记忆、抉择和运动控制等。而微观水平上神经元电活动的异常，与抑郁症、帕金森病、精神分裂症及阿尔茨海默病等一系列神经系统疾病密切关联。要理解大脑的工作机制及脑疾病的致病机理，必须精确掌握神经元的电活动信息。历史已经无数次地证明，每一次脑的奥秘的破解和重大发现都是与新技术的发展密不可分的。技术的发展，使得人们在微观上对大脑的认知达到了一定的程度，如功能性磁共振成像技术（functional magnetic resonance imaging, fMRI）、正电子发射层析技术（positron emission tomography, PET）、头皮脑电图（electroencephalography, EEG）、脑磁图（magnetoencephalography, MEG）和近红外光谱成像技术（near-infrared spectroscopy, NIRS）等。这些技术极大地拓展了人们对认知神经科学领域的研究。功能性核磁成像的发展[1]，加深了人们对某一特定大脑区域功能及神经环路的认识。然而，其体积相对活体较为庞大，不易于移动，使得其在活体研究中常受限。此外，低时空分辨率也是一大限制因素。对于头皮脑电[2]而言，其非侵入性的特点，使得它可以用于正常人体/活体的长期监测。但是同样地，其弱时空分辨率，无法达到单个神经元的分辨率，限制了其应用范围。

检测中枢神经系统与外周神经系统的生物电是了解脑功能的重要方法之一，是了解我们如何处理信息的重要手段。在神经元系统中，生物电信息是极其重要的一种信息。常见的神经元胞外信号监测幅值为 $50 \sim 500 \ \mu V$，频率达到 $100 \sim 6000 \ Hz$[3]，而胞内信号幅值可以达到毫伏级别。神经电极经过百年的发展，已经实现了单个离子通道信号的精准测量（膜片钳技术）、多个神经元动作电位的测量（微丝电极、硅针电极）及大区域场电位的测量（金属电极阵列）。膜片钳技术具有高空间分辨率，但是操作复杂，无法实现大规模检测。随着神经科学的发展，大家普遍意识到脑科学问题的综合性与复杂性，从突触（约纳米）到神经细胞（约微米）再到全脑（约厘米），大脑的复杂结构在空间尺度跨越多个数量级。面对如此繁杂的研究对象，人们开发出了许多高质量的植入式神经电极阵列。植入式神经电极阵列可以从脑中提取出两类最主要的信号，一类为局部场电位（local field potential, LFP），主要是突触电流引起的一种慢波信号，通常频率<100 Hz；另一类为锋电位（spikes），是记录到单个神经元的动作电位信号，频率>250 Hz。通常，这两类信号可以通过不同的滤波器获得。

二、发展现状与发展态势

（一）植入式神经电极阵列

植入式神经按照植入部位的不同可以分为皮层电极（electrocorticography, ECoG）和颅内皮层内电极（又称颅内电极、深度电极、侵入式电极，penetrating electrodes），但是只有颅内皮层内电极可以记录到单个神经元的动作电位。颅内电极最具代表性的是犹他电极阵列（Utah array）[4]和密歇根电极（Michigan probes）[5]（图5-1）。犹他电极阵列基于 MEMS 技术制作而成，电极的长度、数目、大小均可根据实际需求定制，具有高密度、高通量、小尺寸等特点，它可以同时采集数十个甚至上百个神经元的放电情况，从而可以满足大部分神经电生理实验的需求。通常犹他电极长度为 $1.0 \sim 1.5 \ mm$，微针尖端电镀上金属材料（铂、氧化铱）用于信号采集，其余部分和底托均被聚酰亚胺包裹，用于保证相互靠近的两个电极之间不会因短路造成信号丢失，并且聚酰亚胺和神经细胞的生物相容性好，适合长期植入。犹他电极阵列于 2004 年通过美国食品药品监督管理局（FDA）认证，该电极阵列在颅内植入时间的最长纪录为 1000 余天，有效记录时间一般在 3 个月到 1 年半。犹他电极阵列的阻抗小，结构强度较高，因此既可以用作信号记录电极，也可以用作电刺激电极。2016 年 10 月，Flesher 等使用犹他电极阵列作大脑的信号采集和信息反馈装置，首次成功让一名瘫痪患者通过机械臂与美国总统奥巴马"握手"并体验到握手的本体感觉[6]。密歇根电极和犹他电极阵列一样同属于针式皮层脑电极，不同之处在于它的电极柱上有用于脑电信号记录的触点，从而可以实现三维方向上的立体脑电信号记录。密歇根电极的厚度只有 15 μm，易折断，需挑破脑膜再将电极插入大脑，通常这类电极只作为记录电极使用。

鉴于大脑的复杂性，集成度高、空间分辨率高的脑电检测工具是实现大规模、跨尺度的神经监测的基础。大规模、高分辨率的测量需求对神经电极的设计提出新的要求。

（1）减小单个神经电极的尺寸，进而实现精准测量（单细胞测量、亚细胞结构测量）。

（2）提高神经电极数量的集成度（大量神经元同步测量、跨脑区协同测量）。

（3）优化神经材料，提高神经电极的生物兼容性（以利于减少组织伤害、形成稳定界面、长期测量）。传统的上述神经电极很难满足这些需求，因而各种新型电极应运而生。

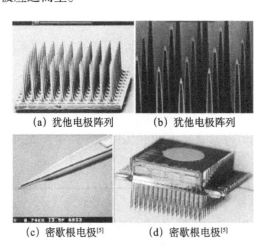

(a) 犹他电极阵列　　(b) 犹他电极阵列

(c) 密歇根电极[5]　　(d) 密歇根电极[5]

图 5-1　典型的颅内电极

（二）超高记录通道微电极阵列

半导技术的发展，给神经科学带来了巨大的推动作用。例如，利用 CMOS 技术，可以在硅上制造更小、更多的神经电极，同时有更小的输入/输出端口。典型的如基于硅基的类密歇根电极式的神经像素[7]（Neuropixels）探针，结合了光学和电学记录技术的优点，即经典微电极探针的高时间分辨率和光学记录的高神经元覆盖率。该神经探针拥有 960 个记录通道，且其中 384 个可同时使用，可同时记录跨脑区数百个神经元的活动（图 5-2）。该电极上排布的记录位点单个大小为 12 μm × 12 μm，每个记录位点间距为 25 μm。最近，有用 8 个神经像素探针一起植入同一只老鼠的脑区进行在体测量[8]。与此相类似的电极还有 NeuroSeeker[9]，其单根探针可以包含 1344 个记录位点，通过 130 nm CMOS 工艺制作而成，为现今单探针最高纪录通道数的神经电极。多通道所具有的复杂电路设计，使得其高功率引起的加热效应容易对大脑组织造成损伤，进一步妨碍了该方法的发展与大量应用。

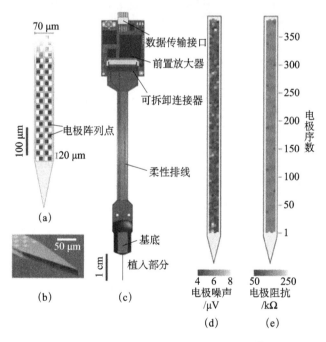

图 5-2　神经像素探针微电极阵列结构[7]

2019 年，Loren Frank 等利用多个电极相叠加的方法实现了 1024 个通道同时记录的方法[10]（图 5-3）。该策略中，单个神经探针有 4 组 16 通道共计

64 个记录通道，16 个探针通过现场可编程门阵列（field programmable gate array, FPGA）芯片同步。该方法虽然可以组成超高记录通道，但是其叠加之后的体积过于庞大，应用于体型较小的活体动物时有可能使活体活动受限。值得注意的是，除了采用金属、氮化钛等低阻抗的材料作为神经感应元件材料外，还可以采用场效应晶体管[11]作为感应元件。

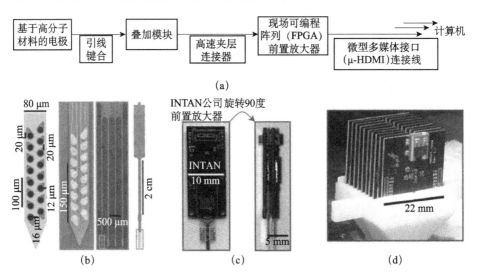

图 5-3　利用多个神经电极叠加策略实现超高记录通道微电极阵列[10]

（三）多功能神经电极阵列

由于大脑神经元活动中常常伴随着离子、分子等物质的交换与运输，因此，为了充分理解大脑活动机制，常常需要结合光学、化学和电学等不同手段进行监测，因而多功能的神经电极阵列常常是人们考虑的一个重要方向。

2013 年，Rogers 等[12]发表了相关成果，加工制作了多功能神经电极，既可以利用 MEMS 技术通过多层级制造制造了神经电极，其中加入了微型 LED 可以做到光刺激和电信号记录，又可以有温度传感与药物释放的功能，如图 5-4 所示。其制造的多功能神经电极尺寸较大，无法多通道同时记录。

2015 年，Anikeeva 等[13,14]基于高分子复合物加工基础成型技术制作了多功能的神经电极（图 5-5）。该神经电极是通过引入聚碳酸酯等多种高分子材料在热作用下成型拉伸而成，可以同时引入光纤和微流通道兼具的电生理记录功能，该种类型的神经探针被用于制作成神经修复电极，可用于脊髓型损伤的治疗[15]等生物医学方面的应用。

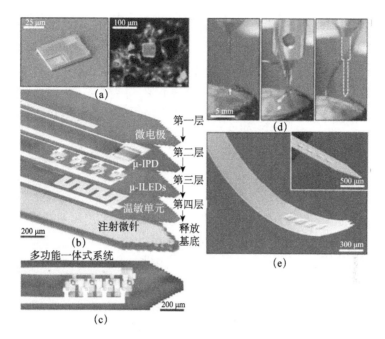

图 5-4　基于硅基的多功能神经电极 [12]

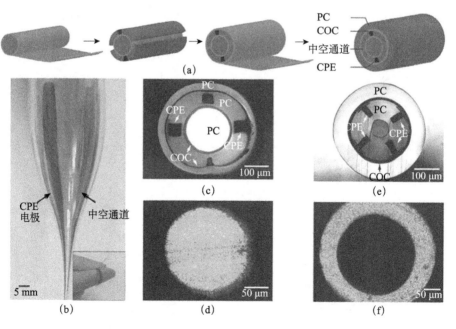

图 5-5　基于聚合物成型挤出制作的多功能神经电极 [13]
注：PC：聚碳酸酯 COC：环状烯烃共聚物 CPE：导电聚乙烯复合物

考虑到植入电极对活体的影响最小，人们制作出了无线的神经电极。加利福尼亚大学伯克利分校的研究人员研制出的神经尘埃（neural dust）体积为 0.8 mm×3 mm×1 mm，其中神经传感单元大小为 0.2 mm×0.2 mm，可以进行无线传输通信[16]。神经尘埃技术是从无线供能的角度出发研发的一种神经遥感技术，其基本策略是从体外利用无线传输的能量给体内植入的神经信号放大器供能，并且放大后的信号可以反向传出来。但是其体积相对于神经元（约 10 μm）太大，长期植入后会形成瘢痕，无法做到长期有效记录。

（四）长期在体神经电极

传统的刚性硅基或金属微电极在手术植入柔软的脑组织后，尺寸和力学性能的巨大差异，使得电极与脑组织之间发生相对微移动并引起炎症反应，导致刚性微电极难以对神经电信号进行长期稳定读取。因而，基于高分子的复合材料常被用于制造柔性神经电极，使之达到与脑组织的机械性能的匹配。

在基于高分子为材料的神经电极中，很重要的一个变化是材料的机械性能，尤其是杨氏模量减小，从而是柔性增加。2015 年，哈佛大学的 Lieber 教授团队[17]制造出厘米宽度的二维网状集成电极，能用 100 μm 直径的针头将该电极注射到大脑组织内（图 5-6）。这种网状电极能填充在组织间隙，在计

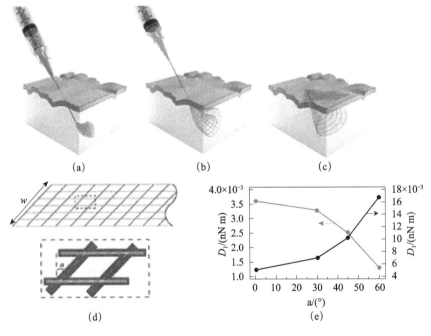

图 5-6　可注射植入的超柔性脑电极[17]

算机辅助下，纳米级电线能将神经活动电信号传递出来，也可以作为刺激电极提供电流。16 个电子元件的集成电极植入麻醉的小鼠大脑内，可以达到同时对不同神经元进行刺激和记录的目的。经过连续 5 周的记录，信号仍然稳定，没有发生明显免疫排斥反应。

Xie 等[18,19]通过减小加工的神经电极尺寸，选用柔性的高分子 SU8 材料，制成了超小超柔性的神经电极，并通过穿针引线的方式植入活体进行记录。该类神经电极在微创植入方面具有无可比拟的优势，其植入时所造成的占空比最小，同时可以达到长期记录无瘢痕的目的，为目前更加安全的侵入式脑机接口提供了新的有益的尝试，为植入式神经探针提供了新的思路。方英等[20]利用超薄的柔性聚酰亚胺材料制作了柔性的神经电极，并通过在热的聚乙二醇聚合物中成型后植入活体，聚乙二醇可在脑组织内降解代谢，释放后的超细柔性神经纤维电极能够原位、精准测量清醒大脑内侧前额叶皮层中多个神经元电活动。该种电极常被称为神经流苏。图 5-7 为基于 SU8 的稳定高分子复合物超薄神经电极。

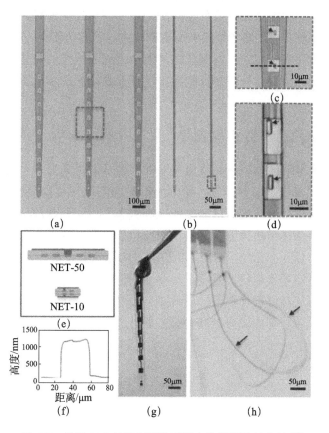

图 5-7　基于 SU8 的稳定高分子复合物超薄神经电极[18]

三、发展思路与发展方向

只有我们认识到神经组织与现有电极技术的巨大差异（结构、理化特性、功能），才能开始开发下一代神经探针，以彻底改变神经科学研究的现状。通过模仿大脑的复杂设计及功能，新开发的神经电极具有像生物学神经网络一样的能力，能够大量记录。仿照神经元和神经组织的特性进行电极的相关设计，使电极能在单个神经元水平上形成长期稳定的记录。同时，能通过电学、光学和生化等多功能输入与反馈从而进行双向信息交流。

解决上述现有电极的不足，开发理想型的神经探针，需要在以下主要方向上进一步发展。首先，应结合最新 CMOS 制造技术进行电极设计与制造，以适应全脑区域的监测需要，同时电极的大小应减小，以接近单个神经元，另外，应对电极进行功能化修饰，以适应不同细胞类型和神经元亚型的靶向监测。其次，电极应提供在单个神经元水平上神经活动的长期稳定记录和调控，以使所有细胞类型的内源分布的扰动最小甚至到无干扰。再次，根据不同用途，电生理记录、光学刺激和药物调控在内的多功能器件应集成设计。

精确解析学习、记忆等高级认知功能，理想的神经电极技术应通过跨脑区记录单神经元精度。长时间内跟踪神经环路的演化、多模态解析大脑神经活动来实现。

四、资助机制与政策建议

目前，脑科学领域缺乏高效且安全的神经活动采集反馈手段和工具，严重限制了人们对更高级的动物、更复杂的神经系统和更高级脑功能的探索、认知和相关应用，这是当前脑科学研究和脑疾病诊疗面临的重要挑战。植入式神经电极传感技术作为脑机接口的重要组成部分，其发展与应用具有明显的交叉特性，需要从材料到器件再到医学应用，其中涉及信息、化学、物理、材料、医学等多学科，需要依靠多方面的力量，建议国家设立相关重点项目群，分别从材料设计制备、器件结构设计制备、植入式神经传感技术与其他传感技术协同等方面开展联合研究，并以医学应用为转化出口，进行相关成果发展应用。

第二节　中医脉诊与针灸针传感微系统

一、概述

中医是中国文化的瑰宝，对历史悠久的中华民族的繁衍和昌盛曾做出了巨大贡献，且历经几千年没有衰亡和被淘汰，中医生存和发展的关键在于其治病救人的功效。在当代，中医药走向世界是我国所有中医药工作者的共同愿望，也是历史发展的必然。特别是当前在我国实施"一带一路"倡议的背景下，中医的国际化和现代化必将惠及更广大的民众，从而为全人类的健康服务。

中医的现代化发展，不仅要在理论上与现代科学进行结合，在科技手段上，更需要有针对性地实现技术革新，用现代化的技术手段来帮助我们的中医事业发展，正所谓"工欲善其事，必先利其器"。中医信息化技术是中医现代化中最为需求的重要技术之一。

为了发展现代化的中医诊断和辅助诊断，需加大对中医诊疗传感器这一十分重要的信息源头技术的研究投入。有了这样的中医传感诊疗信息源头技术作为发展的基础，信息领域的众多技术，如诊断信息存储、处理、传输和显示等都可以应用进来。而随着"互联网＋"、大数据和云计算的应用，将众多人的诊疗传感信息传送到云端进行分类数据挖掘和网络化远程诊断，可以充分将中医瑰宝惠及大众的健康事业中。

中医诊疗传感器技术作为信息源头技术，另一个重要作用在于可以记录下大量的病例客观信息数据，提供中医信息系统共享，并可实现诊断病历可追溯可查证，可帮助解释中医诊断中过度神秘化的部分。

研究中医诊疗传感器不仅是中医现代化的需要，对可穿戴装备的发展也会有重要的推动作用。中医的诊断原理是"司外揣内，见微知著，以常衡变，因发知受"，与可穿戴装备的检测原理高度契合。如果能够实现中医诊疗技术的信息化，将极大地推动可穿戴装备的发展。

中医诊疗传感器包括用于中医望、闻、问、切"四诊"信息化的相关传感器和用于针灸治疗与研究的针灸针传感器等。

中医诊断的基本法则是整体审察，"四诊"合参，病症结合，动态诊辨。望、闻、问、切"四诊"合参是主要的诊断方法。为了实现中医诊断信息化，必须研发相应的望、闻、问、切"四诊"检测设备，并通过人工智能实现"四诊"信息融合，从而实现"四诊"合参。"四诊"检测设备中，望诊的核心部件是摄像头和辅助光源，问诊的核心设备是语音识别仪器或工具，闻诊与切诊主要依赖传感微系统。由于有章节专门讨论闻诊用的微型气相色谱仪和谱学传感微系统，本章重点讨论脉诊传感微系统。

针灸是中医的重要治疗手段，在国际上认可度高。虽然部分治疗机制已被揭示，但是总的来说，针灸的治疗机制及其与针灸手法间的关系仍然是个谜。传感针是实现针灸治疗原位测量的重要方法，本章也将讨论针灸传感针。

二、发展现状与发展态势

（一）脉诊与脉搏波

中医脉诊已有两千多年的历史，从早期的遍诊法发展到寸口三部九候脉法，即取手腕寸、关、尺三个部位的浮、中、沉脉。目前一般公认的脉象可分为28种。

脉诊测量的其实是受到手指压力时的腕部桡动脉的脉搏波信号，而脉搏波是在动脉上传播的弹性波。人体的心脏是周期性间歇跳动的，而血液是连续不断流动的，动脉上传播的脉搏波正是实现心脏间歇射血变换到血管中血液连续流动的关键[21]。该原理可通过弹性腔模型形象地说明。

弹性腔模型将心血管系统比拟为欧洲古代消防用射水系统，如图5-8所示[21]：手摇泵 M 推动往复式活塞 P，通过单向阀门1将水周期性间歇射入水管系统中；在水管系统中连接了弹性腔 K，弹性腔中的水位在单向阀门1打开时升高，将水泵的部分能量储存在弹性腔中；当单向阀门1关闭时，弹性腔中水位推动水管中的水继续单向流动，弹性腔中水位随着水的流出而降低。

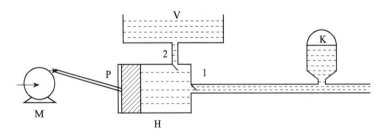

图 5-8　弹性腔模型[21]

动脉的作用与弹性腔相似。在心脏射血时，动脉扩张，将心脏射血的部分能量以脉搏波的形式储存到动脉中。在心脏射血结束后，动脉收缩，利用脉搏波中储存的能量继续推动血液连续流动。动脉的弹性搏动使心血管系统可以用较低的血压推动血液循环。当动脉硬化引起动脉弹性下降时，为了维持血液循环，血压必须大幅升高。

图 5-9 为主动脉血压、左心室血压和心电图等的波形关系示意图[22]，动脉血压波即为脉搏波。脉搏波的波速一般远大于动脉中的血流速度。健康人的脉搏波波速在 5～10 m/s。脉搏波波形会在传播过程中变化，寸口处的波形与主动脉不同。当血管弹性和血液黏度不同时，脉搏波波形有显著不同。图 5-10 为几种典型的脉搏波波形图：①滑脉，是健康青少年、孕妇等人群的典型脉象，由于血管弹性良好、血管内膜壁柔滑，脉搏波是典型的双峰波；②平脉，是健康青年和中年等人群的典型脉象，主波、重搏前波和重搏波清晰；③弦Ⅲ脉，是出现动脉硬化的老年人的脉象，当动脉硬化时，血管弹性模量增大，脉搏波前缘变得陡峭，重搏前波与主波重合，同时脉搏波波速显著增加。

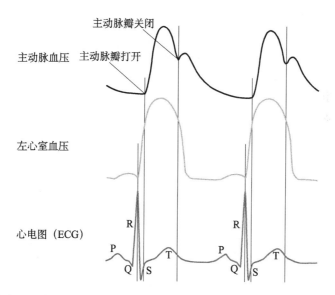

图 5-9　主动脉血压、左心室血压和心电图等的波形关系示意图[22]

心电图中 P 波表示心房受激动时的电位变化，Q、R、S 波群表示心室受激动时的电位变化，T
波表示心室受激动复原时的电位变化

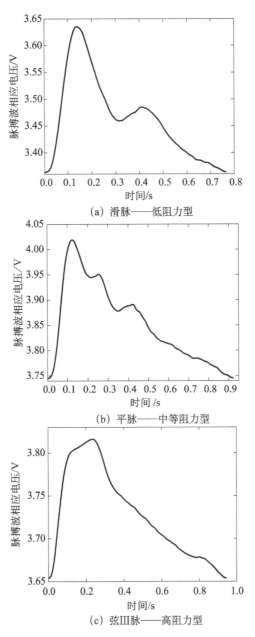

（a）滑脉——低阻力型

（b）平脉——中等阻力型

（c）弦Ⅲ脉——高阻力型

图 5-10　部分典型脉搏波波形 [23-28]

　　现代科学对脉搏波进行了大量研究，并建立了不同层次的模型[23-28]。图 5-8 所示的弹性腔模型是心血管系统的集总参数模型，即零维模型。Womersley 等在 20 世纪 50 年代建立了三维脉搏波传播模型，模型基于血流动力学方程和血管壁方程。由于是非线性方程，求解难度大。近年来，大量的研究工作集中于一维模型的求解方面。一维模型是 Womersley 方程的简化，可通过血液连续性方程、血液动量守恒方程和血管壁截面积与压强关系求得[25]：

$$
\begin{cases}
\dfrac{\partial A}{\partial t} + \dfrac{\partial (Au)}{\partial x} = 0 \\
\dfrac{\partial u}{\partial t} + u\dfrac{\partial u}{\partial x} + \dfrac{1}{\rho DA}\dfrac{\partial A}{\partial x} = 0
\end{cases}
\tag{5-1}
$$

式中，A 为血管截面积；u 为血液沿血管轴向（x 方向）流速；ρ 为血液密度；D 为血管膨胀率。基于方程（5-1）已建立了多种心血管系统计算机模型，但是由于人体心血管系统的复杂性，仍然难以通过求解模型来指导临床实践。

中医脉诊测量的正是寸口处脉搏波信号。虽然中医脉诊理论与现代心血管动力学相差甚远，但是中医脉诊几千年的临床实践可为心血管动力学研究提供指导，无疑是有巨大价值的。而脉诊传感器与微系统是实现脉诊信息数字化的核心部件，是中医临床与现代心血管动力学间的桥梁。

脉搏波波形复杂、信息量大，为了便于分析、诊断，需要根据波形特征对脉搏波进行分类。上海中医药大学费兆馥教授等对脉象进行了研究，提出了依据脉象特征进行分类的方法[29]。如图 5-11 所示，脉搏波依据 A 主波、B 重搏前波、C 降中峡、D 重搏波等幅值与幅值比以及特征点时间关系、周期等进行分类。另外，寸口处脉搏宽度与长度也是脉象分类的重要指标。

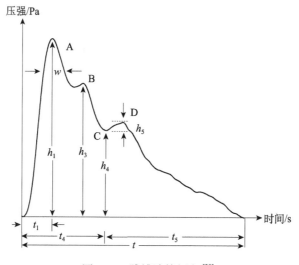

图 5-11　脉搏波特征点[29]

必须指出，虽然中医脉诊测量的是寸口处桡动脉脉搏波信号，但是脉诊测量并不等同于脉搏波测量。中医脉诊是通过手指对寸、关、尺部位施加浮、中、沉等不同的压力，同时测量不同加载时的脉搏波。也就是说，中医脉诊测量的并不是无干扰时的脉搏波，而是施加特定载荷时的脉搏波。因此，现有脉诊仪一般采用"刚性触头脉象换能器"[29]，如图 5-12 所示，脉象换能器具有适当的弹性系数 K，在测量时对桡动脉加压，使桡动脉变形从而产生中医脉象信号。另外，中医脉诊是直接测量桡动脉处的脉搏波，而iWatch 等采用的光电容积描记（PPG）心率传感器测量的是毛细血管处的脉搏信号，并不能直接应用于中医脉象测量。现有的电子血压计虽然也采用加压测量脉搏波的方式，但是由于压力传感器安装在气囊内，而气囊内压强随脉搏波变化是由脉搏跳动引起气囊体积微小改变而引起的，该测量方法的灵敏度比图 5-12 所示的测量方式低几个数量级，无法满足脉诊测量的要求。

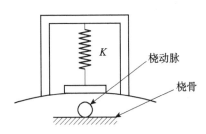

图 5-12　传感器物理模型 [29]

（二）脉诊传感器与传感微系统

自 20 世纪 60 年代以来，国内外对脉诊信息化进行了长期的研究，取得了大量成果，已研制出多款脉诊仪。但是，由于多种原因，脉诊仪至今仍未能用于临床，而是仅用于教学。本书重点讨论脉诊传感器与传感微系统方面的进展和问题。

早期的脉诊仪均采用单传感器进行脉诊测量。上海中医药大学费兆馥教授等研制了如图 5-13 所示的基于悬臂梁式测力换能器的脉诊仪 [29]。换能器的触头和悬臂梁由金属材料加工制成，在悬臂梁根部上下表面贴装应变片形成惠斯通半桥。通过悬臂梁结构对寸口位置加压，加压和脉搏跳动引起悬臂梁变形，利用应变电桥测量悬臂梁根部应变。

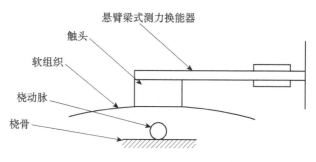

图 5-13　悬臂梁式测力换能器[29]

费兆馥等为了提高检测重复性，还提出了带副梁的悬臂梁结构换能器，并将敏感电桥提升为惠斯通全桥。应变片的灵敏度较低，为了提高灵敏度，也可以直接在触头处贴装半导体压力传感器来实现脉搏波测量。

上述脉诊仪为脉诊信息化做出了重要贡献，但是该类换能传感结构也存在一些问题，导致脉诊仪至今未能在临床中获得应用。事实上，这些问题大多也是脉诊仪共有的问题。

我们在调研中发现，医生对脉诊仪的最大诟病是传感器的灵敏度不高，重复性差。那么事实是否真的如此呢？我们认为并不是。现有脉诊仪中采用的应变片、硅压力传感器等在工业自动化控制中获得了广泛应用，并不存在灵敏度和重复性问题。而相比于很多工业应用，人体脉搏波信号并不小。如不受干扰时，人体脉搏波振幅约为桡动脉直径的 1/10，可达数百微米，健康人桡动脉内压强低于 140 mmHg/90 mmHg（高血压诊断标准）。对于测量该量级的信号，现有的传感器不应当存在任何灵敏度和重复性问题。

脉诊仪的灵敏度和重复性问题主要是由传感器与人体相互作用的不确定性引起的。

首先，脉诊传感器难以与桡动脉精确对准，当传感器未能精确对准桡动脉时，测量灵敏度无疑会出现显著下降，而该问题在工业控制领域一般是不存在的。

其次，即使传感器与桡动脉精确对准，由于传感器并不是直接与桡动脉接触，两者间还有皮肤、肌肉、脂肪等软组织，不同时刻、不同人的软组织厚度、力学特性等并不一致，因此传感器测得的脉搏波幅值并不等于桡动脉内的压强值。该问题可用图 5-14 进一步说明。由于脉搏波信号频率低，传感器触头可以近似认为始终处于力平衡状态，但是由于手腕处软组织变形随外加压力变化而变化，当传感器触头施加的压力较小时，手腕处变形面积小于触头面积，传感器测得的压强小于手腕处的实际压强，如图5-14（a）所示；当手腕处变形面积等于触头面积时，传感器测得的压强等于手腕处实际压强，如图5-14（b）所示；而当外加压力较大时，手腕处变形面积大于触头面积，传感器测得的压强大于手腕处实际压强，如图5-14（c）所示。由于手腕处变形面积不但与传感器尺寸、外加压力、桡动脉内压强有关，还与人体手腕处软组织的尺寸和力学特性、肌肉紧张程度等均有关，采用单一与手腕接触的传感器显然无法实现定量可重复的测量。

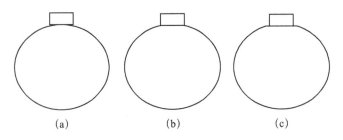

(a)   (b)   (c)

图 5-14 传感器触头与手腕相互作用情况

再次，脉诊仪测量得到的信号是偏置压力与脉搏搏动信号的叠加，由于人体不可能保持绝对静止，任何微小的运动均会对脉搏波信号造成干扰。比如，呼吸引起的微小运动会对脉搏波测量造成干扰。消除人体微小运动造成的干扰也是实现可重复测量必须解决的问题。

另外，现有脉诊仪均采用外加单一压力的测量方式，而没有采用浮、中、沉三部九候的测量方法，并且外加压力并没有统一的标准。脉诊传感器测得脉搏波信号的大小是外加压力的函数，当外加压力不重复时，脉诊仪灵敏度也不重复。电子血压测量的研究表明，当采用气囊进行加载时，脉搏波信号先随着外加压强增加而增加，当外加压强等于平均压时，脉搏波信号达到最大值，然后脉搏波信号随外加压强增加而减小。

最后，单触头传感器无法测量寸口脉搏宽度和长度，无法实现寸、关、尺三部测量。

针对上述问题，已出现了一些解决方案。

费兆馥等提出双探头脉象检测法[29]。两个换能器A和B同心安装，中心换能器A的尺寸小于桡动脉直径并对准桡动脉，而外圈换能器B的尺寸显著大于桡动脉直径。中心换能器A与外圈换能器B同步下压，由于中心处皮肤张力最小，可部分消除皮肤接触面积变化对测量的影响（图5-15）。

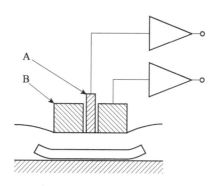

图 5-15　双探头脉象检测法 [29]

香港中文大学 Zhang 等研制了可实现多参数测量的脉诊仪及脉诊传感器 [22]，该脉诊仪采用寸、关、尺三个脉诊主传感器用于测量三部脉诊信息，并采用辅助脉诊阵列实现脉搏宽度测量。采用步进电机驱动传感器进行外力加载。该脉诊仪还在底座上制作了对准结构，用于传感器与关位的粗对准。

中国科学院上海微系统与信息技术研究所研制了柔性封装二维脉诊传感阵列，并基于该微系统研制了脉诊仪样机（图 5-16）。在柔性基板上封装了 3×6 颗硅基绝压压力传感器形成二维脉诊传感阵列，用三个二维阵列分别测量寸、关、尺位置。硅基绝压压力传感器的上表面尺寸为 0.5 mm×0.5 mm，而成年人的桡动脉直径为 2.5～3 mm。采用该二维柔性阵列进行测量时，寸、关、尺等每个位置至少有 3×3 颗硅基绝压压力传感器位于桡动脉上方，因此，不需精确对准就可以精确定位桡动脉位置，并同时测得桡动脉宽度。远离桡动脉的传感器可用于测量软组织在加载时的响应，用于部分消除软组织力学特性不同对测量的影响。该脉诊仪采用气囊进行外力的加载。由于气囊可以随手臂运动，可以避免手臂微小移动引起的干扰。利用该脉诊仪测量了志愿者脉诊信号。初步测试表明，志愿者的脉搏波的振幅和波形均随外加压强改变（图 5-17）。

中国科学院上海微系统与信息技术研究所还研制了指套式柔性传感阵列，在指套上集成了 1×6 柔性脉诊传感阵列。由于传感器尺寸小，桡动脉宽度范围内分布有至少 4 个传感器。医生可戴着指套为患者诊脉，在医生诊脉的同时实现对脉搏波信号的传感与记录（图 5-18）。

(a) 3×6柔性封装脉诊传感阵列　　　　（b）脉诊仪样机

图 5-16　3×6柔性封装脉诊传感阵列和脉诊仪样机

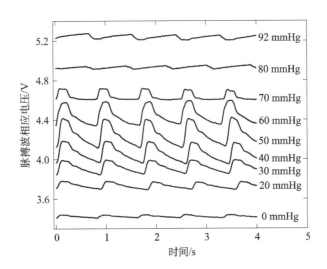

图 5-17　脉搏波的幅值和波形均随外加压强而改变

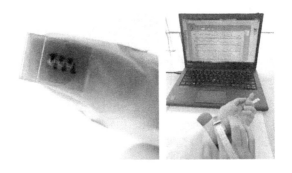

图 5-18　柔性脉诊指套

（三）传感针

传感针是用于针灸机理研究的针形传感器[30-33]，最早由同济医科大学（现为华中科技大学同济医学院）任恕教授等提出。目前已研制了测量多种物理量和生化量的传感针。

图5-19所示是一种用于温度测量的传感针[30]，该传感针通过将温度传感器植入空心针头中制作而成。利用该传感针，可实时测量针灸时穴位处的温度变化。在空心针头中植入光纤传感器，还可以实现对温度、压强等多种物理量敏感的复合针灸针。

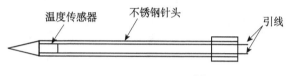

温度传感器　不锈钢针头　引线

图5-19　温度传感针[30]

图5-20所示为一种用于血清素监控的传感针[32]。该传感针在针头表面修饰了纳米敏感材料，并在针身制作了绝缘层。将传感针与参比电极针连接在电化学工作站上，并刺入实验动物穴位内，即可实现血清素的原位、在线、实时监控。

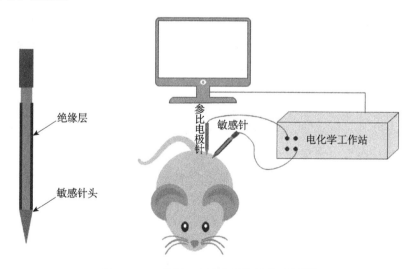

绝缘层

参比电极针　敏感针　电化学工作站

敏感针头

图5-20　一种用于血清素监控的传感针[32]

传感针的主要问题是针上制作的敏感电极材料与人体的兼容性有疑问，难以用于人体实验。另外，由于针灸针尺寸小，集成复合传感器的难度大，难以实现集成多种传感器的传感针。

（四）针灸针运动传感器

通过在针灸针体上集成微型传感器，还可以实现对针灸针运动的实时测量[34,35]。如图 5-21 所示的针灸针运动测量系统，通过光学传感器实时测量针灸针的旋转和上下运动，用于中式针灸和日式针灸的手法差异[34]。

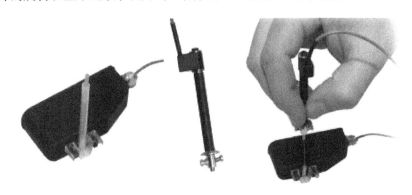

图 5-21　一种针灸针运动测量系统[34]

（五）中医脉诊与针灸针传感微系统的发展态势

近年来，集成传感器、人工智能、物联网等技术取得了巨大的进步，为中医信息化和智能化发展提供了契机。相信通过几年的努力，可以在智能化"四诊"合参、针灸信息综合测量等方面取得突破，推动四诊仪、针灸机器人等在临床中获得广泛应用。

在脉诊传感器方面，今天的智能传感器与柔性系统级封装技术已可以满足脉诊基本信息的测量。后续可以重点研究采用柔性触觉传感阵列实现多轴脉诊信息的阵列化测量。

针对现有脉诊仪测量灵敏度与重复性问题，应当加强人体与传感器间相互作用机制研究，建立脉诊测量过程中桡动脉脉搏波传播三维模型，并通过近年来快速发展的传感器技术，利用超声、红外、力传感器等多种传感技术实现对脉诊测量过程的原位、实时、动态测量，探明脉诊过程中人体与传感器的相互作用机制，实现脉诊信息的可重复测量。进而以中医临床病例为指导，并结合脉搏波模型求解，探索病-症间病理学机制，推动中医医理与可穿戴装备的发展。

根据中医医理，望、闻、问、切"四诊"各有侧重，不能相互替代，必须实现四诊合参。近年来快速发展的人工智能技术为智能化"四诊"合参的研究提供了技术手段。从传感器与微系统研究的角度看，智能化"四诊"合参对智能传感器与智能微系统提出了迫切的需求。由于"四诊"检测信息数据量极大，必须首先在传感器端实现数据的初步处理，以降低对通信带宽和信息存储的需求，因此必须发展传感器与智能处理电路集成的智能传感器与微系统。

在针灸针传感器研究方面，可以针灸机器人的研制为牵引，重点解决敏感结构与敏感电极的人体兼容性问题。近年来光纤传感技术快速发展，而光纤传感结构与人体的兼容性好，也便于实现多种传感器的集成。通过将光纤传感结构集成到针灸针内，有望实现可用于人体的传感针灸针。

三、发展思路与发展方向

（一）中医脉诊与针灸针传感微系统研发的关键科学问题

中医信息化与智能化是大课题，需要几代人的努力才能实现。本着"有限目标、突出重点"的原则，本节重点讨论实现中医脉诊和穴位敏化精确测量的关键科学问题和技术关键，而不涉及其他方面。中医脉诊与针灸针传感微系统研发面临的关键科学问题和技术关键包括以下几个方面。

1.人体与传感器间相互作用机制与脉诊精确测量方法

脉诊仪至今未能用于临床的一个主要原因是脉诊仪的测量精确性和重复性均与临床要求有显著差距。造成脉诊仪测量不准确、不重复的原因在于完整的测量系统复杂、力学作用机制不明确、患者的力学参数无法测量等。中医脉诊是通过测量不同加载时桡动脉脉搏波来进行诊断的，桡动脉在加载时变形引起流固耦合问题、桡动脉外软组织的力响应特性、加载系统的力学特性、患者身体微小运动引起的干扰等均对测量的准确性与重复性有重要影响。特别是患者的动脉、软组织等的力学特性一般是无法测量的。研究人体与传感器间的相互作用机制，形成利用多传感器阵列实现脉搏波精确测量方法，是实现脉诊信息化的关键科学问题。

2.脉诊信息的病理学机制与临床意义研究

中医虽然有几千年的历史，文献浩如烟海，但是中医病例都是用描述性语言记录的，对于同一段描述性语言，不同医生的理解未必一致，脉象与传感器测得的脉诊图像间的对应关系更是众说纷纭、莫衷一是。上海中医药大学费兆馥教授对脉象与脉诊图像进行了深入研究,初步建立了脉象与脉诊图像间的对应关系,为脉诊信息化做出了重要贡献。但是限于当时的传感器技术,费兆馥采用的是单探头测量方法,未采用中医传统的寸口三部九候测量方法,也未能建立中医传统二十八脉与脉诊图像间的完整对应关系。利用新型脉诊阵列进行寸口三部九候测量,形成中医传统二十八脉与脉诊图像间的完整对应关系,并建立传统中医浮、中、沉的加载标准,是脉诊信息化的关键科学问题之一。

3. 用于"四诊"合参的智能传感器技术

根据中医医理,望、闻、问、切"四诊"各有侧重,不能相互替代,必须实现"四诊"合参。而望、闻、问、切每一诊的信息数据量都非常大。以脉诊为例,目前中国科学院上海微系统与信息技术研究所采用 3 个 3×6 传感阵列实现寸、关、尺测量,即使浮、中、沉不同加载下仅测量一到二息的数据,其数据量对通信带宽和信息存储的需求都是巨大的,因此,必须发展传感器与智能处理电路集成的智能传感微系统,在传感器端对测量信息进行初步智能处理。

4. 与人体兼容的传感针集成技术

传感针的研究已有 30 年的历史,但是传感针与人体的兼容性一直是困扰该研究的关键问题,至今传感针一般仅用于动物实验而无法应用于人体。利用与人体兼容的材料和敏感效应实现多传感器集成并进而实现穴位敏化原位、实时、动态测量,是传感针研究的关键科学问题。

(二)发展思路、目标与研究方向

中医是中国人民几千年医学临床实践的集合,文献浩如烟海、菁芜并存、瑕瑜互见,并且由于文化传统的原因,用于解释临床实践的中医医理缺乏解剖学依据,与现代科学有诸多抵触之处,中医现代化、信息化与智能化研究是需要通过几代人的努力才能完成的大课题。因此,需要采用有限目标、突出重点、小步快跑的研究方法,组建中医、西医、信息获取、人工智能等多学科交叉融合的研发团队,针对中医有效性明确的特定典型病症和问题重点攻关,通过可重复、能够获得科学共同体认可的研究成果来打开研究局面，坚定发展信心。

中医脉诊传感微系统的研究目标是针对"四诊"信息化的需求，攻克多轴、多模态、复合传感器及传感器集成阵列制造技术和传感器与人体相互作用机制等技术难题，实现寸口三部九候脉诊信息的可重复精确测量，并基于传感微系统构建信息系统，建立脉诊临床数据库和中医诊断模型，实现脉诊仪的临床应用，促进中医辅助诊治和大众健康事业提升，有力支撑中医药信息化和现代化事业的发展。

针灸针传感微系统的研究目标是针对针灸手法与穴位敏化的研究需求，攻克与人体兼容的传感针集成技术，研制成多传感器集成的针灸传感针，实现针灸手法与人体穴位敏化信息的原位、实时、动态测量，为针灸机器人的研究提供支撑，推动针灸机理研究与信息化发展。

中医脉诊传感微系统的主要研究内容包括：人体与传感器间相互作用机制与脉诊精确测量方法研究、脉诊智能传感微系统研究、脉诊病例采集与脉诊信息数据库建立、脉诊模型研究等。

针灸针传感微系统的主要研究内容包括：针灸手法传感微系统集成技术、测量温度与压力等穴位敏化物理量的传感针集成技术、与人体兼容的穴位敏化生化传感针集成技术等。

四、资助机制与政策建议

（一）建立多学科交叉融合的研究队伍

中医"四诊"与针灸信息化技术涉及多个领域，必须通过多学科联合攻关才能取得成功，因此，必须组建多学科交叉融合的研究队伍，以实验测量为主结合理论建模重点突破传感器与人体相互作用机制，建立精确可重复的测量方法，形成可应用于临床的产品。

（二）临床信息采集技术先行

近年来对中医理论科学性的争论不绝于耳，但中医几千年的临床实践是无可否认的。为了避免不必要的争论，可以采用临床信息采集技术先行的发展策略，先解决中医诊疗信息精确测量的问题，建立并完善中医临床信息数据库。精确可重复的临床信息可为中医理论的发展提供事实依据，避免理论研究沦为空谈。

（三）建立多元研究资助机制

中医信息化与智能化研究周期长，开发风险大，因此需要鼓励创新、宽容失败，建立多元化的研究资助机制。以国家重大科研计划为主导，发展关键仪器设备。同时关注基础理论与机理、机制研究，设立小额探索性研究项目。引导风险投资，鼓励和引导科研人员与市场结合，加快研究成果推向市场。

魏晓玲（中国科学院上海微系统与信息技术研究所），
杨恒（中国科学院上海微系统与信息技术研究所）

参 考 文 献

[1] Logothetis N K. What we can do and what we cannot do with fMRI. Nature, 2008, 453（7197）: 869-878.

[2] Deshpande G, Rangaprakash D, Oeding L, et al. A new generation of brain-computer interfaces driven by discovery of latent EEG-fMRI linkages using tensor decomposition. Frontiers in Neuroscience, 2017, 11: 246.

[3] Chen R, Canales A, Anikeeva P. Neural recording and modulation technologies. Nature Reviews Materials, 2017, 2（2）: 16093.

[4] Harrison R R. A low-power integrated circuit for a wireless 100-electrode neural recording system. IEEE Journal of Solid-State Circuits, 2007, 42（1）: 123-133.

[5] Wise K D, Anderson D J, Hetke J F, et al. Wireless implantable microsystems: high-density electronic interfaces to the nervous system. Proceedings of the IEEE, 2004, 92（1）:76-97.

[6] Flesher S N. Intracortical microstimulation of human somatosensory cortex. Science Translational Medicine, 2016, 8（361）: 361ra141.

[7] Jun J J. Fully integrated silicon probes for high-density recording of neural activity. Nature, 2017, 551: 232-236.

[8] Stringer C. Spontaneous behaviors drive multidimensional, brain-wide activity. Science, 2019, 364: 255.

[9] Raducanu B C. Time multiplexed active neural probe with 1356 parallel recording sites. Sensors（Basel）, 2017, 17（10）: E2388.

[10] Chung J E. High-density, long-lasting, and multi-region electrophysiological recordings using polymer electrode arrays. Neuron, 2019, 101: 21-31.

[11] Tian B Z. Three-dimensional, flexible nanoscale field-effect transistors as localized bioprobes. Science, 2010, 329: 830-834.

[12] Kim T I. Injectable, cellular-scale optoelectronics with applications for wireless optogenetics. Science, 2013, 340: 211-216.

[13] Canales A. Multifunctional fibers for simultaneous optical, electrical and chemical interrogation of neural circuits *in vivo*. Nat Biotechnol, 2015, 33: 277-284.

[14] Canales A, Park S, Kilias A, et al. Multifunctional fibers as tools for neuroscience and neuroengineering. Accounts of Chemical Research, 2018, 51: 829-838.

[15] Lu C. Flexible and stretchable nanowire-coated fibers for optoelectronic probing of spinal cord circuits. Science Advances, 2017, 3（3）: e1600955.

[16] Seo D. Wireless recording in the peripheral nervous system with ultrasonic neural dust. Neuron, 2016, 91: 529-539.

[17] Liu J. Syringe-injectable electronics. Nature Nanotechnology, 2015, 10: 629.

[18] Luan L. Ultraflexible nanoelectronic probes form reliable, glial scar-free neural integration. Science Advances, 2017, 3（2）: e1601966.

[19] Wei X. Nanofabricated ultraflexible electrode arrays for high-density intracortical recording. Advanced Science, 2018, 5（6）: 1700625.

[20] Guan S. Elastocapillary self-assembled neurotassels for stable neural activity recordings. Science Advances, 2019, 5（3）: eaav2842.

[21] 柳兆荣，李惜惜. 血液动力学原理与方法. 上海：复旦大学出版社，1998.

[22] Zhang D, Zuo W, Wang P. Comparison between pulse and ECG. Computational Pulse Signal Analysis. Springer Nature Singapore Pte Ltd., 2018:301-318.

[23] Womersley J R. Method for the calculation of velocity, rate of flow and viscous drag in arteries when their pressure gradient is known. The Journal of Physiology, 1955, 127（3）: 553-563.

[24] McDonald D A. Blood flow in arteries. Baltimore: Williams & Wilkins, 1974.

[25] Sherwin S J, Franke V, Peiró J, et al. One-dimensional modelling of a vascular network in space-time variables. Journal of Engineering Mathematics, 2003, 47: 217-250.

[26] Ku D N. Blood flow in arteries. Annual Review of Fluid Mechanics, 1997, 29: 399-434.

[27] 罗志昌，张松，杨益民. 脉搏波的工程分析与临床应用. 北京：科学出版社，2006.

[28] 何为，余传祥. 心血管动力学参数测量原理和临床应用. 北京：科学出版社，2010.

[29] 费兆馥. 现代中医脉诊学. 北京：人民卫生出版社，2003.

[30] 任恕，李统平，喻凤兰，等. 中医传感针的研制. 传感技术学报，1992, 3:49-53.

[31] 刘堂义，杨华元，蒯乐，等. 穴位电特性传感针的设计. 中国针灸，2007, 27: 703-706.

[32] Li Y, Tang L, Ning Y, et al. *In vivo* monitoring of Serotonin by nanomaterial functionalized

acupuncture needle. Scientific Reports, 2016, 6: 28018.

[33] Chang S, Kwon O S, Bang S K, et al. Peripheral sensory nerve tissue but not connective tissue is involved in the action of acupuncture. Frontiers in Neuroscience, 2019, 13: 110.

[34] Robert T D, David L C, Gary J B, et al. A new method for quantifying the needling component of acupuncture treatments. Acupuncture in Medicine: Journal of the British Medical Acupuncture Society, 2012, 30（2）: 113-119.

[35] Han Y J, Yi S Y, Lee Y J, et al. Quantification of the parameters of twisting-rotating acupuncture manipulation using a needle force measurement system. Integrative Medicine Research, 2015, 4: 57-65.

第六章
前沿微纳机电系统技术

第一节　基于单芯片单面的微纳加工技术

一、概述

（一）单芯片单面微纳加工技术的定义

单芯片单面微纳加工技术是指尺度为亚毫米、微米或纳米量级的硅基元件，以及由这些硅基元件构成的单元或系统的优化设计、加工、集成等步骤均在单晶硅片的一个面上完成，单晶硅片的另一个面不参与任何工艺制作的三维体硅微机械加工技术。该技术涉及广泛的领域和多学科交叉融合，最主要的发展方向是微纳器件与系统。单芯片单面微纳加工技术是对传统微纳加工技术的改进与发展。

（二）单芯片单面微纳加工技术的内涵

单芯片单面微纳加工技术是传统微纳加工技术的延伸与发展。该类加工技术采用类似 MEMS 传统表面微机械加工技术的单面工艺特色，结合结构优化设计和工艺创新，实现硅基微/纳传感器、制动器等 MEMS 器件的微型化、集成化、低成本和批量化制造。

（三）单芯片单面微纳加工技术的科学价值

微纳加工技术与微纳器件的发展两者之间存在相互依赖、相互促进的密切关系。新型微纳器件的研究推动微纳加工技术的进步；反之，微纳加工技术的进步又可以启迪新型微纳器件的开发。此外，市场对微纳器件性能与价格的需求也是促进微纳加工技术发展的一大不可忽略的动力。单芯片单面微纳加工技术就是微纳器件发展和市场需求共同推动的产物。单芯片单面微纳加工技术的科学价值主要有以下几点。

（1）将传统只能由硅基双面微机械才能完成加工的复杂三维立体微纳传感器或系统结构仅通过单晶片的一个面进行加工即可完成整个工艺流程制作。单芯片单面微纳加工技术不仅具有传统硅基表面微机械加工的单面工艺的特点，还具有传统体硅微机械加工高深宽比硅基立体三维结构的优势，是对传统具有多层次复杂三维立体结构的硅基微纳传感器或系统制造技术的重大突破。

（2）单芯片单面微纳加工技术凭借其与集成电路标准半导体工艺制程完美兼容的技术特性可实现传统复杂三维立体微纳传感器或系统与集成电路或微控制单元（MCU）的片上一体化集成，避免了传统微纳传感器或系统和集成电路或MCU只能通过个体分立器件后道集成封装的弊端，极大地优化了芯片布局、降低了芯片功耗、提高了芯片性能，同时实现了传感器或系统的微型化、低成本和批量化制造。

（四）单芯片单面微纳加工技术的应用

单芯片单面微纳加工技术虽然是近几年由微纳器件的发展和市场需求共同推动而发展起来的微纳加工技术，但其可以满足绝大部分微纳传感器或系统的加工需求，在微纳传感器和制动器等方面具有广阔的应用前景。

1. 微纳机电系统传感器

压力传感器、加速度传感器、微流量传感器、陀螺仪、麦克风及其复合传感器（如惯性组合）等MEMS物理量传感器广泛应用于汽车、消费电子、工业、医疗等领域。从全球来看，MEMS传感器2017年的市场规模约为120亿美元，有望在2020年达到近200亿美元，年复合增速达到11.6%。由于近年来硬件创新市场逐渐转移国内，中国市场对于MEMS传感器的需求增速远高于全球MEMS市场增速，约13.9%，到2020年总市场规模近60亿美元[1]。而由单芯片单面微纳加工技术制作的传感器器件，相对于传统硅基微机械加工的传感器件具有高性能、小尺寸、成本低和批量化生产等优点，因此在激烈的 MEMS 市场竞争中将拥有巨大优势和广阔的应用前景。

2. 微纳机电系统制动器

微纳机电系统制动器是 MEMS 技术的两个重要应用方向之一，与微纳传感器均源自共同的微纳加工技术。微纳机电系统制动器的功能是根据系统的指令将电信号转化为微动作或微操作的微纳机电系统执行器件。微制动器按照驱动方式不同大体分为四类：①静电驱动方式；②电磁驱动方式；③压电驱动方式；④电热驱动方式。典型的微纳执行器主要包括：微电动机、微开关、微夹钳等。微纳制动器广泛应用于光学 MEMS 器件中的执行部件，例如，智能光通信器件、MEMS 显示技术、MEMS 摄像头和微光学开光等；RF MEMS 器件中的 RF 微开关；微流体 MEMS 器件中的混合器、微阀、泵等。而这些器件基本都可以通过单芯片单面微纳加工技术来完成制作并实现批量化制造，因此其在 MEMS 光学技术等领域也具有巨大的市场潜力。

二、发展现状与发展态势

（一）单芯片单面微纳加工技术的发展现状

近几年来，国内外大量学术机构和 MEMS 公司为实现传感器的小尺寸、高性能、集成化和低成本，投入大量人力、财力对单芯片单面微纳加工技术进行研究，取得很好的成果。其中，最具代表性的有：康奈尔大学研发的单晶硅反应离子刻蚀与金属化（single crystal silicon reactive etching and metallization, SCREAM）工艺和首尔大学研发的表面 / 体硅微加工（surface/bulk silicon micromachining, SBM）工艺可在单晶硅片上单面加工体硅微机械可动结构；密歇根大学研发的一种高深宽比复合多晶和单晶硅（high aspect-ratio combined poly and single-crystal silicon, HARPSS）的体硅牺牲层工艺技术，适合于超小间隙电容式器件的研发；德国博世公司开发出一种基于先进多孔硅薄膜技术（advanced porous silicon membrane, APSM）的第三代压力传感器单硅片单面制作工艺，极大地缩小了压力传感器芯片尺寸；斯坦福大学与德国博世公司联合研发的 Epi-Seal 外延硅密封工艺，解决了片上真空封装的问题，十分适合于高 Q 值电容式谐振器的研发与生产；中国科学院上海微系统与信息技术研究所研制的一种 MEMS "微创手术"（micro-holes inter-etch & sealing, MIS）工艺 [2-10]，首次实现了在单晶硅片上仅通过单面工艺即可加工出具有多层次复杂的 MEMS 三维单晶硅微机械结构。

1. SCREAM 工艺

1994 年，美国康奈尔大学 Noel 等[11]提出了 SCREAM 工艺，即单晶硅反应离子刻蚀与金属化。该方法可以实现深宽比大于 50∶1 的单晶硅结构。具体步骤包括：①~⑤通过深反应离子刻蚀（DRIE）刻蚀器件结构；⑥沉积侧壁保护钝化层；⑦去除底部钝化层；⑧第二次 DRIE；⑨通过 SF_6 各向同性刻蚀硅片底部，将结构释放；⑩溅射金属电极。在用 SF_6 各向同性刻蚀衬底时会将结构的侧壁向内刻挖去一部分，断绝了后续溅射的金属层与硅衬底的连通，起到了很好的绝缘效果，这是 SCREAM 工艺中非常关键和独到的一步（图 6-1）。

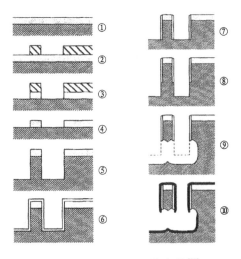

图 6-1　SCREAM 工艺流程[11]

2. SBM 工艺

1999 年，首尔大学[12]研发的 SBM 工艺，主要步骤包括：（a）DRIE 刻蚀器件结构；（b）沉积侧壁钝化层；（c）去除底部钝化层；（d）结构释放。与 SCREAM 工艺相比，SBM 工艺使用了（111）硅片，释放时采用各向异性腐蚀药液 KOH 或四甲基氢氧化铵（TMAH）进行各向异性腐蚀，所以相比较于 SCREAM 工艺，器件底部十分平坦。但是，从已发表的参考文献可知，SBM 工艺只适合于加工具有类"梁"式的 MEMS 器件（如陀螺仪、加速度传感器等），并不适合于制作完整的单晶硅薄膜（体硅）结构或具有更为复杂的多层次 MEMS 的三维体硅微机械结构（图 6-2）。

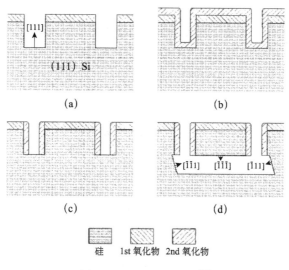

图 6-2 SBM 工艺流程[12]

3. HARPSS 体硅牺牲层工艺

2002 年，密歇根大学[13] 研发的 HARPSS 体硅牺牲层工艺，主要步骤包括：（a）～（b）沉积氮化硅绝缘层，刻蚀深槽；（c）～（g）沉积牺牲氧化层，槽内填充多晶硅，图形化氧化层，图形化多晶硅；（h）～（i）沉积并图形化金属层，DRIE 刻蚀体硅，SF_6 干法刻蚀释放结构底部；（j）～（k）HF 去除牺牲氧化层，彻底释放可动结构（图 6-3）。HARPSS 体硅牺牲层工艺可以精确控制电容间隙（可达亚微米级），适合制作对性能有较高要求的电容式 MEMS 传感器。利用 HARPSS 工艺制备的传感器可动结构主要由沉积的多晶硅组成，由于沉积多晶硅厚度有限（一般不超过 4 μm），即使采用 Epi-Poly 工艺沉积的多晶硅厚度可以达到 30 μm 以上，但是由于多晶硅的残余应力无法完全消除且多晶硅的力学性能无法与单晶硅相媲美，严重限制了 HARPSS 体硅牺牲层工艺制备的传感器性能的进一步提高。

4. APSN 工艺

2003 年，德国博世公司[14] 发明 APSM 工艺，先阳极腐蚀出多孔硅，然后通过高温退火在单晶硅衬底内部形成空腔和位于其上方的不规则薄膜，再利用外延工艺在不规则薄膜上方外延一层一定厚度的单晶硅膜（图 6-4）。现已应用于多种压力传感器产品的生产之中，但是该工艺不适于制造具有固支

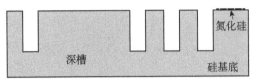

(a) 淀积并图案化氮化硅隔离层； (b) 利用干法刻蚀
刻出深槽以定义主体结构

(c) 沉积LPCVD牺牲氧化层； (d) 用LPCVD多晶硅
填充深槽； (e) 刻蚀背面多晶； (f) 图案化氧化层；
(g) 淀积，掺杂和图案化多晶

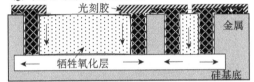

(h) 沉积并图案化Cr/Au； (i) SF₆各向异性干法刻蚀+
底部刻蚀释放硅结构/电极（厚光刻胶作为掩膜）

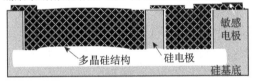

(j) 剥离阻挡层； (k) 刻蚀牺牲氧化层以完成结构释放

图 6-3　HARPSS 工艺流程[13]

结构的复杂制动器。

5. Epi-Seal 工艺

2012 年，斯坦福大学与德国博世公司[15]联合研发出的 Epi-Seal 外延硅密封工艺，主要步骤包括：（a）～（b）刻蚀出谐振器主体结构，结构层可以是 SOI 片的顶层硅，也可以是生长在氧化层上的外延硅；（c）氧化，填充间隙；（d）刻蚀氧化层，刻出电极接触孔，生长第一层外延硅密封；（e）刻蚀第一层外延硅密封盖，刻出进气孔，气相 HF 释放谐振器周围的氧化层；（f）生长第二层外延硅密封盖；（g）制作电绝缘层和金属层（图 6-5）。Epi-Seal 适用于多种电容式 MEMS 谐振器，包括加速度计、陀螺仪、磁强计、气压计、时钟、温度计等。

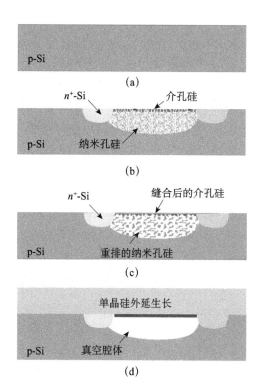

图 6-4　APSM 工艺流程 [14]

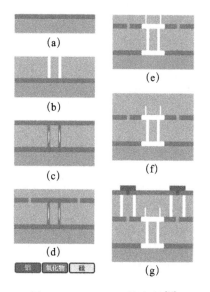

图 6-5　Epi-Seal 工艺流程 [15]

6. MIS 工艺

从上述微纳加工技术发展综述可知，SCREAM 工艺和 SBM 工艺虽然已经成功实现了单面加工体硅制作可动结构，其中 SBM 工艺用（111）单晶硅片加工出的可动结构底部十分平整，但是它们仅仅适用于类"梁"式传感器结构的加工与制作，并不适于制作完整的单晶硅薄膜（或体硅）结构，更不具备制作具有多层次复杂三维体硅微机械结构的能力。为了解决该难题，2011 年，中国科学院上海微系统与信息技术研究所的李昕欣等在此基础上提出一种 MEMS "微创手术"（micro-holes inter-etch & sealing, MIS）工艺，MIS工艺的核心思想与真正的微创手术相类似，"以最小的开孔（伤口）实现在单晶硅片内部选择性作业"。MIS 工艺的基础工艺流程如下：（a）～（c）先开一系列微米级小孔（微创）；（d）沉积侧壁钝化层；（e）小孔底部互联互通腐蚀，形成腔体（内部作业）；（f）密封小孔，制造出完整薄膜结构（缝合）（图 6-6）。

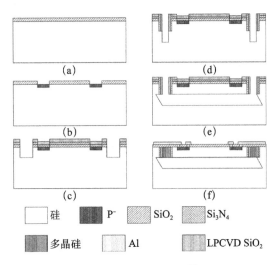

图 6-6　MIS 工艺流程 [3]

MIS工艺通过灵活应用MIS工艺设计规则，结合MIS工艺基础制备流程，可以指导不同类型和结构的微纳传感器，包括具有多层次复杂三维微结构的多功能复合传感器的结构设计和制作。

李昕欣课题组于 2010 年就开始对单芯片单面微纳加工技术开展研究并取得很好的成果，相继开发出了 MIS 工艺及其基于 MIS 工艺 [3] 进一步延伸的体硅下薄膜（thin-film under bulk, TUB）工艺和薄膜下体硅（bulk under thin-film, BUT）工艺技术，并采用相应工艺技术成功研制出了一系列 MEMS 传感器，如压力传感器（绝压和差压）、加速度传感器（高冲击 12 万 g 和微量程 10g 以内）、微流量传感器（压差式液体流量传感器和热式气体流量传感器）、悬臂梁式气体传感器、单芯片多功能复合传感器（如 TPMS 复合传感器）、硅麦克风等。其中，部分成果已形成产品化应用，用于解决国家重大需求。

（二）单芯片单面微纳加工技术的发展态势

从 MEMS 的技术发展趋势和 MEMS 传感器的市场需求角度考虑，单芯片单面微纳加工技术将成为未来微纳加工技术的重要发展方向之一。目前，单芯片单面微纳加工技术的发展虽然已取得了长足的进步，也有很大一部分 MEMS 产品已经进入商业化应用阶段，特别是 MEMS 供应商巨头企业德国博世公司基于先进多孔硅膜工艺（APSN）或腔体上硅工艺（SON）开发的 BMP 系列压力传感器已经在 iPhone 和三星 Galaxy 多款手机中大量应用。但是，还需要就已开发的单芯片单面微纳加工技术针对不同复杂结构和类型微纳传感器/制动器等结构加工的普适性进行深入研究。因此，其发展趋势大致如下：①实现不同类型和结构的微纳传感器或制动器的研制；②实现多轴多功能复合传感器的研制；③实现具有不同类型和结构的传感器和制动器片上一体化集成；④实现片上传感器、制动器、处理电路等一体化集成微系统的研制。

三、发展思路与发展方向

（一）单芯片单面微纳加工技术的关键科学问题

单芯片单面微纳加工技术，特别是采用体硅微结构作为主要部件的微纳传感器或制动器加工，其关键科学问题主要包括以下几个方面。

1. 单硅片单面制作单晶硅薄膜（体硅）的成型机理

单硅片单面单晶硅薄膜成型机理是实现硅基内部 3D 体硅微结构加工的核心基础。当前，单晶硅薄膜成型主要有硅片背面腐蚀减薄成型、空腔-SOI 技术成型和外延工艺成型三种方法，但是基于这三种技术是无法实现在硅基衬底内部 3D 结构加工的。单硅片单面制作单晶硅薄膜的成型机理不仅需要揭示极少量微小尺寸孔系与所设计微纳结构之间的映射规律，还需要研究硅基底内部刻蚀药液微流体刻蚀—输送与渐变成型的微纳结构之间的相互影响和作用机制，整个过程包含从结构设计技术到微流体刻蚀控制技术再到微结构成型技术。因此，研究单硅片单面制作单晶硅薄膜成型机理是实现单芯片单面微纳加工技术的关键科学问题。

2. 沉积气体在体硅微尺度限域空间内的输送—扩散—沉积机制

微尺度限域空间内的化学气相沉积过程是微机械加工领域研究的难点。它与目前研究对象多集中在微结构表面的常规气体分子输送—扩散—沉积过程不同，除了需要考虑体硅上微型释放孔结构形状、尺寸和拓扑方式，以及体硅内部微尺度受限空间内的结构形状、尺寸等多参数间相互影响和制约外，还要综合考虑温度场、流场、力场等多物理场耦合对气体分子的输送—扩散—沉积影响。因此，需要建立一个多目标、多参数和多物理场耦合的数学模型来阐明沉积气体分子在体硅微尺度限域空间内的输送—扩散—沉积机制，这是实现单芯片单面微纳加工技术的关键科学问题。

3. 硅基内部 3D 体硅微结构的表征方法

单芯片单面微纳加工后的 3D 结构多位于体硅衬底内部，虽然红外显微镜可以透过硅片表面观察硅基衬底内部结构，但也仅限于简单的二维结构，对于复杂 3D 微纳结构也无能为力。因此，伴随单芯片单面微纳加工技术的发展，需要研究相应的硅基内部 3D 体硅微纳结构表征方法。

（二）单芯片单面微纳加工技术的发展思路与发展方向

以微纳传感器的高性能、集成化、小型化、低成本和可批量化制造为发展目标，以国家战略需求和市场需求为牵引，以具体应用为导向，突破单芯片单面微纳加工技术的关键科学问题，推动单芯片单面微纳加工技术的不断发展与成熟。

四、资助机制与政策建议

（一）资助机制

针对单芯片单面微纳加工技术的发展现状及其应用特色和前景，建议资助机制主要包括以下两个方面。

（1）基础类项目研究。主要针对不同类型 MEMS 硅基传感器在设计、制造、封测过程中的关键共性技术问题开展的研究进行资助，具体资助方向包括结构成型机理、多功能单元协同设计技术、工艺模块设计技术、薄膜封装技术等。

（2）应用类项目研究。面向国民经济主战场，瞄准市场需求，资助以可产品化为导向的系列 MEMS 硅基传感器项目研究。通过工艺创新，实现我国 MEMS 硅基传感器的高性价比和强竞争力。

（二）政策建议

针对单芯片单面微纳加工技术的制程特色，具体政策建议如下。

（1）在生产设备方面，微纳加工离不开生产设备，生产设备是微纳加工技术的实现手段。当前，德国博世公司作为单芯片单面加工技术的典型代表，不仅具备先进的工艺技术，更有相应的生产设备来支撑其技术不断发展，比如，Epi-Poly 设备可以沉积厚度超过 30μm 的低应力多晶硅，可以很容易实现多种 MEMS 结构的加工制作。如果结合 MIS 工艺，可以更为完美地实现各种微纳结构的单芯片单面加工。

（2）在持续项目资助方面，通过一系列资助项目的相关研究来促进单芯片单面微纳加工技术的不断发展和完善。

第二节　应用于汽车自动驾驶技术的微纳传感器

一、概述

20 世纪 90 年代之前，MEMS 技术仍然主要局限于科学研究领域，市场规模除了压力传感器、喷墨打印头之外几乎不存在。汽车电子化的大趋势，催生了汽车电子行业，从而推动了 MEMS 传感器在诸多方面的大规模应用。1993 年，美国亚德诺半导体公司（ADI）第一次量产了硅基 MEMS 加速度计，用于汽车的安全气囊系统，售价不及传统传感器的 1/4，极大地推动了加速度计的快速发展和普及。到 20 世纪 90 年代末，美国、欧共体（现欧盟前身）、日本等都已经正式立法，强制在汽车上配置安全气囊。

1997 年，奔驰 A 系轿车车身高导致"麋鹿测试"失败。"麋鹿测试"是国际上衡量车辆安全性的重要标准，指在汽车行驶过程中，突然跳出麋鹿，司机紧急避让时汽车车身转向和制动系统失控而发生危险，这项测试检验的是汽车回避障碍的能力。北欧国家公路比较狭长，所以测试尤其重要。加装了德国博世公司提供的电子稳定程序（ESP）系统后，车身底盘的稳定性极大增强，顺利通过了麋鹿测试。ESP 系统的一个核心部件，是测试转向角的

MEMS 陀螺仪，在汽车车身发生转动时可以指示方向盘的转动是否到位，并且在内测或外侧施加适量制动以防止汽车脱离车道。自 2014 年起，欧洲立法规定将 ESP 系统列为新车的必备配置，极大地推动了 MEMS 表面微加工技术的发展，催生了德国博世公司 DRIE 工艺等一大批标志性的经典生产工艺的诞生，从而使 MEMS 技术得以"多点开花"，产生了多样性的产品。

以上仅是两个例子，如今，这样的例子已经不胜枚举，MEMS 在汽车中获得了广泛的应用：一辆中档汽车中，MEMS 传感器的数量超过 50 颗；一辆高端汽车中，MEMS 传感器的数量达到 100 颗。典型的应用包括但不限于以下几方面。

（1）动力总成部分，典型应用为进气歧管压力传感器、空气绝对压力传感器、自动变速箱油压传感器、柴油微粒过滤器传感器、空气流量计传感器、直喷油压传感器、油箱压力传感器、氧传感器、转速传感器、角度传感器等。

（2）安全性部分，典型应用为陀螺仪、ESP 系统高压传感器、助力转向扭矩传感器、自动巡航、正面安全气囊加速度传感器、侧面安全气囊车门压力传感器、乘员感知传感器、行人保护气囊传感器、胎压监测等。

（3）舒适性部分，典型应用为导航用陀螺仪、空调压力、温度、湿度、电控悬架监测、引擎防抖、夜视仪等。

从市场的角度来看，汽车电子传感器在 2016 年的市场容量是 110 亿美元，至 2022 年，预测市场容量为 230 亿美元，年增长率达 14%。高增长率的原因除了现有技术的增量扩张外，还主要因为汽车辅助驾驶技术、自动驾驶技术的快速发展对传感器有了更多的要求，带动了新型传感器的出现并快速获得了应用。所以，作为个性化交通的未来模式，自动驾驶所需要的传感器非常值得关注。

二、发展现状与发展态势

（一）自动驾驶技术

当前，以新能源汽车技术和自动驾驶技术为标志，全球汽车工业正在经历百年以来最大的技术革新浪潮。其中，自动驾驶技术不仅能提高驾驶的安全性和舒适性，而且会对人类未来的交通、出行方式产生深刻的影响和变革，对全社会的能源、时间等稀缺资源的高效配置起到决定性的作用。

国际自动机工程师学会（SAE International）把自动驾驶分为从 0 级到 5 级共六个级别（表 6-1）。

表 6-1　SAE 对自动驾驶的分级

SAE级别	名称	描述性定义	转向和加减速操控的执行者	对驾驶环境的监控者	复杂情况下动态驾驶任务的执行者	系统支持的路况和驾驶模式
L0	非自动化	所有驾驶任务都由人类驾驶员进行操控（即便安装了报警或干预系统）	人	人	人	不支持
L1	辅助驾驶	在特定驾驶模式下，由一个辅助驾驶系统根据驾驶环境信息控制转向或加减速中的一种，并期望人类驾驶员完成所有其他动态驾驶任务	人	人	人	部分路况和驾驶模式
L2	部分自动化	在特定驾驶模式下，由一个或多个辅助驾驶系统根据驾驶环境信息控制转向和加减速，并期望人类驾驶员完成所有其他动态驾驶任务	系统	人	人	部分路况和驾驶模式
L3	有条件的自动驾驶	在特定驾驶模式下，由一个自动驾驶系统完成所有动态驾驶任务，但期望人类驾驶员能正确响应请求并接管操控	系统	系统	人	部分路况和驾驶模式
L4	高度自动化	在特定驾驶模式下，由一个自动驾驶系统完成所有动态驾驶任务，即便人类驾驶员无法正确响应请求并接管操控	系统	系统	系统	部分路况和驾驶模式
L5	全自动化	自动驾驶系统在全部时间、全部路况和环境条件下（可由人类驾驶员管理）完成所有动态驾驶任务	系统	系统	系统	全路况和驾驶模式

资料来源：根据 SAE 网站资料修改而成。

截至 2019 年年中，市场上销售的大部分新车的 SAE 级别仍然处在 L0 和 L1 之间。例如，碰撞告警属于 L0 级的技术，自动防碰撞、定速巡航（包含 ACC）、车道保持属于 L1 级辅助驾驶。自动泊车功能介于 L1 和 L2 级之间。目前市场上 L0 和 L1 级别的产品已经成熟，几款 L2 和 L3 级别的车型已于最近上市。例如，特斯拉的 Autopilot 辅助驾驶系统，属于 L2 级技术；凯迪拉克 Super Cruise 智能驾驶系统也属于 L2 级技术；奥迪 A8 是首款 L3 级自动驾驶技术汽车，包含了一颗 Valeo/Ibeo 的 8 线 Scala LiDAR，也是第一颗在量产车型中使用的激光雷达。据报道，奔驰、宝马等高端汽车目前也已经制定了自动驾驶的路线图，将先后推出各自首款自动驾驶车型，都将装配 LiDAR 传感器。其中，奔驰为 2020 年，选定博世公司为 LiDAR 供应商；宝马为 2021 年，选定以色列的初创公司 Innoviz（成立于 2016 年）为供应商，由麦格纳（Magna）公司批量制造。据报道，Innoviz 公司的 LiDAR 系统基于 MEMS 技术，是第一款将要量产的混合固态激光雷达产品，但具体产品细节至今未有透露。

国外新兴的互联网初创车企，以谷歌母公司 Alphabet 旗下的自动驾驶子公司 Waymo、共享租车公司优步（Uber）和来福车（Lyft）为代表，都采用更加激进的方式，跨越 L2/L3 级的辅助驾驶阶段，直接实现 L4/L5 级的全自动驾驶。这三家公司相继在旧金山、匹兹堡、凤凰城、拉斯维加斯等城市推出了商用的无人车租车业务，在现阶段出于安全因素考虑配备了人类司机，但司机只会在紧急状况下才进行干预。车顶部无一例外安装了激光雷达系统，其中 Waymo One 车型安装了三颗 LiDAR（一颗长程，两颗短程）。国内最大的人工智能公司百度，也斥巨资打造了"阿波罗"开放软件平台，并且投资了激光雷达厂商 Velodyne 及其他初创企业。

在中国，每年由疲劳驾驶、酒后驾驶等人为因素导致的交通事故数量相当惊人，造成了无数家庭的不幸。而且，中国的大城市由于人口密集，车辆众多，即使对汽车采取限购的政策，交通拥堵的现象也是常态。自动驾驶汽车不需要每个家庭长期保有自己的车辆，也不需要停车场地，车辆随叫随到，可以非常高效地利用资源，从根本上解决交通拥堵和环境污染等问题。

另外，中国发达的交通和通信网络、最大的人口基数、超大城市群中的高人口密度及社会对新科技的高接受度，都为自动驾驶技术的良性发展提供了土壤，而自动驾驶技术的大规模商业化应用也会促使硬件、软件、通信、算法等相关科研和新技术的快速发展和迭代，并且和商业产品互相促进发展，有利于建立起高水平的人工智能交通体系，是实现人工智能产业加速发展的决定性一步。

自动驾驶技术所用的传感器可以分为环境监测传感器和车身感知传感器两大类。其中，环境监测传感器用于探测和感知周围环境，保证汽车运动的安全、高效，如摄像头、毫米波雷达、激光雷达等；车身感知传感器（如智能轮胎传感器、座舱监控传感器等）用于获取汽车本身的信息，在自动驾驶过程中，是维持汽车本身安全、稳定的必备传感器。

（二）激光雷达

light detection and ranging（LiDAR），直接翻译为"光学检测和测距"，英文有时称为"light radar"，中文普遍翻译为"激光雷达"或"光雷达"。2010 年后，激光雷达作为关键系统，在航空测绘、海底测绘、风向风速测定、地理形貌标定、工业机器人、三维感知、手势识别、消费类电子及汽车和交通领域获得了重要应用，逐渐从专用大型设备演变成了诸多大小、性能各异的微系统，并且越来越广泛地应用于人们的日常生活中，成为人工智能感知层的重要传感器之一。

机械式激光雷达是通过旋转或振动的电机带动激光光源进行扫描，技术成熟度高，在国防、工业、气象、地质、建筑等领域有广泛应用。但制造成本非常高昂，不适合汽车、智能家居等大规模、普及化的应用。混合固态激光雷达中，不存在宏观机械部件，只是通过做微观运动的 MEMS 芯片微振镜反射激光光束来实现扫描。MEMS 微镜和激光光源、探测器、信号处理电路一样，是激光雷达系统的关键性器件。新型、可靠的 MEMS 混合固态激光雷达目前正成为新的开发领域，并且很有希望在未来几年获得商用，并且取得持续、快速的增长。全固态激光雷达，例如，光学相阵（optical phase array，OPA），控制光学器件上的每一个微观辐射单元对应光线的相位，使激光光束在特定的方向上相长干涉，而在其他方向相消干涉，实现激光光束的产生和扫描。OPA 器件中，虽然无任何宏观或微观的运动部件，但需要采用具有双折射系数、快速、热稳定性高的特殊光学材料，而且制造工艺的难度非常高，阵列最小单元的尺寸必须小于半波长（500 nm 左右）。目前虽然有一些研究机构和初创企业（如 Quanergy 公司）进行相关技术开发，但成熟度在短时期内还不能达到实际应用的程度。

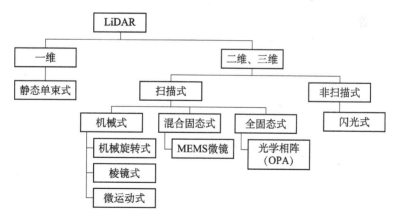

图 6-7　激光雷达的分类

Yole Développement 公司在 2018 年的报告中预测，基于 MEMS 技术的车用混合固态激光雷达将于 2021 年开始商用。仅 MEMS 微振镜这一种关键器件，2022～2027 年将以年均 97% 的速度快速增长，市场规模将从无到有，达到 2027 年的 1.47 亿美元，2027～2032 年以年均 47% 的速度增长。至 2032 年超过 10 亿美元。同期，激光雷达的其他相关硬件组件，包括激光光源、分立式和阵列式的光电探测器、高性能计算芯片等都将快速增长。至 2032 年，整个硬件组件的市场规模会超过 100 亿美元。但 OPA LiDAR 由于技术成熟度所限，至 2032 年市场规模不会超过 800 万美元。

基于 MEMS 微镜的激光雷达扫描系统，包含激光光源、MEMS 振镜、驱动控制电路、光电探测器、信号同步和运算处理电路等关键元器件。其中，MEMS 微镜是激光扫描的核心器件，直接影响 LiDAR 系统的探测距离、探测角度、角分辨率、抗震稳定性等关键技术指标，所以是整个系统的重点。

另外，在红外光学领域，国内经过最近十几年的深入研究，涌现出一批技术拔尖的研究所及优质企业，如中国科学院半导体研究所的激光光源、中国科学院上海技术物理研究所的红外探测器技术都有领先的自主技术；武汉高德红外股份有限公司、浙江大立科技股份有限公司、舜宇光学科技（集团）有限公司等光学企业也有意愿拓展新的应用领域。在这方面可以尝试国内合作伙伴的联合进行光源、探测器等器件的定制型自主开发，提升整个激光雷达系统的国产化率。

LiDAR 的角分辨率是系统性能的最重要指标之一，是清晰成像和识别障碍物类型的关键。如果角分辨率为 1°，在 100 m 外的误差为 1.75 m，将不能可靠识别车辆大小的物体。如果角分辨率为 0.2°，在 100 m 外的误差为 0.35 m，可以识别车辆，但很难识别行人或摩托车等较小的物体。如果角分辨率可以达到 0.05°，在 100 m 外的误差会降到 0.08 m，这样才可以较为精确地识别交通中绝大多数物体、行人的形貌，有利于人工智能处理器快速、准确地做出判断。角分辨率取决于多个因素，如微镜在高速振动，尤其在谐振时，由器件惯性力、阻尼力和驱动力引起基体材料的形变，导致镜面发生翘曲形变，单一光点会分散为多模光点，影响反射光束的光学质量。由于翘曲与镜面面积的五次方及驱动频率的平方成正比，因此当镜面面积大、驱动频率快时，翘曲形变尤其明显。为了优化整个系统性能，需要对微镜进行量化的设计、建模及仿真，在镜面大小、镜面厚度和谐振频率等参数之间选取最优组合。

（三）智能大灯

黑夜驾驶时，传统车灯通过照亮道路，把路况尽量展现给驾驶员。随着自动驾驶技术的快速发展，大部分的驾驶任务都可以让汽车自己完成，车灯技术也随之演化。奔驰公司在 2018 年的日内瓦车展上推出的 Digital Light 智能大灯技术，利用 MEMS 微镜阵列，投射出 100 万个可寻址的定向光点，对应 100 万像素的分辨率，不仅可以起到照明的作用，还可以让车灯变成一个高清投影机，实现以往无法实现的功能。

1. 高精度定制化布光

结合相机、雷达、激光雷达传感器的信息后，车内计算机可以通过智能大灯为每一个场景进行快速、实时布光，以便在每时每刻都发出最佳的光线分布，实现精准照明。例如，面向对面来车，可以不关闭大灯，只需要选择性调暗某些区域的光线就可以实现会灯；如果检测到有行人，可以选择性地屏蔽人的眼睛，不会因为大灯的强光导致行人短时间"致盲"，提高安全性。

2. 投影交互信息

例如，通过摄像头等采集到的交通标志信息，可以通过大灯投影到车前的地面上，让驾驶者在直视前方时很容易地观察到交通标示。还可以把导航信息投射到路面上，极大地提升驾驶时的便利性和安全性。

3. 自动驾驶模式

人眼和摄像机对于光线的敏感度是不同的。当汽车处于全自动驾驶时，智能大灯可以设置为用于优化摄像机的投影模式，如调节亮度、广角等，用来代替传统的人眼投射模式，可以更高效地进行自动驾驶。

总之，自动驾驶技术的发展，促进了车灯技术的更新换代，光学 MEMS 器件在新的智能大灯中会起到关键作用。

（四）非制冷红外热成像

近 20 年来，用于汽车夜视系统的红外传感器一直在顶端汽车上装配，但一直未能取得普及应用。首先，因为非制冷红外器件价格昂贵；其次，即使器件的成本在近几年已经降低到很合理的程度，但很多人还是质疑其可用性，毕竟绝大多数驾驶员在黑夜行车时会以控制车速的方式保证安全，而不是依赖红外图像增加可视距离而保持高速驾驶。

2018 年 3 月 18 日夜晚，在美国亚利桑那州，优步自动驾驶汽车在没有人行横道且没有照明的路上，遭遇了路人身穿深色衣服推自行车过马路的情况。优步自动驾驶汽车在配备了多个激光雷达、多个彩色摄像头的情况下，仍然没有判断出危险情况，导致了第一起自动驾驶致路人死亡事故的发生。

这起事件引发了一个问题，那就是能否将红外热成像夜视用于自动驾驶，应将红外成像同可见光摄像头及激光雷达进行耦合，来更可靠地识别路人，阻止伤亡事故的发生。

红外热成像系统属于被动成像技术，利用被探测物体自身的热辐射进行成像，不受外界光照条件的影响，在夜间也可以识别行人、车辆与动物，提升夜间驾驶安全性。除此以外，由于红外波段在 8～12 μm，容易穿透雨雾、雨雪和雾霾，无需光源就可以产生清晰图像。由于第一代非晶硅技术和第二代氧化钒技术的发展，MEMS 红外热成像技术也已经取得了长足的进展。

所以，虽然红外热成像技术在人工驾驶汽车上没有明显的应用驱动，但可以预计，此技术将随着自动驾驶汽车再次进入市场，并且辅助 L4 和 L5 级自动驾驶汽车安全上路，在 2025 年左右实现大规模应用。

（五）智能轮胎传感器

传统意义上的胎压监测传感器（TPMS），包括压力、加速度和温度传感器模块组成的模组，安装在汽车轮毂中，通过测量轮胎参数（压力、温度等），可以提高安全性，防爆胎，减小刹车距离，同时减少轮胎磨损，增加轮胎寿命。由于在行车安全中的重要性，美国、欧盟、韩国、中国等国家和地区已经先后立法，强制安装 TPMS。更换轮胎时，车主有义务购买和安装新的 TPMS 传感器。

在自动驾驶汽车中，由于人不再拥有和维护汽车，而是和汽车是一个随叫随到的使用关系，所以自动检测轮胎状态就变得更加重要。

传统的 TPMS 技术正在向 TIS（tire information system）技术转变。通过在车胎内嵌入一颗 MEMS 传感器模块，不仅可以提供车辆行驶的各方面数据，而且可以反映交通道路信息，使行车更安全、更舒适。

(a) 传统轮毂式TPMS模块　　　　　(b) 嵌入式TIS模块

图 6-8　传统轮毂式 TPMS 模块和嵌入式 TIS 模块

大陆马牌轮胎公司 2017 推出的 eTIS 智能胎压系统，可以识别路面细节，如路面平整度、雪地、沙地等信息，并且把信息及时反馈给底盘控制系统，作为自动驾驶控制系统的输入信息，以便取得正确的驾驶模式。同时，具有载重识别的功能，分别识别超载、前后轴过载等现象并发出警告，还可以通过特定算法检测轮胎的磨损情况，并可以根据外界环境、轮胎软硬程度实时提醒更换冬胎、夏胎。倍耐力公司和米兰大学、伯克利无线中心合作，在 2018 年推出的 Cyber Tyre 智能轮胎，不仅可以测量轮胎的动态参数，还可以测量轮胎的静态参数，通过测量施加在轮胎上的垂直和水平方向上的力，精确计算汽车的重量，这对电动汽车来讲尤其重要，因为可以更加精确地推算出电池电量可以驱动的剩余的里程数，以便及时寻找充电的时机 [16]。所有的传感器检测数据都可以无线传输至用户的车载电脑或智能手机等智能终端，使用户掌握一切必要信息。

（六）高精度惯性导航传感器

进行自动驾驶，首先需要进行高精度定位。实现的方式是通过高精度地图结合全球导航卫星系统（GNSS）进行卫星定位，但并非所有的路段在所有的时间都可以获得良好的全球定位系统（GPS）信号。在隧道或城市高楼峡谷中，GNSS 信号会出现位置精度降低或丢失的情况。为了克服 GNSS 定位的限制，需要进行航位推算法（dead reckoning）的解决方案，通过陀螺仪传感器、加速度计、轮胎转速等各种传感器的信息来间接计算当前位置，与 GNSS 定位信号进行融合，保持高的定位精度。惯性测量单元（IMU）航位推算法对于自动驾驶汽车尤其重要，在突然失去卫星信号后，对汽车的航迹进行推演，可以为人工接管争取宝贵时间，是自动驾驶的最后一道安全防线。

IMU 包括三轴加速度计和三轴陀螺仪，其中加速度计的技术已经相对成熟，精度一般在几十 mg 到几十 μg 之间；陀螺仪对技术的要求比较高，根据精度，分为导航级（用于船舶、飞机）、战术级（用于无人机、轰炸机、无人车）、工业级（机器人手臂、仓储车）、车载级（ESP 系统、防侧翻系统）、消费级［照相防抖、手机游戏、虚拟现实（VR）、人体姿态］。其中，只有战术级以上的 IMU 才可以适用复杂路况的自动驾驶应用。IMU 的精度越高，价格也越高。

基于 MEMS 技术研制的 IMU，体积小，精度高，长时间漂移的最高精度是 $0.1 \sim 2°/h$。引领 MEMS 惯导技术发展的主要是美国、欧洲、日本，主要惯导器件的生产厂商有德州仪器（TI）、亚德诺半导体（ADI）、博世、村田制作所（VTI）、电装（DENSO）等公司，国内尚未出现成熟的自动驾驶用 IMU 厂商。

在自动驾驶技术应用领域，高精度 IMU 将在未来几年发展成一块关键的技术高地，并且可以从无到有地扩大市场份额。

三、发展思路与发展方向

（一）学科发展的关键科学问题

综上所述，汽车行业正在经历前所未有的变革，自动驾驶技术作为重要的系统级应用，将带动传感器硬件和软件的快速发展，为我国汽车行业赶超世界先进水平提供难得的历史机遇。新型 MEMS 传感器和微系统，如 MEMS 激光雷达、高精度 IMU 是自动驾驶技术的关键核心器件等，是自动驾驶技术得以低成本、大规模应用的必要条件。

面向自动驾驶的 MEMS 技术的关键问题包括以下几方面。

（1）基于 MEMS 技术研制大角度、高速、高分辨率的激光扫描器件及光学模块，解决高速激光扫描过程中的像差、图像畸变和光斑散斑等难题，为激光雷达器件的应用提供技术保障。

（2）开展小型化设计与集成，优化车用传感器的功耗、体积、成本。

（3）实现 MEMS 器件的车规级可靠性认证，包括热冲击、电磁干扰、耐腐蚀性、抗震稳定性等汽车行业特殊要求，达到 AEC-Q100 质量标准。

（二）发展总体思路与发展目标

1. 发展总体思路

以面向自动驾驶的传感器为核心，解决关键技术问题，找准市场应用，打通中国的汽车电子行业产业链，提升国产核心器件的技术水平，实现规模化、商业化应用，实现行业的"自我造血"功能，形成良性循环，促进国民经济的发展和技术创新。

2. 发展目标

（1）实现 MEMS 激光雷达的规模化商业应用，掌握关键设计和制造技术，实现自动驾驶核心传感器的国产化。

（2）高性能惯性 IMU 器件的研发和量产，全面提高设计、工艺、封装、系统软硬件的技术能力。

（3）健全器件的可靠性标准，制定符合实际的可靠性测试方法，通过行业协会、国家检验机构等部门，健全产品开发的质量体系和流程标准，提高透明度和产品的可验证度。

（4）健全国家和地区级的可靠性测试平台，做到对创新性企业的支持和开放。

（5）支持一批具有核心技术能力的科研团队进行成果转化。

四、资助机制与政策建议

具体政策建议如下。

（1）以"核心技术和产业化"为资助的重点。欧美企业研发创新主要是大企业带动，中国的现状是很多大企业大而不强，虽然了解市场需求，但原创性创新的动力不强。建议资助企业和研究所联合申报的项目，由企业定义产品功能，由研究所实现产品的设计、制造、测试，一旦满足要求，可以快速进入产业化阶段。

（2）以交叉学科团队为资助重点。先进传感器是一项跨多个学科的复杂的工程。以 MEMS 激光雷达为例，涉及微电子、光学、材料学、物理、化学、通信、图像和数据处理等多个学科，需要庞大的团队密切协作，项目才可以取得进展。所以，对于先进传感器的研发，需要重点资助平台基础好、跨学科而又相互联系紧密的团队。

（3）以初创型技术类企业为资助重点。在自动驾驶领域，技术更新日新月异，层出不穷。在这一点上，尤其要鼓励和扶持一些初创类企业的发展。

第三节　荧光传感材料及器件

一、概述

荧光物质的荧光光谱包含荧光物质分子结构与电子状态的许多信息，对这些信息的测定，可以反映荧光物质在具体环境下的构象变化，从而实现对环境参数的感知。荧光化学传感器是基于光谱法的光学检测手段，利用待测物与荧光物质之间的相互作用引起的荧光变化，如荧光猝灭、荧光增强、波长改变等，来监控待测物质与荧光物质之间的相互作用，实现对待测物质的感知与识别[17]。

荧光化学传感器通常由四个部分组成：把化学信号转换成光信号的荧光传感材料、激发光源、荧光检测模块（光电转换模块）、数据处理模块。其中，荧光传感材料是荧光传感器的核心，它直接与外界环境接触，扮演着从复杂的环境中识别目标分子的重要角色。

从材料角度看，主要有化学反应、主客体相互作用、能量转移和电荷转移等主要传感机制。

化学反应是常用的荧光传感材料的设计方法，其优点是选择性好，因为只有与探针发生该化学反应的被分析物，才能触发二者之间的化学反应和引起荧光信号的变化。比如，采用脱硼酯反应检测过氧化物[17]，利用三氟乙酰基与胺反应实现对伯、仲、叔胺的区分[18]，利用胺基与酸性气体的反应检测有机胺气体，等等[19]。以这些反应为基础，再结合基底、助剂或特定纳米结构等加速反应，实现快速检测。

能量转移和电荷转移是常见的荧光探针设计思路，被分析物分子先通过弱相互作用进入传感薄膜内部并与探针分子接近，则可以发生激发态条件下的光诱导能量转移或电荷转移，导致探针薄膜的荧光猝灭，形成传感信号。例如，芳硝基爆炸物的检测[20]，多是采用这种原理，利用芳硝基爆炸物最低未占分子轨道（lowest unoccupied molecular orbital，LUMO）能级低于探针分子的 LUMO 能级的特点，在激发态条件下，电子由探针转移到被分析物，导致荧光猝灭。而对于给体型探针，则设计受体型荧光传感材料，受体分子被光激发后，被分析物的最高占据分子轨道（highest occupied molecular orbital，HOMO）将电子给到探针的 HOMO，从而导致荧光猝灭。如苯胺等有机胺类化合物的检测[21-24]，多采用这样原理，利用含氟硼吡咯、萘酰亚胺、苯并噻唑等受体的荧光传感材料实现检测。

二、发展现状与发展态势

（一）荧光传感材料及器件的发展现状

荧光作为一种具有广泛应用前景的传感检测手段发展迅速，荧光传感器作为发展中的前沿技术，显示出了超高灵敏度、容易集成、响应快速等优势，在离子、气体分子痕量和微量分析，生物分子识别等领域得到飞速发展，特别是荧光化学传感器在爆炸物探测方面获得了巨大成功，美国麻省理工学院研制的共轭聚合物荧光传感炸药探测器检测下限达到亚 ppt（10^{-12}，part per trillion）量级，被认为是目前灵敏度最高的气体传感器，荧光化学传感技术已成为目前传感领域的一个研究热点[25-28]。

按照材料的种类，可将荧光传感材料划分为有机荧光传感材料、无机荧光传感材料和有机/无机复合结构荧光传感材料。

1. 有机荧光传感材料

有机分子由于能发生取代、加成、置换等各种化学反应，从而可以对有机分子进行各种各样的官能化修饰使其具有各种不同的传感特性，极大地丰富了荧光传感材料的发展途径。按照分子量的大小划分，可将有机荧光传感材料分为共轭聚合物传感材料、有机小分子荧光传感材料。

1）共轭聚合物传感材料

共轭聚合物作为一种特殊的高分子材料受到了人们的广泛关注，它不仅具有金属、半导体的电学和光学属性，还具有聚合物所特有的良好加工性能和力学性能．所有这些性能都来源于其自身的特殊结构，即在共轭聚合物中存在着 π 电子共轭体系，π 键被分成成键轨道 π 和反键轨道 π^*，每一个轨道可以容纳两个自旋方向不同的电子。其中，π 轨道充满，称作价带；π^* 轨道无电子，称作导带，价带和导带之间的能量差叫作带隙 E_g。一般来说，其能隙的范围为 1.5~3 eV，因此具有半导体的性质。受激发的电子可以在共轭所产生的通道上沿整个分子链离域。

共轭荧光聚合物具有以下几个突出的优点：①具有很强的集光能力，摩尔消光系数可达 10^6 $M^{-1} \cdot cm^{-1}$；②整个分子主链为共轭结构，允许载流子在链上迅速流动，具有所谓的"分子导线效应"（molecular wire effect），对被测量分子表现为"一点接触、多点响应"，呈现显著的信号放大效应；③共轭荧光聚合物的光诱导电子转移是一个超快过程，一般可在数百飞秒内完成，较之正常的辐射衰变快 4 个数量级。基于共轭荧光聚合物的这些特点，麻省理工学院 Swager 教授课题组设计制备了一系列结构各异、性能不同的共轭荧光聚合物[25]（图 6-9），并以这些共轭荧光聚合物为基础，设计制作了结构紧凑、适应性强、灵敏度高的 Fido 系列隐藏爆炸物荧光探测仪。据报道，该装置对 TNT 的检测灵敏度已经超过 10^{-15} g/mL。

Wang 等[29]以荧光素的衍生物阳离子作为共轭聚合物荧光材料的侧链（图6-10），其中侧链的存在并不影响主链的荧光发射，该材料与过氧化氢反应后，使侧链生成荧光素导致主链与侧链之间发生荧光共振能量转移，从而使得侧链的荧光素发射荧光。检测发现其对过氧化氢的检测限最低可达到 15 nmol/L。

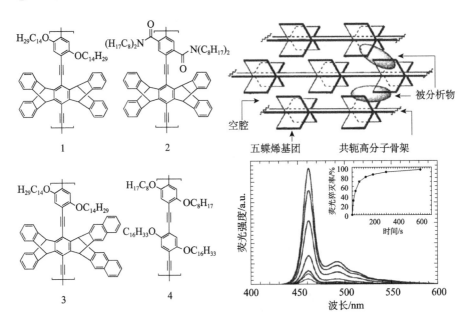

图 6-9　五蝶烯类荧光共轭聚合物传感材料的分子结构及其传感性能[25]

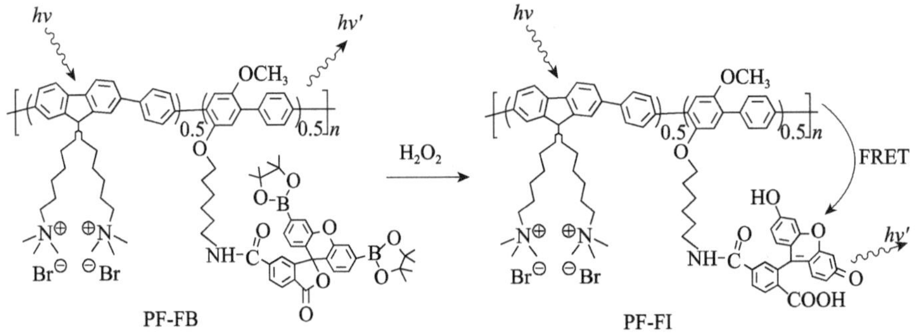

图 6-10　聚合物用于检测过氧化氢示意图[29]

2）有机小分子荧光传感材料

与聚合物相比，有机小分子荧光传感材料结构简单，容易合成，是荧光传感器的重要敏感材料。Xu 等[30]设计了一种多醛基酚胺的小分子荧光传感材料 TFP。醛基具有被氧化为羧基的能力，同时是一种典型的缺电子官能团，具有设计为荧光传感关键位点的潜力。邻位和对位被醛基取代的芳基酚与过氧化物蒸气作用导致其吸收和荧光光谱变化，根据光谱信号的变化可以确定过氧化物的存在与否，根据变化程度还可以确定过氧化物的浓度，实现对过氧化物的定性和定量检测。传感过程中醛基氧化成羧基，由羧基产生形成的中间产物进一步增强传感材料对强极性过氧化物客体分子的吸附能力，进而增加猝灭效率，提高检测的灵敏度，对过氧化氢（H_2O_2）、三过氧化三丙酮（triacetone triperoxide，TATP）的检测限分别达到 0.1 ppt 和 0.2 ppb（图6-11）。

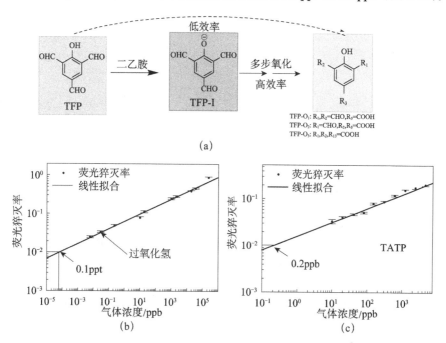

图6-11 （a）传感材料 TFP 检测过氧化物的传感机理及对不同浓度（b）H_2O_2 和（c）TATP 的荧光猝灭幅度[30]

臧泠等设计合成出一种稳态扩散型的咔唑大分子探针[31]，如图6-12所示。他们采用三种带不同长度支链的咔唑基团和乙炔聚合形成大环状的分子结构，制成的薄膜具有纳米级微孔，非常有利于 TNT 分子扩散进入材料内部，并与传感分子产生相互作用。

2. 无机荧光传感材料

随着纳米技术的快速发展，各式各样的量子点材料为荧光传感材料的发展注入了新的活力。一方面，量子点材料在力、热、光、电等方面具有独特的性质，使其成为良好的荧光传感材料；另一方面，由于量子点的尺寸与分子运动的尺寸在一个数量级，可大幅提高传感性能。作为一种稳定的荧光传感材料，量子点荧光传感材料的应用主要是溶液相的生物体系检测，通过在量子点的表面进行结构修饰，实现对不同被分析物的检测。例如，Meng

等[32]将胆碱氧化酶与 CdTe 量子点和乙酰胆碱混合巧妙地构成了一种检测农药敌敌畏的量子点传感单元（图 6-13），其最低检测限可达到 4.49 nmol/L，其可能的检测机理是由于酶构象的改变使得 CdTe 量子点的表面发生了变化。

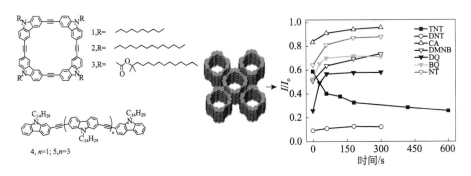

图 6-12　用于 TNT 检测的咔唑大环荧光传感材料及其对不同爆炸物的响应曲线[31]

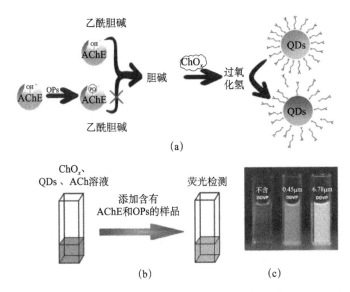

图 6-13　（a）检测有机磷杀虫剂（敌敌畏）的原理图；（b）检测流程；（c）检测过程中使用不同浓度（0 μmol/L、0.45 μmol/L、6.78 μmol/L）的敌敌畏处理后荧光变化[32]

3. 有机／无机复合／复合结构荧光传感材料

有机材料结构可灵活多变，无机材料具有很好的光热稳定性，有机／无机复合的荧光传感材料可以结合有机传感基团优异的传感特性及无机材料独特的物理、化学特性，往往表现出单一材料所不具有的一些传感性质，一般能大幅提高传感材料的传感性能，因此成为当今荧光传感材料的研究热点。

　　程建功课题组[33]利用八面体结构的笼型聚倍半硅氧烷（polyhedral oligomeric silsesquioxane，POSS）为核，引入 8 个对硝酸酯敏感的有机荧光传感单元，合成了一种有机/无机杂化材料。以 POSS 核吸引硝酸酯类炸药分子，以有机发光单元检测，实现了硝酸酯的高灵敏检测。进一步在 POSS 结构上引入两种不同传感单元，利用两种单元间的荧光共振能量转移以放大荧光信号的协同效应。杂化材料既对 TNT 具有良好的传感效果（69%）又使得传感硝化甘油的响应程度提高到 91%，实现了"1+1>2"的效果（图 6-14，图 6-15）。

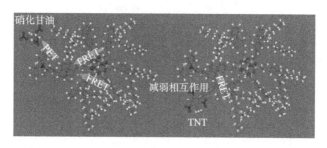

图 6-14　POSS 为核的硝酸酯及芳硝基类爆炸物荧光传感材料的分子结构及传感机理[33]

（文后附彩图）

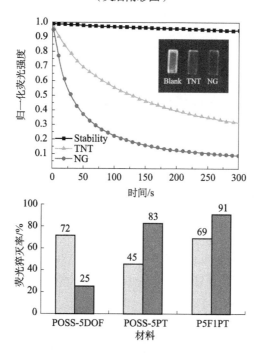

图 6-15　POSS 为核的荧光传感材料 POSS-5DOF、POSS-5PT 及 P5F1PT 对硝酸酯类（NG）及芳硝基类爆炸物（TNT）的传感时间曲线与荧光猝灭率[33]

王等[34]设计了一种Dye@bio-MOF-1型（图6-16）金属有机框架（MOF）材料，该MOF材料可以与芳硝基爆炸物分子之间产生能量转移导致荧光猝灭，而非芳硝基爆炸物进入空腔导致染料分子的非辐射跃迁降低，从而荧光增强。因而该MOF材料可以实现对两类爆炸物的选择性检测，对1 μmol/L的爆炸物在1 min内有明显的荧光响应。

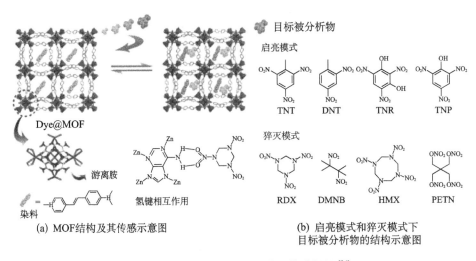

（a）MOF结构及其传感示意图 　　　（b）启亮模式和猝灭模式下
　　　　　　　　　　　　　　　　　　　　目标被分析物的结构示意图

图6-16　Dye@bio-MOF-1荧光传感材料[34]

4. 荧光传感器件结构

荧光化学传感器是将荧光传感材料沉积或组装在具有一定结构的衬底表面构成的。一方面，荧光传感材料的沉积形式会影响分析物分子的扩散形式，以及传感材料分子与分析物分子发生有效的电子转移过程等，从而影响到对分析物分子检测的灵敏度；另一方面，衬底表面的微结构会影响荧光传感材料发射荧光的光谱特性，也会影响到传感器对分析物分子检测的灵敏度。

1）光栅结构器件

麻省理工学院Swager教授等[35]研究了衬底表面的微结构对荧光传感器传感性能的影响。他们分别把聚合物敏感材料沉积在平板石英基片、分布反馈（distributed feedback，DFB）光栅和光纤表面上，发现沉积在DFB光栅的聚合物薄膜能在较低能量光激发下发生激光出射，聚合物的激射模对TNT、二硝基甲苯（DNT）分子更敏感（图6-17）。在相同条件下，聚合物的（0，1）激射模强度衰减比其自发辐射光强度的衰减幅度高30倍，也就是说，灵敏度提高了 30 倍。

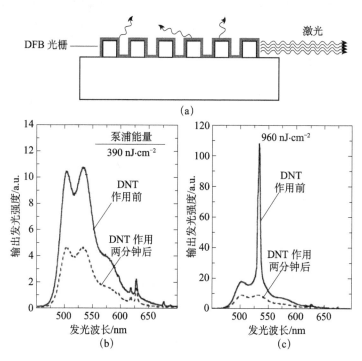

图 6-17　(a) 表面涂有 40 nm 芳硝基炸药荧光传感材料的 DFB 光栅结构示意图；(b) 传感材料的自发辐射光谱接触 DNT 炸药蒸气前后变化；(c) 传感材料的激射光谱接触 DNT 炸药蒸气前后变化[35]

2）随机激光器件

荧光传感材料的激射峰值多在紫外波段，光栅结构加工费用高昂，因此难以批量商业化应用。Cheng 等[36] 成功制备了荧光传感材料/TiO$_2$ 纳米球复合结构传感器，并实现了聚合物的受激辐射。复合传感器在泵浦光能量超过一个阈值时，光谱半峰宽迅速减少为 7 nm，表现为典型的随机激光现象。首次利用荧光传感材料/纳米球复合体系产生的随机激光实现了对 TNT 蒸汽的传感，并使传感灵敏度提高 29 倍，证明利用荧光传感材料的激射模能够改进传感器的检测性能（图 6-18，图 6-19）。与光栅结构方法相比，该方法具有易大批量制备、成本低、重现性好等优点，便于实现探测仪元器件的产业化。

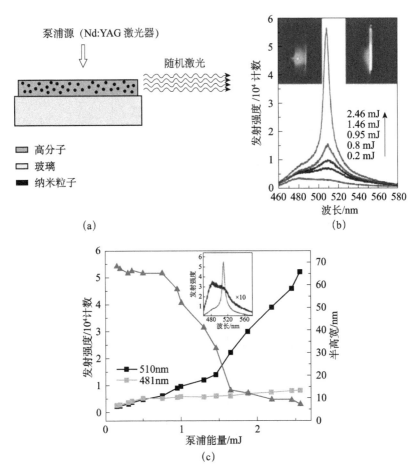

图 6-18　荧光传感材料 /TiO$_2$ 纳米球复合结构及 510nm 荧光峰值与激发光能量的关系 [36]

3）纳米棒阵列器件

以激光为激发源的器件尽管灵敏度高，但是对传感材料的抗光损伤能力提出了很高的要求，采用弱光激发实现强荧光发射，将可以在提升传感器灵敏度的同时延长传感器的工作寿命。程建功课题组 [37] 在荧光传感器中首次引入亚波长纳米光纤隐失波效应激发包覆层传感材料发射荧光，改善荧光传感器的传感性能。如图 6-20～图 6-22 所示，以 ZnO 纳米棒阵列为基底，分别旋涂聚芴（polyfluorene，PF）衍生物、聚苯撑乙炔［poly（phenyleneethynylene），PPE］、TPA-BTD-Py 三种荧光传感材料。结果表明，ZnO 纳米棒阵列的光学调制作用，使得荧光发射强度跳跃性增强 30%。与直接涂覆在石英平板衬底上（S$_0$）相比，ZnO 纳米棒阵列结构（S$_5$）导致三种

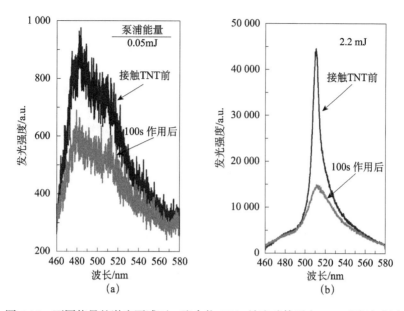

图 6-19 不同能量的激光泵浦下，聚合物 /TiO₂ 纳米球体系在 TNT 蒸气气氛中
100s 前后的发射光谱[36]

传感材料的荧光值分别提高 52.4、18.2 和 25.1 倍。绝对荧光猝灭速率（灵敏度）提高两个数量级，饱和响应时间延长 5 倍以上。因此，这一结构一方面，避免了激发光对超薄的敏感材料膜的直接照射；另一方面，激发光在亚波长导光材料中传导的隐失波效应降低了对激发光强度的要求，有效降低了激发光对敏感材料的光损伤，提高了敏感材料发射荧光的稳定性，很好地解决了阻碍荧光传感器进入实际应用的荧光敏感材料的自猝灭和激发光对敏感材料的光漂白问题。

图 6-20 垂直取向的 ZnO 二级纳米棒阵列结构电镜照片[37]

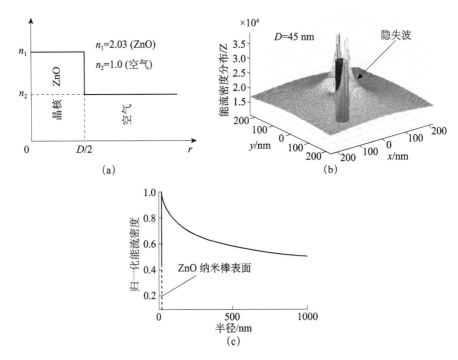

图 6-21　（a）ZnO 纳米棒内外折射率变化；（b），（c）纳米棒内外能量密度分布 [37]

（二）荧光传感材料及器件的发展态势

随着化学、材料学、生物学和微电子科学等多学科交叉融合，荧光敏感材料研究发展迅速，研究方向从传统的荧光标记探针向合成步骤简单、波长可调、能级可控的新型荧光材料发展，从单纯有机材料向有机无机杂化材料发展，从分子调控向聚集态调控发展，使荧光传感器向着微型化、复合化、智能化方向发展。归纳目前的研究结果，荧光传感的机理一般分为光诱导电子转移（photoinduced electron transfer，PET）、分子内电荷转移（intramolecular charge transfer，ICT）、金属配位电荷转移（metal coordination charge transfer，MLCT）、分子内扭转电荷转移（twisted intramolecular charge transfer，TICT）、电子交换能量转移（electron exchange energy transfer，EET）、荧光共振能量转移（fluorescence resonance energy transfer，FRET）和分子构象改变诱导的荧光改变等几种类型。基于这些传感机理，文献总结出有关荧光传感材料的设计原则，主要体现在四个方面：①传感材料与被分析物的能级匹配，两者之间在受激条件下能够发生电子转移或能量转移；②电

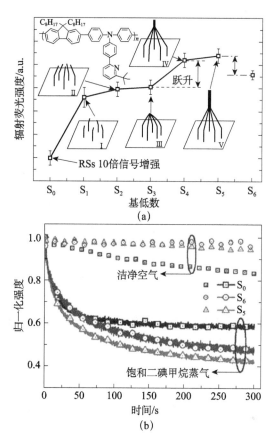

图 6-22　（a）荧光传感材料辐射荧光强度与 ZnO 纳米棒结构的关系；（b）不同衬底结构
上荧光传感材料的光学稳定性和对二碘甲烷气体的传感曲线 [37]

子亲和能互补，传感材料与被分析物分子分别为富电子和缺电子分子，产生静电吸引，便于电子转移发生；③传感膜具有良好通透性，便于被分析物分子进入与扩散；④敏感材料的共轭聚合物形态，可以产生荧光猝灭信号的分子链放大效应，使得一个被分析物分子可以猝灭多个发光单元，获得传感信号放大，提高检测灵敏度。

　　后续很多文献报道的研究结果也证明了这些有机荧光传感材料设计原则的有效性，但是也有一些文献报道的研究结果与这些原则不符合。例如，按照能级匹配原则设计的芳硝基爆炸物荧光材料的荧光不但会被 TNT、DNT、pNT 这些芳硝基炸药猝灭，同时也能被香水、洗发水、防晒霜、樟脑丸等不含硝基的日用品猝灭，缺乏足够的特异性。虽然这些日用品的猝灭幅度不及 TNT、DNT、pNT 芳硝基炸药猝灭幅度大，但随时间积累也会达到一定

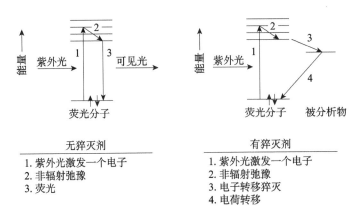

图 6-23 受体型被检测物分子（acceptor）猝灭给体型敏感材料（donor）荧光的
电子转移过程示意图

幅度，会与密封性好或距离远的含硝基炸药挥发气氛混淆，在实际应用时
造成误报警，影响实际应用效果。另外，昆士兰大学的 Burn 和 Gentle 等报
道了一种全致密的树状大分子薄膜也可以对对硝基甲苯（para-nitrotoluene，
PNT）快速产生传感信号，表明敏感膜的通透性并不是快速响应的先决条
件[38]。Burn 和 Gentle 等的研究结果也证明，在一些树状大分子薄膜中，单
个被测物分子也能猝灭多个荧光基团，放大荧光传感信号，表现出荧光共轭
聚合物的传感灵敏度。这些实验结果表明，对荧光传感机理的认识还有待于
进一步深化。

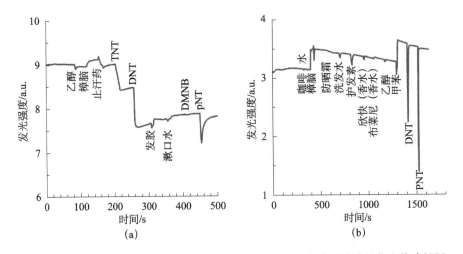

图 6-24 按照能级匹配原则针对 TNT、DNT 等芳硝基炸药检测设计的荧光传感材料
对含硝基目标分析物和不含硝基的日用品的荧光响应信号[38]

三、发展思路与发展方向

（一）荧光传感材料及器件的关键科学问题

综上所述，荧光传感材料与器件方面的研究，真正将这些材料和器件推进到实际应用的并不多，主要瓶颈在于解决经验性的传感材料研制过程，其中需要解决一系列关键科学问题。

1. 构建对荧光材料及器件传感过程进行系统阐述的理论体系

荧光传感材料的种类很多，传感的模式也有荧光增强、荧光猝灭、荧光变色等多种形式，但基于的原理多是根据静态测量的数据，如电化学测定能级或根据分子结构特点进行推测得出，目前对荧光敏感材料单个参数优化都有一些经验性的原则供参考，但是很多经验性认识并不具有普遍性，因而难以推广应用到其他传感材料的设计方面，导致传感材料的性能实用化过程耗费大量的资源与工作量。鉴于这种情况，目前亟须构建对各种敏感材料传感过程进行系统阐述的理论体系，统筹敏感材料的各项性能参数，如材料的选择性、灵敏度、响应速率、可逆性和稳定性等参数，继而实现传感体系的高效设计与系统优化。

2. 材料分子结构与传感特征性能之间的构效关系

有机荧光敏感材料分子结构上包含有数量众多、种类各异的有机官能团，需要总结目前众多的有机荧光敏感材料分子结构与光谱特性、电子亲和能、空间位阻、传感性能等关键参数的构效关系。

有机分子结构中的微小差别，会带来传感性能上的很大变化。如图 6-25 所示，针对冰毒（甲基苯丙胺，methylamphetamine，MA）检测设计的荧光传感材料，虽然三种敏感材料的结构非常相似，仅仅是氧原子换成了C═C基团，它们对冰毒分子的传感性能却有明显差异，对冰毒的传感效果大为降低[39]。

又如图 6-26 所示，对于化学反应型荧光传感材料，针对过氧化物类炸药检测制备的芳香硼酯类荧光敏感材料，只是将三苯胺上的一个醛基替换成亚胺结构 R—N═，对 H_2O_2 的响应时间就缩短至少 40 倍[40]。

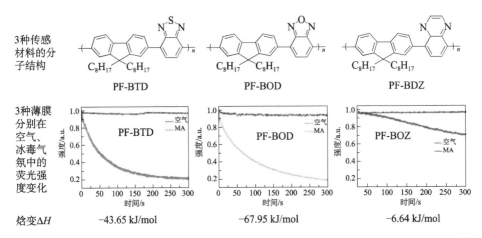

图 6-25 结构相似的 3 种有机荧光敏感材料对冰毒的传感曲线及与焓变值 ΔH 的对应关系[39]

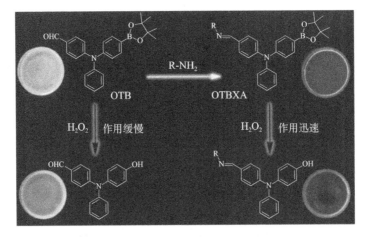

图 6-26 芳香硼酯类荧光敏感材料的分子结构及其对 H_2O_2 的响应[40]

　　因此，需要弄清传感材料分子中的官能团是如何影响传感材料的能级结构、电子亲和能，如何影响传感过程中体系的热力学、动力学参数，这是指导荧光传感材料的设计过程的关键科学问题。

3. 荧光材料聚集态微纳结构对传感器特征性能的影响规律

　　荧光传感材料聚集态微纳结构可以调控材料的荧光光谱、抗光漂白能力、被分析物分子在敏感材料表面的吸附/脱附/富集行为，也会影响传感过程的热力学、动力学参数，从而影响体系的传感性能。例如，用 ZnO 纳米棒阵列作基底，实现了 TNT 敏感有机荧光敏感材料的放大自发辐射，发射峰强度提高了 54 倍，对 TNT 的检测灵敏度提高了近 30 倍。因此，材料聚集态的微纳结构与传感特征性能密切相关。需要研究被分析物分子在敏感材料表面的吸附 / 脱附 / 富集行为，以及传感过程的热力学、动力学参数，从而揭示材料聚集态的微纳结构与传感特征性能之间的关系。

（二）荧光传感材料及器件的发展思路

化学传感器的工作机制较物理传感器复杂得多，物理传感器只存在一个信息转换界面，而化学传感器有两个转换界面，除了一个界面与物理传感器相似之外，还多出了将化学分子特异性作用转变为某种物理效应（如质量变化、光谱变化或电荷产生等）的更为复杂和重要的另一个转换界面。目前，很多化学传感器的研究将这两个界面相互混淆，从最终的电输出信号中难以对第一个界面的作用和效应进行独立定量化表征，无法在传感器设计时预测最后应得到的选择性、灵敏度等性能指标。为了根本改变这样的局面，需要利用敏感结构热力学 / 动力学参数体系阐明化学传感器第一个界面的作用和效应，揭示纳米构效关系，用定量化的理论和测量结果指导传感器优化设计和综合性能提高。为此，需要研究被分析物分子在荧光敏感膜表面的吸附 / 脱附行为，以及被分析物分子与有机荧光敏感材料之间的光诱导电荷转移或能量转移过程，建立荧光传感过程中被分析物与敏感膜体系的热力学和动力学参数（包括焓变、熵变、界面能、活化能）的表征方法，观测敏感材料分子结构、敏感膜微纳结构与传感性能参数间的对应关系，建立荧光化学传感过程模型，指导荧光传感材料及传感器件的设计，实现荧光化学传感器的可定制化制备。

未来发展的重要方向包括以下几方面。

1. 新型荧光传感材料设计合成

荧光传感材料的研究是传感过程的基础，针对危险化学品气体，需要设计多种基于荧光增强和猝灭方式传感的探针材料，引入特征识别单元、组装单元、发光单元。通过计算软件系统模拟优化，筛选出发光性能优良、能级匹配、结构易调控的高性能荧光探针。

2. 器件结构设计及荧光传感材料在器件结构表面上的自组装

器件结构可以调制传感材料的荧光光谱，改善被检测物分子在器件内部的扩散及与传感材料分子的作用概率，提升传感器性能。荧光传感材料在器件结构表面的组装方式、表面微结构，也会影响传感材料的发射光谱、被检测物分子的扩散行为。因此，器件结构设计及荧光传感材料在器件结构表面上的自组装方式是荧光传感器的重要研究内容之一。

3. 被分析物分子在敏感膜表面的吸附／脱附行为

热力学或动力学参数（包括焓变、熵变、界面能、活化能）是反映物理化学过程本质特性的重要理化参数。被分析物分子在敏感膜表面的吸附／脱附行为，用反映其功能特性背后本质的物理化学参数来定量表征分析。通过精确测量被分析物分子在敏感膜表面吸附／脱附行为的热力学／动力学体系参数，可以揭示被分析物分子与敏感膜之间的作用机制与过程，建立吸附脱附动力学模型，并根据模型研究新的敏感材料与敏感器件制备技术。

4. 被分析物分子与敏感膜间的光诱导电荷转移或能量转移机理

传感过程分为吸附和能量交换两个过程，在吸附过程系统研究的基础上，进一步探究探针分子结构器件与被分析气体间在各种光激发条件下的能量或电荷转移机理，从而系统理解其荧光传感曲线对应的各阶段发生的机制与物理意义。系统阐明结构与性能间的对应关系，指明传感灵敏度、响应速率、可逆性、选择性等传感参数优化方向。

5. 荧光传感技术与其他技术的集成、协同

化学传感器的感知过程非常复杂，而公共安全和生命科学领域的应用对传感器的选择性、灵敏度要求非常高，开发一种能够满足应用要求的荧光传感材料难度非常大。这就需要研究将荧光传感技术与其他传感技术集成、获得正交传感信息，通过不同传感技术的协同感知，提升传感器的选择性和灵敏度。

四、资助机制与政策建议

荧光传感具有明显的学科交叉特征，涵盖信息、化学、物理、材料等学科，靠单一学科很难突破荧光传感的发展瓶颈，建议国家自然科学基金设立重点项目群，分别从传感材料设计制备、传感机理研究、传感器结构设计制备、荧光传感技术与其他传感技术协同等方面开展联合研究，弄清荧光传感的激发机制，开展传感材料的设计制备和高性能传感器的研制工作，促进荧光传感技术的实际应用。

第四节 基于金刚石材料的传感器

一、概述

（一）金刚石材料概述

金刚石和石墨，是碳元素最常见的同素异形体。在已知的所有材料中，金刚石具有非常高的硬度和杨氏模量。同时，具有非常高的热导率和非常低的热膨胀系数。高纯的金刚石单晶是良好的绝缘体，但只要通过掺杂其他元素或将其晶粒降低至纳米量级，就呈现了典型的半导体性质，电导率可以在很大的范围内精确调节。金刚石也有特殊的光学性质，从深紫外波段到红外波段都是透明的，同时它的高折射率使它闪闪发光，具有了宝石的欣赏特性。

金刚石具有的力学、热学、电磁和光学等优异特性，使它作为一种理想的工业材料，可以满足非常多的特殊应用场景，例如，金刚石半导体器件的工作温度可达 600℃ 以上，远远高于现有其他材料。表 6-2 为金刚石和硅的材料特性对比。

表 6-2　金刚石和硅的材料特性对比

	单晶硅	单晶金刚石
杨氏模量	150 GPa	1050 GPa
莫氏硬度	6.5 Mohs	10 Mohs
抗拉强度	约 100 MPa	1～7 GPa
密度	2.33 g/cm³	3.52 g/cm³
热导率	150 W/（m·K）	2000 W/（m·K）

（二）人造金刚石的制备方法

由于天然的金刚石非常罕见且价格昂贵，大规模的工业应用显然不现实，所以，人们发明了多种方法用来制造人造金刚石。首次实现人工制备金刚石是在 1953 年，利用高压高温法（HPHT），将温度升高至 1200℃ 以上，模拟金刚石在自然界中形成的过程。直到今天，HPHT 方法都一直被用来制备人工金刚石，制备的最大单晶已达 3 克拉[①]。但是，HPHT 方法制备的金刚

[①] 1 克拉 =0.2g。

石颗粒的形状可控性差，并且很难集成到微纳加工制程中，所以产品大多用作研磨料、切割料、抛光料等。

另外一种制备金刚石材料的方法于 1962～1970 年被逐渐开发出来，利用低压化学气相沉积（CVD）来制备金刚石薄膜。与 HPHT 金刚石相比，CVD金刚石通常是单晶或多晶的薄膜，并且不需要很高的生长温度。

根据生产设备的工作方式，应用于人造金刚石生产的 CVD 技术主要分为两种：一种是微波等离子体 CVD（MPCVD）技术，另一种为热丝 CVD（HFCVD）技术。

其中，MPCVD 利用高频、高能微波源，可以在相对较低的温度（600～1000℃）下形成等离子体环境，利用甲烷在氢气环境中进行碳原子沉积。根据衬底和沉积参数的情况，控制薄膜以单晶或者多晶模式生长。HFCVD 主要用来生长多晶金刚石薄膜，它利用热丝（1800～2200℃）来解析甲烷分子，衬底的沉积温度一般在 500～1000℃，非常适合用来大面积沉积多晶金刚石薄膜，可以为 4 英寸、6 英寸、8 英寸晶圆镀膜。

随着 CVD 人造金刚石技术越来越成熟，金刚石已经不再是昂贵的"奢侈品"，应用广泛，涉及电子器件、精密工具、传感器、工业化沉积技术等领域。目前，全球 CVD 人造金刚石生产企业也主要分布在美国、日本和欧洲等国家和地区，代表性企业有元素六公司、赛欧金刚石技术公司、钻石工厂等。其中，元素六公司在一定程度上代表了 CVD 人造金刚石的最高技术水平。我国也已经出现了多家进行工具级 CVD 人造金刚石生产的企业，可以提供 10 mm × 10 mm 尺度及以下的产品。但是，对于大颗粒珠宝级、光学级和电子级的产品，由于对于材料本身特性，如晶格缺陷、纯度、杂质种类、晶向错配、晶体大小都要求很高，而且需要用到特殊的产品的后加工工艺，如高真空热退火、原子级别的金刚石表面精确抛光、精密激光切割等，对技术的要求非常高。在这一点上，制备高品质金刚石材料，开发金刚石的微纳加工工艺，是打破国际禁运，支撑金刚石传感器、金刚石量子电路等高端器件发展的重要任务。图 6-27 为碳的相图。

二、发展现状与发展态势

（一）耐高温金刚石压力传感器

工业、探矿、国防等领域的发展，越来越需要耐受高温和极端环境的压力传感器。而金刚石材料的优异物理和化学性质，使其成为极端传感器件首选的敏感材料之一。

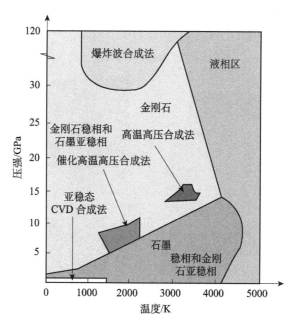

图 6-27　碳相图

如何既应用金刚石材料的优异性质，又实现利用 MEMS 技术大批量、高稳定的量产，仍然存在挑战。单晶的金刚石材料，无论是天然还是人造金刚石，尺度大多仍然停留在 1 英寸以下，不能实现与现在主流的 6 英寸、8 英寸、12 英寸硅基晶圆材料的兼容制程，只能通过手动或半自动的方式进行后端的异质集成，成本高，作为批量工艺挑战巨大。而多晶的金刚石材料，其物理、化学特性可以和单晶金刚石相比拟，而且可以以薄膜的形式直接在硅基衬底上实现生长，适合开发 MEMS 器件，这是多晶金刚石的一个重要优势。

按晶粒大小，多晶金刚石又分为微米晶金刚石（晶粒尺度 ≫100 nm）、纳米晶金刚石（晶粒尺度介于 5～100 nm）和超纳米晶金刚石（晶粒尺度在 3～5 nm）。其中，纳米晶金刚石的电导率可以根据晶粒的大小的不同，在 10^{-8}～10^3 的大尺度范围内实现调节，呈现典型的半导体性质，并不需要进行其他元素的掺杂。超纳米晶金刚石不仅具有半导体特性，其电阻值会随着外加应力的变化而变化，具有一定的压阻效应。利用这一性质制备的耐高温压力传感器器件，具有良好的温度稳定性。

根据 Mohr 等的报道，在常用的〈100〉硅晶圆上，利用 HFCVD 方法沉积 15 μm 厚的纳米晶金刚石薄膜作为衬底，之上沉积 1 μm 厚的超纳米晶金刚石薄膜作为压阻材料，利用 MEMS 的微纳加工工艺制备压阻惠斯通电桥，实现了性能优异的高温压力传感器器件 [39,40]。

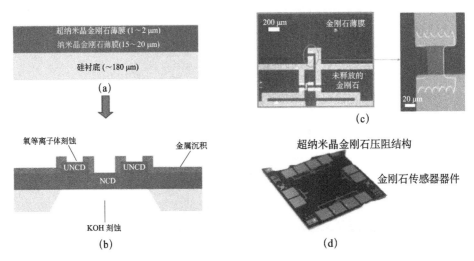

图 6-28 （a）硅晶圆上沉积纳米晶和超纳米晶金刚石薄膜；（b）利用 MEMS 微纳加工工艺制备压力传感器器件示意图；（c）超纳米晶压阻元件的光学显微镜和电子显微镜图片；（d）压力传感器器件 [40]

（二）金刚石 NV 色心传感磁探测技术

金刚石中氮-空位发光点（NV 色心）在常温、常压的环境中，其量子自旋的相干时间可以长达毫秒级别，所以，基于 NV 色心的量子传感器拥有很高的灵敏度。[41] 在过去的 10 年间，利用 NV 色心进行电场测量、温度测量、应力场测量、压力测量等都被报道过。与其他技术相比，金刚石 NV 色心传感器具有室温下工作、超高的空间分辨率和探测灵敏度、可利用 MEMS 工艺微型化的优点，在健康医疗、生物医学、国防科技等方面具有巨大的应用潜力，吸引了世界上数支顶尖团队及欧美国家研究机构投入大量人力、财力进行研究。例如，2018 年 9 月，美国通过立法制定了一项为期 10 年的国家科技创新计划（NQI），总投入 13 亿美元，开发用于导航（不依赖 GPS）、生物医学的微观磁探测技术和其他精密测量变革性技术。欧盟的量子科技计划2016（QU2016，2016 年 5 月）和英国的量子技术创新计划（RQTUK，2015年 9 月），都把基于金刚石传感器的微观磁学精密测量作为重要支持方向。

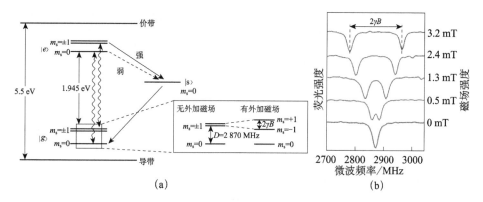

(a)　　　　　　　　　　　　　　　(b)

图 6-29 （a）简化的 NV⁻ 电子能级，基态和激发态都是三重态，对应的能带宽度为 1.945 eV，当施加外加磁场的时候，基态 $m_s = \pm 1$ 发生能级劈裂；（b）光学探测的磁共振谱（ODMR）显示在 2.87 GHz 附近，可以发生利用荧光强度探测量子能级劈裂[41]。

瑞士苏黎世联邦理工学院孵化的科技公司 Qzabre，正在开发单 NV 色心金刚石扫描微针尖，把磁场成像的分辨率推进到了 10 nm 以下。德国斯图加特大学和博世公司合作，开发车用的磁性、压力、温度、电流传感器。美国哈佛大学成立的 QDTI 公司在生物领域探测细胞磁矩进行癌细胞的甄别。德国乌尔姆大学孵化的子公司 nVision 正在从事下一代磁共振仪高分辨率磁探头的开发。美国麻省理工学院最近报道，在硅片上创建了基于金刚石的量子传感器，并且在 200 μm 尺度上继承了微波发生器、滤光器和光电探测器等组件，可将器件首次应用在毫米级封装中[42-45]。

在国内，也有一些大学在单分子磁共振技术领域开展金刚石传感器的研究，如中国科学技术大学、香港大学、北京航空航天大学等。

三、发展思路与发展方向

（一）学科发展的关键科学问题

第一，金刚石材料品质的提升是实现各类金刚石传感器的基础。材料制备，包括种晶品质、CVD 人造金刚石的生产设备和生产工艺、降低材料缺陷、材料 C12 同位素提纯方法、大尺寸（3 英寸、4 英寸）单晶金刚石衬底的制备、高品质金刚石单晶外延片的制备等方面。

第二，金刚石加工工艺是提升传感性能的关键。包括金刚石的抛光、切割、刻蚀、键合工艺，金刚石薄膜的应力、热失配控制，性能表征和物理、化学处理技术，金刚石传感器的集成与封装技术。

第三，金刚石材料与现有 MEMS 微纳加工手段相结合是促成产业化应用的前提。包括金刚石材料与硅、玻璃材料的键合技术，多层叠异质集成技术，金刚石材料的表面光学镀膜技术，微波激励线圈片上集成技术以及信号读出技术。

（二）发展总体思路与发展目标

1.发展总体思路

面向新一代工业、信息、国防等国家战略需求，建设产、学、研全链条基于金刚石传感器的应用示范链条，解决高端特种传感器存在的"卡脖子"问题，推动金刚石材料、器件的产业化应用。

2.发展目标

（1）为工业、信息、国防等国家战略需求提供关键设计和制造技术，实现自动金刚石传感器的国产化。

（2）实现高品质多晶、单晶金刚石材料的国产化制备。

（3）耐高温金刚石压力传感器的定制化、产业化应用，全面提高设计、工艺、封装、系统软硬件的技术能力。

（4）金刚石磁传感器的研发和应用，促进微观磁测量、敏感磁信号常温探测，催生一系列磁场成像高精尖装备，引领磁测量新兴产业。

（5）建成金刚石传感器全链条生产工艺，包括材料装备、工艺加工、测试封装等方面，在此新型领域，实现与发达国家"并跑"甚至"领跑"。

四、资助机制与政策建议

具体政策建议如下。

（1）以原创性核心技术为资助重点。金刚石属于下一代半导体材料，目前多在研发阶段，正是原创性技术和应用涌现的时期。资助原创性技术，不跟风，是当前阶段的重点。

（2）以重大专项带动跨学科领域的发展。金刚石传感器在生物、信息、国防、基础科学等方面都有广泛的潜在应用，但目前还是以点对点的形式发展。建议以跨学科重大专项的形式资助，促进不同学科之间的交流和互动，快速进入产业化阶段。

（3）以初创型技术类企业为资助重点。在新兴传感器领域，降低企业研发成本，鼓励技术替代，尤其是要鼓励和扶持一些初创类企业的发展。

第五节　基于氮化铝压电薄膜的射频 FBAR

一、概述

随着无线通信技术的发展，高性能的射频器件正得到学术界和产业界越来越多的关注，并在智能手机通信、卫星导航和雷达探测等领域获得了广泛的应用。其中，射频 FBAR 凭借着工作频率高、Q 值高、功率容量大、尺寸微型化且与集成电路工艺兼容等诸多优势，在高性能滤波器、双工器和振荡器等射频器件的设计和制造上具备广阔的应用前景。

薄膜体声波谐振器（film bulk acoustic resonators, FBAR）是利用声波在压电薄膜内的反射实现谐振的器件，其敏感结构为金属-压电薄膜-金属的"三明治"结构，当电信号加载至压电薄膜上下的金属电极上时，压电薄膜由于逆压电效应会产生机械形变，并在薄膜的上下界面内形成体声波，特定频率的体声波在压电薄膜内会形成驻波振荡，从而实现器件的谐振。

常用的制备射频 FBAR 的压电薄膜材料中，氮化铝的材料属性十分突出，氮化铝是一种六方晶型的非铁电性无机压电晶体，其机电耦合系数高、损耗小且介电特性优良，相比于氧化锌等压电薄膜，氮化铝薄膜的声速较高，适合于制造超高频和宽频带的压电器件。同时，氮化铝也具有高热导率和较大的耐压强度，在大功率压电器件制造方面具备显著优势，并且氮化铝的制造工艺采用低温（< 500℃）成膜技术且与集成电路工艺兼容，因此基于氮化铝压电薄膜的射频 FBAR 获得了广泛的关注和应用。

目前，基于氮化铝压电薄膜的射频 FBAR 的典型结构主要有背部刻蚀型、空气腔型和固态装配型三种。

（一）背部刻蚀型 FBAR

背部刻蚀型 FBAR 是利用硅的各向异性腐蚀特性，在硅衬底背部进行一定深度的深刻蚀，从而在硅片正面形成 FBAR 结构的支撑层，在支撑层上制作金属-压电薄膜和金属的"三明治"结构，即可形成背部刻蚀型 FBAR（图6-30）。

背部刻蚀型 FBAR 的制作工艺简单，但硅衬底背部各向异性的深硅刻蚀，导致背部刻蚀型 FBAR 的机械结构强度较低。同时，由于硅在各向异性湿法腐蚀过程中会形成 54.7° 的侧壁，在刻蚀深度较大的情况下，FABR 的器件尺寸也会相应增大，增加制造成本。此外，由于压电"三明治"敏感结构需要

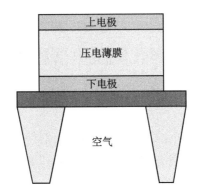

图 6-30 背部刻蚀型 FBAR 结构[46]

一定厚度的支撑层，而支撑层会引起声波的泄露，从而降低了 FBAR 的 Q 值。

（二）空气腔型 FBAR

空气腔型 FBAR 通常利用表面微机械工艺在衬底上沉积牺牲层，在牺牲层上方依次制备 FBAR 压电"三明治"结构，最后通过腐蚀牺牲层完成空气腔型 FBAR 的结构释放（图 6-31）。

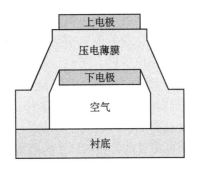

图 6-31 空气腔型 FBAR 结构[46]

空气腔型 FBAR 改善了背部刻蚀型 FBAR 结构强度低的不足，同时易于实现器件尺寸的微型化。此外，由于空气腔型 FBAR 的压电"三明治"结构的上下表面均为空气，此种空气/晶体的界面可以有效反射体声波，从而降低 FBAR 的损耗，因此，空气腔型 FBAR 获得了广泛的应用。

（三）固态装配型 FBAR

固态装配型 FBAR 通常在衬底表面沉积 3～4 对声学阻抗失配的材料形成布拉格反射层，常用的声学阻抗失配材料包括 SiO_2/Mo 和 SiO_2/W 等，在布拉格反射层之上制作 FBAR 压电"三明治"结构，从而形成固态装配型 FBAR（图 6-32）。布拉格反射层的各层膜厚为其中声波波长的 1/4，其作用是通过不同声学阻抗材料的堆叠，将各层反射的体声波叠加并在压电薄膜中形成驻波振荡，从而实现器件的谐振。

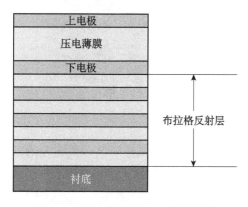

图 6-32　固态装配型 FBAR 结构[46]

固态装配型 FBAR 具有较强的机械结构强度，器件在微型化和集成性方面表现突出。但由于布拉格反射层的制备需要严格控制各层薄膜的厚度，一定程度上增加了固态装配型 FBAR 的工艺复杂度，同时，各层膜厚的偏差也会显著影响体声波的反射，从而导致声学能量的泄露，降低 FBAR 的 Q 值。

二、发展现状与发展态势

（一）基于氮化铝压电薄膜的射频 FBAR 的发展现状

自 20 世纪 90 年代 Ruby 首次提出 FBAR 的概念以来，基于氮化铝压电薄膜的射频 FBAR 获得了国内外学术界和产业界的广泛关注，并且在器件的高性能、集成化和低成本方面取得了丰富的成果。

滤波器是射频前端的核心器件，随着无线通信技术的发展，高频化、微型化成为滤波器发展的主流方向。基于氮化铝压电薄膜的射频 FBAR，凭借其易于实现较高工作频率及高 Q 值等优势，在滤波器领域获得了广泛的应用。2010 年，Shin 等[47]提出了一种超小型的高频氮化铝 FBAR 滤波器（图 6-33），该成果采用了一种新型的 FBAR 拓扑结构，显著减小了 FBAR 级联滤波器的面积，并提升了器件的射频性能，同时开发了针对该氮化铝 FBAR 滤波器的晶圆级封装工艺，最终实现了 1.2 mm × 1.2 mm 的超小型滤波器芯片，且滤波器实现了谐振频率为 1.9 GHz，插入损耗约 1.75 dB 的出色性能。

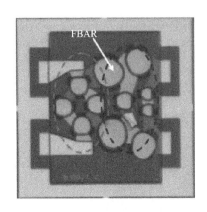

图 6-33　一种超小型的高频氮化铝 FBAR 滤波器 [47]

2014 年，Shin 等 [48] 提出了一款基于氮化铝压电薄膜的 FBAR 的射频双工器的设计，该设计中的 FBAR 采用了两种构型（图 6-34），常规 FBAR 采用了基于氮化铝的空气隙型 FBAR 结构，而另一种 FBAR 则在传统空气腔型结构的基础上，在压电"三明治"结构下方增加了一对由 Ru/SiO$_2$ 构成的布拉格发射层，从而构成混合型 FBAR 结构（图 6-35），其中，常规 FBAR 的 Q 值达到 2000，机电耦合系数为 6.4%，混合型 FBAR 的 Q 值为 1600，机电耦合系数为 5.1%，混合型 FBAR 由于添加了一层 SiO$_2$ 作为温度补偿层，从而显著改善了由这些 FBAR 构造的双工器的频率温度特性。测试结果表明，该双工器的频率温度系数低至 16.9 ppm/℃，很好地满足了双工器工作过程中对温度稳定性的要求。

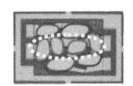 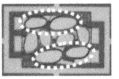

常规空气隙型 BAW（FBAR）　　混合型 BAW（FBAR）

(a)

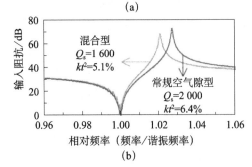

(b)

图 6-34　（a）常规空气隙型 BAW（FBAR）、混合型 BAW（FBAR）及（b）其阻抗特性 [48]

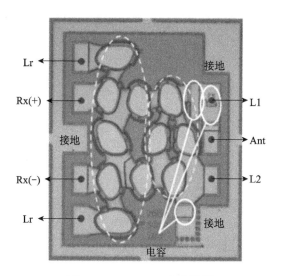

图 6-35　FBAR Rx 滤波器 [48]

　　2006 年，Dubois 等 [49] 提出了一种将氮化铝 FBAR 和 CMOS 电路集成的技术，该技术首先设计了基于氮化铝压电薄膜的空气腔型 FABR 滤波器，并将其集成到包含射频电路在内的 BiCOMS 晶圆上（图 6-36）。结果表明，其具备 3 dB 的中等插入损耗和 50 dB 的带外抑制特性，该集成化的射频模块在射频前端领域有广阔的应用前景。

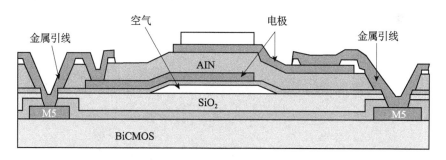

图 6-36　一种 FBAR/BiCMOS 集成模块 [49]

　　2015 年，Yokoyama 等 [50] 提出了一种面向宽频带 FBAR 应用的氮化铝薄膜制备方法，该方法通过磁控溅射制备了共掺杂镁 / 锆以及镁 / 铪的氮化铝压电薄膜，实验结果表明，共掺杂镁 / 锆的氮化铝压电薄膜的压电系数 d_{33} 比纯氮化铝薄膜提升了 280%（图 6-37），而共掺杂镁 / 铪的氮化铝压电薄膜的机电耦合系数 k^2 由纯氮化铝的 7.1% 增加至 10%（表 6-3），验证了共掺杂制备的氮化铝压电薄膜在宽带 FBAR 射频应用上的巨大潜力。

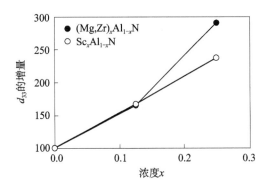

图 6-37　共掺杂镁 / 锆的氮化铝的 d_{33}[50]

表 6-3　共掺杂镁 / 铪氮化铝的 k^2[50]

材料	k^2/%
AlN	7.1
（$Mg_{0.5}$，$Zr_{0.5}$）$_{0.13}Al_{0.87}N$	8.5
（$Mg_{0.5}$，$Hf_{0.5}$）$_{0.13}Al_{0.87}N$	10.0

2017 年，Karasawa 等[51] 提出了一种采用新型极化氮化铝材料制备的 FBAR 变压器，该器件通过掠射角磁控溅射的工艺制备了 12 层呈 c 轴锯齿状极化的 ScAlN 压电材料（图 6-38），可实现在 612 MHz 的频率下对 12 层 ScAlN 膜下激励产生 12 阶的剪切波，由此制成的 FBAR 变压器有望在整流天线中实现高效的 RF-DC 转换。

图 6-38　呈 c 轴锯齿状极化的多层 ScAlN 膜[51]

2017年，Pillai 等[52]提出了一种基于变迹技术的氮化铝FBAR（图6-39），通过对 FBAR 形状的变迹设计，谐振器的位移和应变能被有效地限制在器件的中心部分。实验结果表明，该变迹氮化铝 FBAR 的谐振频率为 3.26 GHz，机电耦合系数为 2.12%，同时实现 Q 值达 2507。

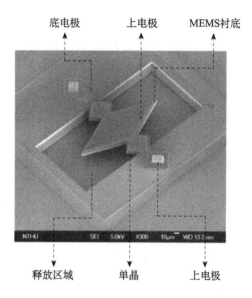

图 6-39　变迹氮化铝 FBAR 设计[52]

在国内，关于基于氮化铝压电薄膜的射频 FBAR 产品的报道较少，相关研究仍主要由科研单位与高校主导，2013 年，中国电子科技集团有限公司第十三研究所李丽等[53]提出了一种空气腔型氮化铝 FBAR（图 6-40），通过直流加射频偏压的溅射方法，实现了高质量氮化铝压电薄膜的制备，氮化铝的半高宽为 3.32°，实现了较好的 c 轴择优取向，最终制备的氮化铝 FABR 的谐振频率达到 2.19 GHz，Q 值达 1571.89，机电耦合系数为 3.56%，为目前国内报道的 FABR 相关研究的较高水平。

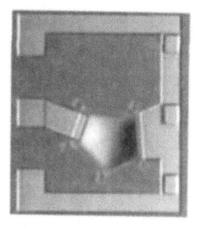

图 6-40　空气腔型氮化铝 FBAR[53]

（二）基于氮化铝压电薄膜的射频 FBAR 的发展态势

从射频 FBAR 器件的技术发展趋势和市场需求角度考虑，基于氮化铝压电薄膜的射频 FBAR 的发展趋势大致如下。

（1）通过压电材料和结构的创新，优化包括工作频率、带宽、插入损耗等在内的器件特性。

（2）从器件结构上阻断和衰减声波泄露，从而提升器件的 Q 值。

（3）通过高性能压电材料的制备，提升压电材料的压电特性，从而完善器件在机电耦合、损耗等方面的性能。

（4）通过工艺创新，实现基于氮化铝压电薄膜的射频 FBAR 与多种射频器件的一体化集成。

三、发展思路与发展方向

（一）氮化铝压电薄膜的射频 FBAR 的关键科学问题

基于氮化铝压电薄膜的射频 FBAR 的关键科学问题主要包括：新型谐振器件结构的创新设计；高性能氮化铝压电薄膜的制备工艺；射频 FBAR 与 CMOS 的工艺集成。

（二）基于氮化铝压电薄膜的射频 FBAR 的发展思路与发展方向

以高性能、集成化、小型化、低成本和可批量化制造的射频 FBAR 为发展目标，以国家战略需求和市场需求为牵引，以具体应用为导向，突破基于氮化铝压电薄膜的射频 FBAR 在压电材料制备和制造工艺等环节中的关键科学问题，推动 FBAR 产品研究的成熟和应用的落地，并逐步完善以 FBAR 为代表的高性能射频器件的产业生态，提升国产核心射频器件的技术水平，实现相关射频器件的规模化、商业化应用，促进国民经济的发展和技术创新。

四、资助机制与政策建议

（一）资助机制

针对基于氮化铝压电薄膜的射频 FBAR 的发展现状及其应用特色和前景，建议资助机制主要包括以下两个方面。

（1）基础类项目研究。主要资助针对不同类型射频 FBAR 在设计、制造、封测过程中的关键共性技术问题开展研究，包括谐振器结构设计、氮化铝等压电材料制备、工艺模块设计技术等。

（2）应用类项目研究。面向 5G 等新一代无线通信技术的需求，资助以可产品化为导向的射频 FBAR 项目研究，通过工艺等的创新实现我国在射频 FBAR 领域的竞争力提升。

（二）政策建议

针对基于氮化铝压电薄膜的射频 FBAR 的发展现状，具体政策建议如下。

（1）射频 FBAR 的研究应避免与市场脱节，应多支持企业牵头、科研院所参与的项目，利用好企业的市场能力与科研院所的科研资源，项目评审可以偏向考虑研究成果的产业化，以此推动射频 FBAR 应用的落地。

（2）建议政府采取"工艺开发、流片补贴"的方式，资助优秀的射频 FBAR 设计公司的新产品工艺开发和工程批流片，大幅度降低其研发成本并加快新品开发的周期，从而加快推动 FBAR 设计公司新产品的开发和产业化。

（3）加强国际合作与交流。通过相关的项目合作，加强与 FBAR 技术领域内国际领先的科研单位之间的交流与合作，促进国内的 FBAR 技术在不同应用方向上的发展。

第六节 熔融石英的微球形陀螺

一、概述

惯性技术是一种独立、连续自主、全方位和全时空敏感控制载体姿态轨迹的技术，其核心部件包括陀螺仪、加速度计和磁强计等惯性仪表[54]。在所有导航系统中，只有惯性导航系统是不依赖外部信息也不向外辐射能量的自主式导航系统，具有隐蔽性好，可全天候提供敏感载体的速度、位置、航向和姿态等信息的优点[55]。根据不同领域对性能指标要求的不同，陀螺仪主要分为速率级、战术级和导航级三种。速率级和战术级的陀螺仪主要用于手持设备、车载导航和姿态航向测量等对精度要求较低的领域；导航级陀螺仪主要用于高精度的航空、航天和航海等领域，属于高端领域的应用。目前高精度陀螺朝着无转子机构方向发展，主要包括激光陀螺、光纤陀螺、球形（半球）固体波动陀螺和量子陀螺等。现代航空业，以激光陀螺和光纤陀螺为基础的导航系统设备精度达到 0.01°/h；而基于球形固体波动陀螺的惯性系统精度可达 0.001°/h，且具有能耗小、结构稳定、抗电离辐射强和工作状态稳定等优点，成为各国研究的重点。当前随着 MEMS 技术的发展，微型陀螺仪的研究也获得了长足的进步，并以其质量小、功耗低、适合批量化智能制造等优点成为研究的重点方向。微球形（半球）陀螺是一种新型谐振陀螺，其核心优势在于结合了 MEMS 技术及新型制造工艺，既有望继承传统半球谐振陀螺精度高、稳定性好等优点，又兼具微型化技术优势，具有极大发展潜力。

（一）微球形（半球）陀螺的原理与内涵

微球形（半球）陀螺的基本工作原理是利用了旋转轴对称物体中弹性驻波的惯性效应测量角速度，即旋转轴对称物体（球形谐振子）中被激励的驻波转动角与输入角速率在其对称轴上的投影成一定比例[56,57]。如图 6-41 所示，球形谐振子振动于最低阶弯曲模态（又称酒杯模态，四波腹模态）。理想情况下，模态的波腹和波节的位置相对于球壳稳定，球形谐振部件受驱动在第一振动模态（又称驱动模态），当有外界角速度输入时，球形谐振部件因科里奥利效应产生了垂直于第一振动模态的第二振动模态（又称敏感模态），该模态直接与旋转角速度成正比。

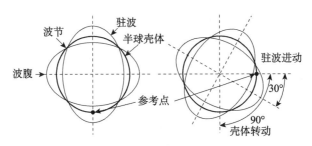

图 6-41 球形（半球）固体波动陀螺测量原理[56]

球形谐振陀螺可以用于两种模式：全角模式和力平衡模式。全角模式下，检测电极直接读出驻波相对于壳体的位置，比例因子只与几何进动因子有关，因此十分稳定（10^{-6} 量级），驻波可相对于壳体自由进动，因而陀螺具有很大的动态范围。力平衡模式下，通过反馈力控制使驻波相对壳体位置固定，控制所需电压与角速度成比例。两种模式各有优缺点，可以根据应用场合合理选择，高速情况下首选全角模式，低速情况下采用力平衡模式。

（二）微球形（半球）陀螺结构

如图 6-42 所示，球形（半球）谐振陀螺的经典结构包括球形谐振子、激励电极和敏感电极，构件均为高品质因数的熔融石英材料经过超精密加工而成。结构材料表面经金属化处理，并将整个球形谐振子、激励电极和敏感电极密封在一个高真空的腔体内，形成一个独立的角速度传感器。半球谐振子的轴对称薄壳结构硬度高、脆性大，对内外球面和支撑杆的形状精度和位置装配精度要求高，制造难度很大，一直制约着高精度半球谐振陀螺的发展。但是随着技术的进步，球形陀螺结构在演变的同时也改善了加工工艺，结构集成化程度越来越高。

图 6-42　典型球形（半球）固体波动陀螺结构组成[54]

（三）球形（半球）陀螺加工工艺

理想的半球谐振子具有高品质因数、刚度和阻尼的各向同性。但是由于半球谐振子在制造过程中存在的密度、杨氏模量和壳体厚度的不一致，导致其品质因数和驻波对称性等出现损失，进而影响陀螺的稳定性、重复性、噪声等关键指标。采用高纯度熔融石英材料加工的球形谐振子形状为带有中心支撑杆的半球形薄壁壳体，其精密制造过程包括粗磨成型、精密磨削、磨料喷射、化学蚀刻、表面镀膜和质量调平等。加工出的球形陀螺谐振结构品质因数高，表面粗糙度小，几何对称精度高，但是加工过程复杂，成本费用昂贵。基于 MEMS 技术的微球形（半球）陀螺谐振子的制备材料主要是熔融石英、硅、氧化硅等，由于硅材料易于进行批量化的 MEMS 工艺制作，许多传统的微型陀螺仪采用硅基材料[58]。但是，硅的机械性能不高，热膨胀系数达到-30 ppm/℃,导致硅基谐振陀螺敏感谐振子的品质因数难以进一步提高,精度只能达到速率级,无法满足现代航空航天装备对高精度微陀螺敏感元件的要求。熔融石英和 SiO_2,尤其是熔融石英(即高纯 SiO_2),具有相对低且稳定的热膨胀系数,基于熔融石英的微陀螺谐振子品质因数值可达到 93 万。目前,石英球形陀螺的主要加工方法包括玻璃吹制法、高温喷灯吹制法、激光刻蚀法和牺牲层法等[59,60]。随着陀螺结构体积的微型化,球形(半球)陀螺的相对误差会显著增加,制造误差和非对称应力等因数仍然制约着微球形陀螺性能的提高。

二、发展现状与发展态势

(一)发展现状

目前,宏观球形(半球)壳体谐振陀螺基础理论和制造工艺发展较为成熟,其性能和长期稳定性得到了充分验证,是目前精度最高的陀螺种类之一。2012 年,美国 Northrop Grunmman 公司研制的熔融石英半球陀螺,如图 6-43 所示,零偏稳定性达到 10^{-5}°/h 量级,角度随机游走仅 0.001°/$h^{1/2}$,持续工作时间长达 1600 万个小时,并已投入航空航天飞行的实际应用中。法国萨基姆(Sagem)公司研制的半球谐振陀螺产品型号为 Regys20,零偏稳定性优于 0.01°/h,角度随机游走达到 0.0001°/$h^{1/2}$。以上半球陀螺各方面性能都非常高,但是制造工艺复杂,成本高,且陀螺结构体积较大,难以短时间内广泛应用。目前在发展过程中有多种结构变化,甚至衍生出多种二维结构,适合目前的 MEMS 平面工艺批量化制造。

图 6-43 美国 Northrop Grunmman 公司的熔融石英半球谐振陀螺[54]

随着微纳技术的进步,球形(半球)陀螺仪的微型化发展已经成为主流趋势。在已公开的研究中,美国加利福尼亚大学[60]、佐治亚理工学院[61]和密歇根大学[62]已研制出相应的微球形谐振陀螺，并获得了一定的性能。参数可控、结构对称和表面光滑的加工制备是研究的重点，微球形谐振陀螺的熔融石英加工工艺主要包括玻璃吹制工艺和热喷灯加热工艺[62,63]。加利福尼亚大学将刻蚀有空腔的硅片与派热克斯（Pyrex）玻璃进行常压阳极键合，利用玻璃片退火软化的特点，令腔体内的气体膨胀使得熔融石英玻璃吹制成球形谐振结构。在谐振结构周边利用相同的玻璃吹制工艺加工出了三维结构的驱动和检测电极，如图 6-44（a）所示，谐振结构半径 500 μm，壳体平均厚度 10 μm。随后通过改进硅片结构，加工出带有中心支撑柱的酒杯状谐振结构，如图 6-44（b）所示，通过在球壳边缘向周围硅片上加工出自对准的电极，实现了完整的陀螺样机。该工艺方案中电容间隙由玻璃深刻蚀实现，受限于目前氧化硅/玻璃深刻蚀技术水平，实现的电容间隙通常在 10 μm 以上且侧壁垂直度较差，形成电容较小，对后续的微弱信号检测和信号处理提出了更高要求。

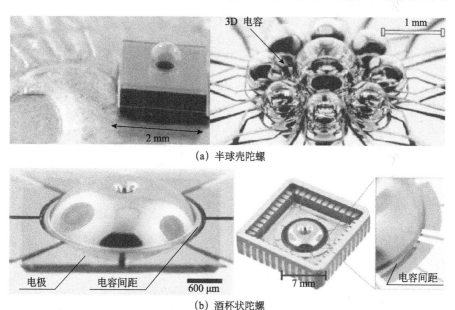

(a) 半球壳陀螺

(b) 酒杯状陀螺

图 6-44　加利福尼亚大学[64-67]玻璃吹制的半球壳陀螺和酒杯状陀螺

美国密歇根大学 Najafi 等[68,69]采用火焰喷灯吹制工艺加工的"鸟澡盆状"谐振陀螺，采用熔融石英作为谐振子材料，将其对准固定在上下模具之间，在玻璃正上方对熔融石英施加恒定流速的丙烷氧喷灯加热，因熔融石英两边存在压差，在压力作用下产生形变形成半径为 2.5 mm、高为 1.55 mm 的"鸟澡盆状"结构球形壳，品质因数可达到 120 万。图 6-45（a）是采用熔融石英制备微球形谐振子的加工方案，最后采用 p 型硅基底，利用深反应离子刻蚀工艺制作出了相应的驱动和检测电极，进行了二次装配，制作出完整的陀螺样机。如图 6-45（b）和（c）所示，接口电路分别采用了全角测控模式和力平衡测控模式进行陀螺性能标定。在全角测控模式下，陀螺以稳定的角速度增益获得 700°/h 的大动态范围；在力平衡测控模式下，陀螺零偏稳定性达到 1°/h，角度随机游走达到 0.106°/$h^{1/2}$，动态范围在 400°/h 以上。

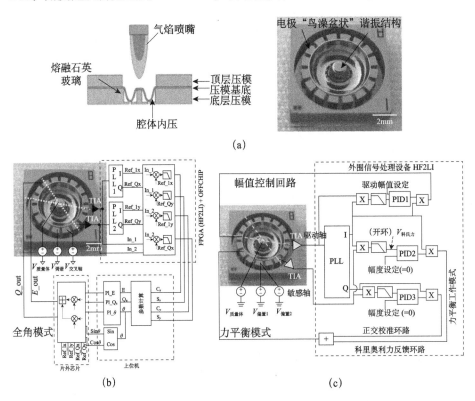

图 6-45　（a）密歇根大学加工的"鸟澡盆状"熔融石英陀螺及（b）其全角模式测控电路和（c）力平衡模式测控电路[68,69]

中国科学院上海微系统与信息技术研究所 Chen 等[70-77]与中国兵器工业集团有限公司第 214 研究所提出了一种微球形谐振子加工工艺流程，如图 6-46 所示，以各向同性湿法腐蚀或干法刻蚀工艺在硅衬底上加工出旋转轴对称半球槽的模板；然后生长牺牲层薄膜，用于定义可变电容间隙；最后生长出谐振结构层材料并通过刻蚀或抛光等步骤定义半球壳结构，微球壳半径和高度分别为 650 μm 和 250 μm，电容间距小于 2 μm，Q 值在 15.2×10^3 左右。

中国科学院上海微系统与信息技术研究所 Chen 等还提出了一种面向微球形谐振陀螺的高精度 Σ-Δ 数字力平衡测控方案，采用高精度 Sigma-delta 调制原理，既可以获得极高的角速度信噪比，还可以进行科里奥利力平衡测控，实现数字化单芯片集成，对陀螺正交误差、温度误差以及信号的非线性谐波分量进行有效的抑制。

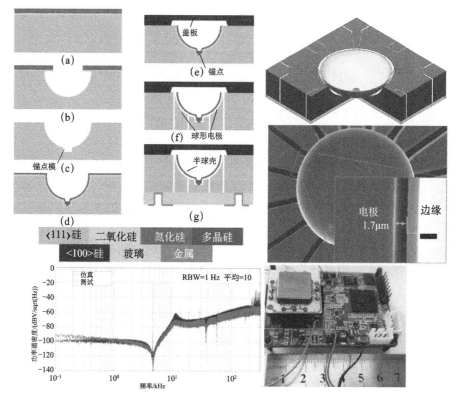

图 6-46　加工的微球形陀螺及其力平衡模式测控 [77]

在微球形（半球）陀螺工作模式的研究方面，除了上述的全角模式和力平衡模式之外，加利福尼亚大学伯克利分校还提出了一种自旋转调制工作模式 [78,79]，如图 6-47 所示，通过对陀螺驱动和敏感模态的同时激励，使得球形谐振子处于旋转状态，通过检测自旋转频率的变化表征外界输入角速度。该工作模式不仅能够确保陀螺工作模态匹配，而且有效排除耦合误差、加工误差与随机干扰误差对精度的影响，与传统开环检测相比，陀螺零偏和标度因数稳定性精度提高了两个数量级。

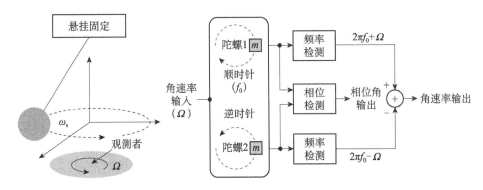

图 6-47　自旋转调制工作模式原理及系统结构示意图[78,79]

（二）发展态势

从球形（半球）陀螺的技术发展趋势来看，球形振动陀螺的相关理论研究工作不断在完善，也探索了不同的谐振结构加工材料，包括硅、多晶硅、金属合金、熔融石英和金刚石等。从研究结果来看，谐振结构材料逐渐集中于熔融石英和金刚石等高品质因数材料。随着 MEMS 技术水平的提高，越来越多的研究单位在微球形（半球）陀螺领域取得新成果。目前，国外部分研究机构已实现了单片基底材料上微球壳体谐振结构的批量加工，结合设计的电极与接口测控电路，成功研制出完整陀螺样机，进行了初步性能测试，显示出微球形谐振陀螺的巨大发展潜力。国内相关研究单位也已初步研制了多种结构的微半球陀螺及其加工方案，但受限于加工技术水平和接口测控技术，陀螺性能的稳定性、成品率、可靠性及其基于微半球谐振陀螺的惯性系统研究及应用仍然有较大差距。未来微球形（半球）谐振陀螺将作为空间应用和战略领域等高价值任务的首选，并逐步推广到航海和陆基领域等的应用。因此，总结其发展趋势大致如下。

（1）研究实现熔融石英微球形谐振子超精密加工工艺方法，研制开发相关精密工艺设备，提高熔融石英球形谐振子的加工精度，形成批量化生产制造能力；研究实现微球形壳体结构的大深宽比，以及多种形貌结构谐振子的集成设计与加工，如半球形、鸟澡盆状、碗形和圆筒形等。

（2）研究实现高效率、低成本的工艺误差静电调整技术，对 MEMS 工艺误差进行校正、调整，实现高精度微球形谐振陀螺由"百里挑一"变为"百个如一"。

（3）研究实现高精度全角模式下的速率积分控制技术和力平衡模式下的

力平衡测控技术，并结合自校准和自补偿技术，抵消陀螺零偏输出，消除上电重复误差，保持陀螺长航时高精度角速度检测。

三、发展思路与发展方向

（一）发展思路

结合国内外研究现状和发展态势，熔融石英微球形谐振陀螺具有较大的发展前景，其关键科学问题研究主要包括以下几个方面。

（1）微球形壳体谐振结构理论模型和设计方法，包括谐振模态理论模型、能量耗散机理和表征等。

（2）可控的 3D 曲面壳形结构的微纳加工工艺，微米/亚微米间隙壳形电容电极加工方法，以及片上晶圆级封装工艺等。

（3）微球形（半球）壳形谐振陀螺的高精度全角模式和力平衡模式测控机理及电路技术，包括陀螺误差源分析技术及其自补偿自校准技术的研究。

（二）发展方向

美国等西方发达国家和地区非常重视对高精度 MEMS 惯性器件的研制，欧盟和美国 DARPA 启动了专门研制微半球陀螺的项目，特别是为高动态的空间系统提供惯性技术支撑。目前，在保持其高可靠性、寿命、零偏稳定性及噪声性能等方面优势的前提下，不断减小传感器件系统的成本、体积和功耗将会成为球形（半球）陀螺的发展方向。微球形陀螺技术还将不断突破，引入许多关键技术发展方向，包括 3D 壳体集成优化理论与设计、自对准 3D 微纳加工工艺、晶圆封装、误差静电平衡调整、全角与力平衡测控电路、误差自校准技术等。

四、资助机制与政策建议

具有全对称特性的球形（半球）谐振陀螺是一种典型的固体波动陀螺，具有很高的精度和良好的环境适应性，但是我国在该领域的研究与国外仍有较大差距，并且国外对相关技术产品实行严格封锁和禁运。随着微型化技术发展衍生出的微球形（半球）谐振陀螺和适合平面加工工艺的微圆盘、圆环谐振陀螺等在结构设计理论、微纳加工精度、批生产能力、系统稳定性和可靠性等方面均需要相关研究人员刻苦攻关。建议资助机制主要包括以下两个方面。

（一）基础前沿类项目研究

重点资助开展可批量制造的微球形谐振陀螺的基础理论研究，在充分研究现有大尺度曲面陀螺谐振结构基础理论上，开展多种微型曲面如半球形、抛物球面形、椭球形、鸟澡盆状、圆盘和圆环等的结构理论模型和设计方法体系研究；针对多种微球形曲面陀螺结构和电极在自对准加工制造、封测过程中的关键基础技术开展研究，研究建立完整的工艺模型和方法体系；结合大尺寸宏观石英半球陀螺的研究，开展适合于微纳尺度的微型球面谐振陀螺的高精度前沿测控理论研究、误差静电修调和非线性误差理论体系的研究。

（二）共性关键类项目研究

瞄准国家高端国防建设和空天地海战略平台系统发展需求，面向国民经济主战场，资助以产品化为导向的系列微球形谐振陀螺传感器项目研究，特别是熔融石英球形陀螺等。通过结构创新、工艺创新、电路创新实现我国球形谐振陀螺的高精度、小型化、产品化和系列化。

王家畴（中国科学院上海微系统与信息技术研究所），
武震宇（中国科学院上海微系统与信息技术研究所），
程建功（中国科学院上海微系统与信息技术研究所），
焦鼎（中国科学院上海微系统与信息技术研究所），
陈方（中国科学院上海微系统与信息技术研究所），
徐炜（中国科学院上海微系统与信息技术研究所）

参 考 文 献

[1] 智研咨询集团. 2017—2022 年中国 MEMS 行业市场深度调研及投资前景分析报告. 北京：智研咨询集团, 2017: 36-40.

[2] Wang J C, Xia X Y, Li X X. Monolithic integration of pressure plus acceleration composite TPMS sensors with a single-sided micromachining technology. IEEE Journal of Microelectromechanical Systems, 2012, 21（2）: 284-293.

[3] Wang J C, Li X X. Single-side fabricated pressure sensors for IC-foundry compatible, high-yield, and low-cost volume production. IEEE Electron Device Letters, 2011, 32（7）: 979-981.

[4] Zhou H S, Wang J C, Li X X. High-performance low-range differential pressure sensors

formed with a thin-film under bulk micromachining technology. IEEE Journal of Microelectromechanical Systems, 2017, 26（4）: 879-885.

[5] Wang J C, Li X X. A high-performance dual-cantilever high-shock accelerometer single-sided micromachined in（111）silicon wafers. IEEE Journal of Microelectromechanical Systems, 2010, 19（6）: 1515-1520.

[6] Zhou H S, Wang J C, Chen F, et al. Monolithically integrated tri-axis shock accelerometers with MHz-level high resonant-frequency. J. Micromech. Microeng., 2017, 27: 1-10.

[7] Liu J D, Wang J C, Li X X. Fully front-side bulk-micromachined single-chip micro flow-sensors for bare-chip SMT（surface mounting technology）packaging. J. Micromech. Microeng., 2012, 22（3）: 1-9.

[8] Xue D, Zhou W, Ni Z, et al. A front-side micro-fabricated tiny-size thermoresistive gas flow sensor with low cost, high sensitivity, and quick response. Transducers 2019: EUROSENSORS XXXIII 23-27, 2019: 1065-1068.

[9] Xue D, Song F, Wang J C, et al. Single-side fabricated p⁺ Si/Al thermopile-based gas flow sensor for IC-foundry-compatible, high-yield, and low-cost volume manufacturing. IEEE Transactions on Electron Devices, 2019, 66（1）: 821-824.

[10] Wang J C, Li X X. Single-side fabrication of multi-level 3D Micro structures for monolithic dual-sensors. IEEE Journal of Microelectromechanical Systems. 2015, 24（3）: 531-533.

[11] Shaw K A, Zhang Z L, Macdonald N C. SCREAM I: A single mask, single-crystal silicon process for microelectromechanical structures. IEEE Micro Electro Mechanical Systems, 1993:155-160.

[12] Lee S, Park S, Cho D I, et al. Surface/bulk micromachining（SBM）process and deep trench oxide isolation method for MEMS. IEEE Electron Devices Meeting, 1999:701-704.

[13] Ayazi F, Najafi K. High aspect-ratio combined poly and single-crystal silicon（HARPSS）MEMS technology. Journal of Microelectromechanical Systems, 2000, 3（9）: 288-294.

[14] Knese K, Armbruster S, Weber H, et al. Novel technology for capacitive pressure sensors with monocrystalline silicon membranes. IEEE International Conference on Micro Electro Mechanical Systems, 2009:697-700.

[15] Ng E J, Wang S, Buchman D, et al. Ultra-stable epitaxial polysilicon resonators. Solid-state sensors, Actuators, and Microsystems Workshop, Hilton Head Island, South Carolina, 2012:271-274.

[16] Pirelli. Meet the cyber car. https://www.pirelli.com/global/en-ww/road/meet-the-cyber-car. 2018.

[17] He C, Zhu D F, He Q G, et al. A highly efficient fluorescent sensor of explosive peroxide vapor via ZnO nanorod array catalyzed deboronation of pyrenyl borate. Chem. Commun.,

2012, 48（46）: 5739-5741.

[18] Fu Y Y, Xu W, He Q G, et al. Recent progress in thin film fluorescent probe for organic amine vapour. Sci. Chin. Chem., 2016, 59（1）: 3-15.

[19] Hamish C, Smith A R G, Michael J, et al. Solid-state dendrimer sensors: probing the diffusion of an explosive analogue using neutron reflectometry. Langmuir, 2009, 25（21）: 12800-12805.

[20] Geng Y, Burn P L, Mohammad A A, et al. Unambiguous detection of nitrated explosive vapours by fluorescence quenching of dendrimer films. Nature Communications, 2015, 6: 8240-8247.

[21] Shi L, He C, Zhu D F, et al. High performance aniline vapor detection based on multi-branched fluorescent triphenylamine-benzothiadiazole derivatives: branch effect and aggregation control of the sensing performance. J. Mater. Chem., 2012, 22: 11629.

[22] Zeng L T, Wang P F, Zhang H, et al. Highly selective and sensitive heparin probing from supramolecular assembly of pyrene derivatives. Org. Lett., 2009, 11（19）: 4294-4297.

[23] Miller E W, Albers A E, Pralle A, et al. Boronate-based fluorescent probes for imaging cellular hydrogen peroxide. J. Am. Chem. Soc., 2005, 127（47）: 16652-16659.

[24] Hu R, Feng J A, Hu D, et al. A rapid aqueous fluoride ion sensor with dual output modes. Angew. Chem., Int. Ed., 2010, 49（29）: 4915-4918.

[25] Sebastien R, Timothy M S. Conjugated amplifying polymers for optical sensing applications. ACS Appl. Mater. Interfaces, 2013, 5（11）: 4488-4502.

[26] Zhu C, Wang S, Liu L, et al. Water-soluble conjugated polymers for imaging, diagnosis, and therapy. Chem. Rev. ,2012, 112（8）: 4687-4735.

[27] Wu J, Anslyn E V, Wang P, et al. Chromogenic/Fluorogenic ensemble chemosensing systems. Chem. Rev. ,2015, 115（15）: 7893-7943.

[28] Chinen A B, Mirkin C A, Ferrer J R, et al. Nanoparticle probes for the detection of cancer biomarkers, cells, and tissues by fluorescence. Chem. Rev. ,2015, 115（19）: 10530-10574.

[29] He F, Feng F, Wang S, et al. Fluorescence ratiometric assays of hydrogen peroxide and glucose in serum using conjugated polyelectrolytes. Journal of Materials Chemistry, 2007, 17（35）: 3702-3707.

[30] Xu W, Fu Y, Zhu D, et al. A simple but highly efficient multi-formyl phenolamine system for fluorescence detection of peroxide explosive vapour. Chemical Communications, 2015, 51（54）: 10868-10870.

[31] Che Y, Gross D E, Huang H, et al. Diffusion-controlled detection of trinitrotoluene: interior nanoporous structure and low highest occupied molecular orbital level of building blocks enhance selectivity and sensitivity. Journal of the American Chemical Society, 2014, 134

（10）：4978-4982.

[32] Meng X, Wei J, Ren X, et al. A simple and sensitive fluorescence biosensor for detection of organophosphorus pesticides using H_2O_2-sensitive quantum dots/bi-enzyme. Biosensors & Bioelectronics, 2013, 47（15）：402-407.

[33] Gao Y, Xu W, Zhang X, et al. The first data release（DR1）of the LAMOST regular survey. Rsc Advances, 2016, 6: 51403-51406.

[34] Wang C, Tian L, Zhu W, et al. Dye@ bio-MOF-1 composite as a dual-emitting platform for enhanced detection of a wide range of explosive molecules. ACS Appl. Mater. Interfaces, 2017, 9（23）：20076-20085.

[35] Rose A, Swager T M, Zhu Z, et al. Sensitivity gains in chemosensing by lasing action in organic polymers. Nature, 2005, 434: 876-879.

[36] Deng C M, He Q G, Cao H M, et al. Conjugated polymer-titania nanoparticle hybrid films: random lasing action and ultrasensitive detection of explosive vapors. J. Phys. Chem. B, 2010, 114（13）：4725-4730.

[37] Zhu D F, He Q G, Chen Q, et al. Sensitivity gains in chemosensing by optical and structural modulation of ordered assembly arrays of ZnO nanorods. ACS Nano, 2011, 5（6）：4293-4299.

[38] Shoaee S, Burn P, Cavaya H, et al. Assessing the sensing limits of fluorescent dendrimer thin films for the detection of explosive vapors. Sensors and Actuators B, 2017, 239: 727-733.

[39] Mohr M, Behroudj A, Wiora N, et al. Fabrication and characterization of a hybrid silicon and nanocrystalline diamond membrane pressure sensor. Quantum Matter, 2017, 6（1）：41-44.

[40] Mohr M, Picollo F, Battiato A, et al. Characterization of the recovery of mechanical properties of ion-implanted diamond after thermal annealing. Diam. Relat. Mater., 2016, 63: 75-79.

[41] Hopper D A, Shulevitz H J, Bassett L C. Spin readout techniques of the nitrogen-vacancy center in diamond. Micromachines, 2018, 9（9）：1-30.

[42] Degen C L, Reinhard F, Cappellaro P. Quantum sensing. Reviews of Modern Physics, 2017, 89（3）：035002.

[43] Stürner F M, Brenners A, Kassel J, et al. Compact integrated magnetometer based on nitrogen-vacancy centres in diamond. Diam. Relat. Mater., 2018, 93: 59-65.

[44] Webb J L, Clement J D, Troise L, et al. Nanotesla sensitivity magnetic field sensing using a compact diamond nitrogen-vacancy magnetometer. Appl. Phys. Lett., 2019, 114（23）：231103.

[45] Kim D, Ibrahim M I, Foy C, et al. A CMOS-integrated quantum sensor based on nitrogen-vacancy centres. Nat. Electron., 2019, 2（7）：284-289.

[46] Memon M H, Khan Z, Memon M H, et al. Film bulk acoustic wave resonator in RF filters. IEEE 15th International Computer Conference on Wavelet Active Media Technology and Information Processing（ICCWAMTIP）, 2018:237-240.

[47] Shin J S, Park Y, Kim Y I, et al. 1-chip balanced FBAR filter for wireless handsets. The IEEE 40th European Microwave Conference, 2010: 1257-1260.

[48] Shin J S, Song I, Kim C S, et al. Balanced RF duplexer with low interference using hybrid BAW resonators for LTE application. ETRI Journal, 2014, 36（2）: 317-320.

[49] Dubois M A, Carpentier J F, Vincent P, et al. Monolithic above-IC resonator technology for integrated architectures in mobile and wireless communication. IEEE Journal of Solid-State Circuits, 2006, 41（1）: 7-16.

[50] Yokoyama T, Iwazaki Y, Onda Y, et al. Highly piezoelectric Co-doped AlN thin films for wideband FBAR applications. IEEE Transactions on Ultrasonics, Ferroelectrics, and Frequency Control, 2015, 62（6）: 1007-1015.

[51] Karasawa R, Yanagitani T. c-axis zig-zag polarization inverted ScAlN multilayer for FBAR transformer rectifying antenna. 2017 IEEE International Ultrasonics Symposium（IUS）, 2017: 1-4.

[52] Pillai G, Zope A A, Tsai J M L, et al. Design and optimization of SHF composite FBAR resonators. IEEE Transactions on Ultrasonics, Ferroelectrics, and Frequency Control, 2017, 64（12）: 1864-1873.

[53] 李丽, 郑升灵, 王胜福, 等. 高性能 AlN 薄膜体声波谐振器的研究. 半导体技术, 2013, 38（6）: 448-452.

[54] 薛连莉, 陈少春, 陈效真. 2016 年国外惯性技术发展与回顾. 导航与控制, 2017, 16（3）: 105-112.

[55] Lutwak R. Micro-technology for positioning, navigation, and timing towards PNT everywhere and always. ISISS 2014, 2014:25-26.

[56] Prikhodko I P, Zotov S A, Trusov A A. Foucault pendulum on a chip: rate integrating silicon MEMS gyriscioe. Sensors and Actuators A: Physical, 2012, 177: 67-78.

[57] Rozelle D M. The hemispherical resonator gyro: from wineglass to the planets. Proc. 19th AAS/AIAA Space Flight Mechanics Meeting, 2009: 1157-1178.

[58] Sorenson L D, Gao X. 3-D micromachined hemispherical shell resonators with integrated capacitive transducers. Proc. IEEE MEMS conference, Pairs, France, 2012:168-171.

[59] Eklund E J, Shkel A M. Glass blowing on a wafer level. J. Microelectromech. Syst., 2007, 16（2）: 232-239.

[60] Bernstein J J, Bancu M G, Cook E H. A MEMS diamond hemispherical resonator. Journal of Micromechanics and Microengineering, 2013, 23（12）: 125-131.

[61] Hamelin B, Tavassoli V, Ayazi F. Localized eutectic trimming of polysilicon micro-hemispherical resonating gyroscopes. IEEE Sensors J., 2012, 10（14）:3498-3505.

[62] Heidari A, Chan M. Micromachined polycrystalline diamond hemispherical shell resonators. Proc. Transducers 2013, Barcelona,2013:16-20.

[63] Shao P. A polySilicon Microhemispherical resonating gyroscope. J. Microelectromech. Syst., 2014, 4（23）: 762-764.

[64] Gray J M, Houlton J P. Hemispherical micro resonators from atomic layer deposition. Journal of Micromechanics and Microengineering, 2014, 24（12）: 125028.

[65] Prikhodko I P, Trusov A A. Microscale glass blown three dimensional spherical shell resonators. J. Microelectromech. Syst., 2011, 3（20）: 691-701.

[66] Senkal D, Ahamed M J, Shkel M J. Demonstration of sub-1Hz structural symmetry in micro-glass blown wineglass resonators with integrated electrodes. Proc. Transducers 2013, 2013: 16-20.

[67] Zotov S, Trusov A A, Shkel A M. Three-dimensional spherical shell resonator gyroscope fabricated using wafer scale glass blowing. J. Microelectromech. Syst., 2012, 21（3）: 509-510.

[68] Cho J, Gregory J, Najafi K. High-Q, 3kHz single-crystal-silicon cylindrical rate integrating gyro（CING）. Proc. 25th IEEE MEMS Conference, 2012:172-175.

[69] Cho J, Yan J, Gregory J A, et al. High-Q fused silica birdbath and hemispherical 3D resonators made by blow torch molding. Proc. 26th MEMS Conference, 2013:177-180.

[70] Chen F, Chang H L, Yuan W Z, et al. Parameter optimization for a high-order band-pass continuous-time sigma-delta modulator MEMS gyroscope using a genetic algorithm approach. J. Micromech. Microeng, 2012, 22: 105006.

[71] Chen F, Yuan W Z, Chang H L, et al. Design and Implementation of an optimized double closed-loop control system for MEMS vibratory gyroscope. IEEE Sensors J., 2014, 14: 84-196.

[72] Chen F, Li X X, Kraft M. Electromechanical sigma-delta modulators（SDM）force feedback interfaces for capacitive MEMS inertial sensors: a review. IEEE Sensors J., 2016, 16（17）: 6476-6495.

[73] Chen F, Yuan W, Chang H, et al. Low noise vacuum MEMS closed-loop accelerometer using sixth-order multi-feedback loops and local resonator sigma-delta modulator. Proc. 27th IEEE Int. Conf. Micro Electro Mech. Syst., 2014: 761-764.

[74] Chen F, Zhou W, Zou H S, et al. Self-clocked dual-resonator micromachined Lorentz force magnetometer based on electromechanical sigma-delta modulation. 31st IEEE Int. Conf. Micro Electro Mech. Syst.（MEMS）, 2018: 940-943.

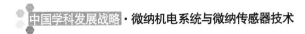
[75] Chen F, Gu J B, Salimi P, et al. Self-clocking electro mechanical sigma-delta modulator quadrature error cancellation for MEMS gyroscope. 32st IEEE Int. Conf. Micro Electro Mech. Syst.（MEMS）, 2019:700-703.

[76] Chen F, Zhao Y, Wang T C, et al. A single-side fabricated tri-axis（111）-silicon microaccelerometer with electromechanical sigma delta modulation. IEEE Sensors J., 2018, 18（5）: 1859-1869.

[77] Sheng B, Chen F, Qian C, et al. Design of a dual quantization electromechanical sigma-delta modulator MEMS vibratory wheel gyroscope. J. Microelectromech. Syst., 2018, 27（2）: 218-230.

[78] Kline M H. MEMS bias drift cancellation using continuous-time mode reversal. Proc. Transducers Eurosensors Conference, 2013:1855-1858.

[79] Kline M H. Quadrature FM gyroscope. IEEE MEMS Conference, 2013:604-608.

关键词索引

B

布拉格反射层　212, 213

C

长期在体　146

D

单芯片单面加工技术　177

氮化铝　xxxv, 8, 31, 53, 211, 213,
214, 215, 216, 217, 218, 219

G

光学MEMS　5, 6, 7, 8, 9, 10, 11, 12,
13, 17, 18, 19, 20, 21, 22, 55, 106,
169, 183

H

红外光谱　62, 79, 81, 140

J

集成光学　23, 28, 29, 30, 32, 48

集成生物光电子学　23, 24, 25, 26,
27, 28, 52, 53, 54

金刚石　205, 206, 207, 208, 209, 210,
226

K

可植入　42, 44, 106

L

拉曼光谱　1, 36, 38, 49, 62, 81, 82

离子迁移谱　1, 62, 75, 76, 78, 89

滤波器　6, 7, 9, 13, 141, 211, 213,
214, 215

M

脉搏波　150, 151, 152, 153, 154, 155,

其他

彩　　图

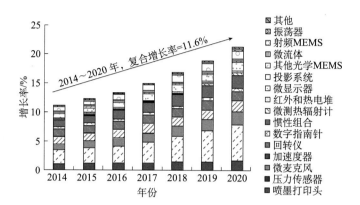

图 1-1　Yole Développement 公司给出的近期 MEMS 市场图

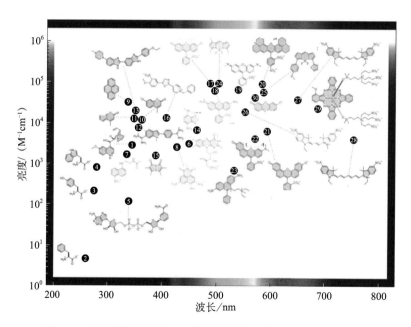

图 2-8　生命科学的支柱——荧光染料的发光波长和强度示意图

注：目前所开发的大部分高效的荧光分子都处于 400～700 nm 的可见光波段，匹配生物媒介如皮肤、血液的光透视窗口，以及硅基光电检测器的高效工作频段

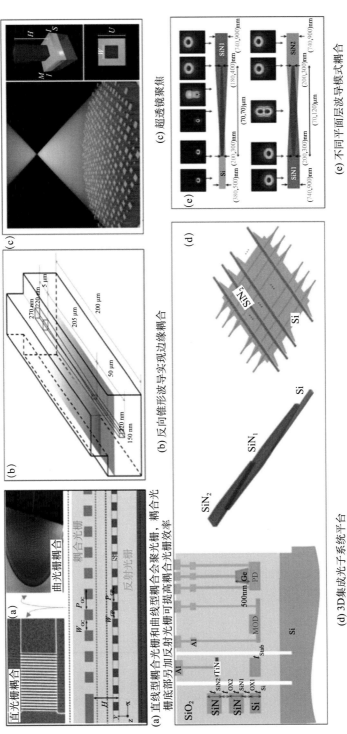

(a) 直线型耦合光栅和曲线型耦合会聚光栅，耦合光栅底部另加反射光栅可提高耦合光栅效率

(b) 反向锥形波导实现边缘耦合

(c) 超透镜聚焦

(d) 3D集成光子系统平台

(e) 不同平面层波导模式耦合

图 2-12　平面外光学操控的结构、器件和系统

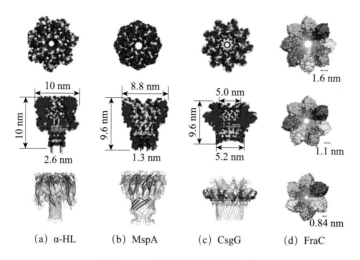

(a) α-HL   (b) MspA   (c) CsgG   (d) FraC

图 2-20   几种常见生物纳米孔

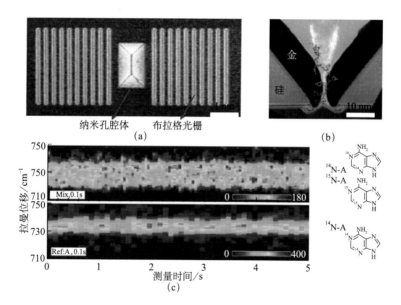

图 2-23   固态纳米孔技术中的光谱纳米孔和纳米孔晶体管检测及测序技术

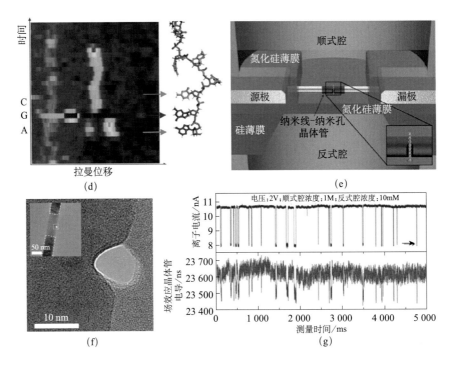

图 2-23 固态纳米孔技术中的光谱纳米孔和纳米孔晶体管检测及测序技术（续）

（a）光谱纳米孔的扫描电子显微镜（SEM）图；（b）放大横截面透射电子显微镜（TEM）图；（c）单分子检测灵敏度的实现；（d）DNA 链中不同碱基序列信息的获取（A，G，C 信息）；（e）场效应管纳米孔示意图；（f）场效应管纳米孔的 TEM 图像；（g）DNA 链在纳米孔场效应管中的离子电流信号与场效应管电导信号

（a）微气相色谱柱结构图

图 3-5 含有圆形微柱阵列的半填充式微型气相色谱柱

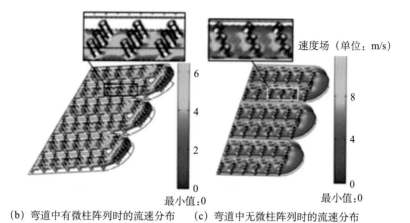

速度场（单位：m/s）

（b）弯道中有微柱阵列时的流速分布　　（c）弯道中无微柱阵列时的流速分布

图 3-5　含有圆形微柱阵列的半填充式微型气相色谱柱（续）

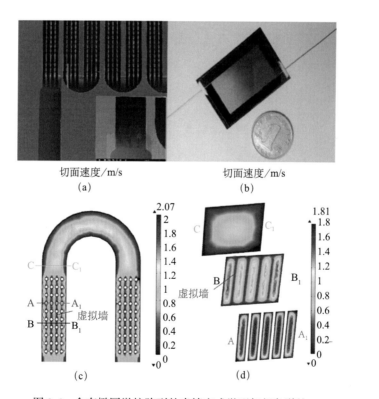

切面速度/m/s　　　　　　　　　切面速度/m/s
（a）　　　　　　　　　　　　（b）

图 3-6　含有椭圆微柱阵列的半填充式微型气相色谱柱

（a）结构图；（b）微色谱柱芯片图；（c）（d）微沟道内的流速分布

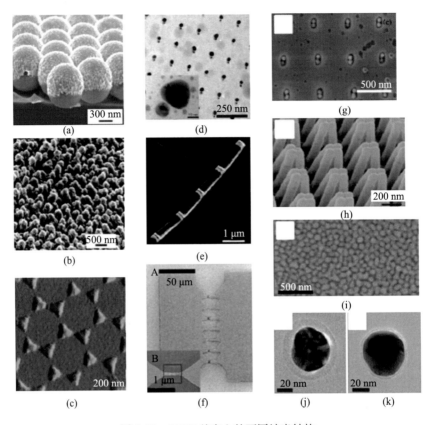

图 3-29 SERS 基底上的不同纳米结构

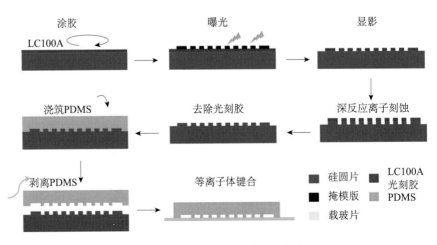

图 4-15 PDMS 微流控芯片的制备流程

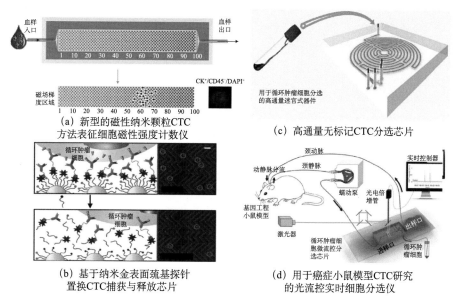

（a）新型的磁性纳米颗粒CTC
方法表征细胞磁性强度计数仪

（c）高通量无标记CTC分选芯片

（b）基于纳米金表面巯基探针
置换CTC捕获与释放芯片

（d）用于癌症小鼠模型CTC研究
的光流控实时细胞分选仪

图 4-18　CTC 检测技术

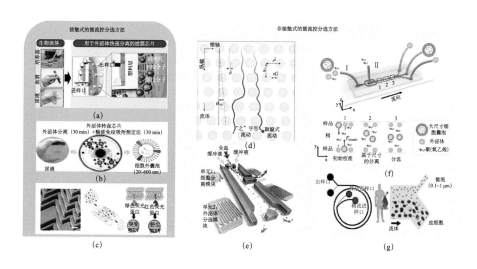

图 4-20　外泌体分选方法

注：接触式的微流控分选方法：（a）基于滤膜尺寸过滤的细胞外囊泡分选芯片；（b）集成两个纳米过滤器的光盘系统（exodisk）用于外泌体的分选；（c）基于抗体修饰微流体芯片分选外泌体。非接触式的微流控分选方法：（d）纳米级确定性侧向位移分离外泌体；（e）声学微流体器件分离细胞和外泌体；（f）黏弹性微流体用于微囊泡及外泌体的分离；（g）螺旋微流体器件用于血液外泌体分离

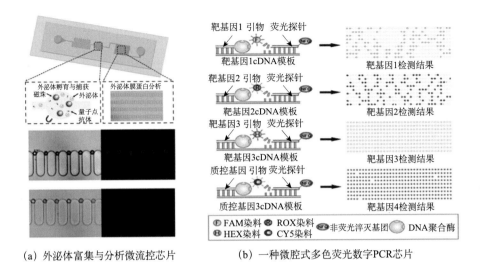

（a）外泌体富集与分析微流控芯片　　　　（b）一种微腔式多色荧光数字PCR芯片

图 4-21　外泌体富集与分析微流控芯片和一种微腔式多色荧光数字 PCR 芯片

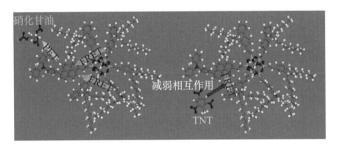

图 6-14　POSS 为核的硝酸酯及芳硝基类爆炸物荧光传感材料的分子结构及传感机理